"十二五"江苏省高等学校重点教材

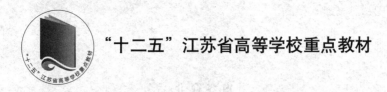

高职高专机电类**工学结合模式教材**

数控机床装调与维修
（第2版）

曹健 主编

周开俊 徐呈艺 彭淑华 副主编

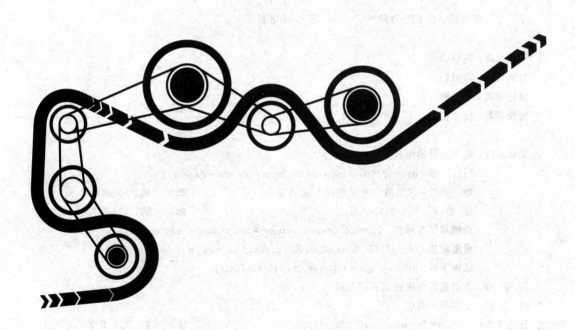

清华大学出版社

北京

内 容 简 介

本书是江苏省"十二五"高等学校重点教材。本书以配置 FANUC 0i-C/D 系列数控系统的数控车床和加工中心为对象,以"装配—调试—检测—故障诊断"为主线,详细介绍了数控机床装配、调试及故障诊断和修复的完整工作过程及相关技术知识,并增加了新技术、新结构、新方法等内容。全书共分 5 个项目,每个项目均由 3~4 个具体工作任务组成。主要内容包括识别数控机床、装调和维修典型机械部件、调试和维修电气控制系统、调整整机性能、诊断和修复常见故障。

本书可作为高职高专院校数控技术、数控设备应用与维护、机电设备维修与管理、机电一体化等专业的教材,也可供从事数控加工与维修的技术人员、管理人员参考使用。

图书在版编目(CIP)数据

数控机床装调与维修/曹健主编. --2 版. --北京:清华大学出版社,2016(2025.1重印)

高职高专机电类工学结合模式教材

ISBN 978-7-302-42414-7

Ⅰ. ①数… Ⅱ. ①曹… Ⅲ. ①数控机床—安装—高等职业教育—教材 ②数控机床—调试—高等职业教育—教材 ③数控机床—维修—高等职业教育—教材 Ⅳ. ①TG659

中国版本图书馆 CIP 数据核字(2015)第 298608 号

责任编辑:刘翰鹏
封面设计:常雪影
责任校对:李 梅
责任印制:杨 艳

出版发行:清华大学出版社

   网   址:https://www.tup.com.cn,https://www.wqxuetang.com

   地   址:北京清华大学学研大厦 A 座   邮   编:100084

   社 总 机:010-83470000   邮   购:010-62786544

   投稿与读者服务:010-62776969,c-service@tup.tsinghua.edu.cn

   质量反馈:010-62772015,zhiliang@tup.tsinghua.edu.cn

   课件下载:https://www.tup.com.cn,010-83470410

印 装 者:北京鑫海金澳胶印有限公司

经   销:全国新华书店

开   本:185mm×260mm   印   张:18.25   字   数:415 千字

版   次:2011 年 8 月第 1 版   2016 年 4 月第 2 版   印   次:2025 年 1 月第 9 次印刷

定   价:49.00 元

产品编号:064178-02

　　随着劳动力成本的持续上升,越来越多的传统制造企业通过引进和开发智能化设备,优化产品设计与生产工艺,以实现生产自动化。

　　数控机床和基础制造装备是装备制造业的"工作母机",其技术水平和产品质量,是衡量一个国家装备制造业发展水平的重要标志。《中国制造 2025》将数控机床和基础制造装备行业列为中国制造业的战略必争领域之一,意味着我国将向高端、节能、环保、高科技方向迈进,因此数控机床行业具有广阔的发展前景和就业空间。

　　近年来,数控技术发展迅速,数控系统新品开发周期缩短,因此有必要对第 1 版中的相关内容进行修改,以紧跟数控技术发展的步伐。

　　本书是在 2011 年版《数控机床装调与维修》教材的基础上修订而成的。本次修订突出了对学生能力的培养和职业知识结构的建成,并将编者和兄弟院校使用教材的经验、体会融入修订教材中,同时纳入数控机床行业最新的行业规范、技术方法和发展成果。

　　本次修订保持了第 1 版的编写体例和原则,主要修改内容如下。

　　(1) 修改项目和任务名称,突出"教、学、做"合一的教学实践。

　　(2) 整合教材内容,删去冗余部分,同时精炼表述、准确表达。

　　(3) 根据最新 FANUC-0i 系列产品技术资料,增加和修改项目 3 中的相关内容。

　　(4) 根据最新国际机床展览会上展示的高技术数控机床、数控系统,补充行业中新技术方面的内容。如在项目 1 中增加了数控机床最新技术及发展趋势,在项目 3 中增加了 FANUC 公司最新推出的 0i-F 系列以及30i 系列产品的介绍。

　　(5) 增加市场中应用广泛的低端、高端产品的典型部件装调知识和技能。如项目 3 中增加了模拟主轴的装配调试。

　　(6) 结合数控机床装调维修岗位职业标准要求,进一步增强教材实用性和实践性。适当引入全国职业技能大赛的要求,参照试题,设计了课后任务。

　　本书由曹健、周开俊、徐呈艺、彭淑华共同完成修订,曹健担任主编,负责统校全稿,周开俊、徐呈艺、彭淑华担任副主编。本书在修订过程中得到了南通科技投资集团股份有限公司旗下的数控机床研究院负责人邓鹏宇高级工程师的大力支持和帮助,在此表示衷心的感谢。

限于编者水平和经验,书中难免有一定的局限性和不足,恳请各校师生以及科技工作者在使用过程中提出批评建议,以供进一步修改。

编 者

2016 年 1 月

正确使用、保养和维修数控机床是设备正常运转的前提。数控机床集现代机械制造、自动控制、计算机技术、精密测量等多种技术于一体,与普通机床相比,在维修理论、技术和手段上有着较大的差异。随着国内数控机床的广泛使用,数控机床维修成为制造业非常重要和紧缺的技术。

本书从数控机床维修工作岗位需求的分析入手,结合国家职业资格标准,以"装配、调试、检测、维修"为主线,采用项目化的方式,循序讲述了从典型机械部件装配调试、电气系统的装配调试、整机安装调试到典型故障诊断的完整的工作过程,并以实例贯穿全书。

本书以配置 FANUC 0i-C 系统的数控车床和加工中心为对象,以具体的工作任务为载体,以技能训练为核心,以相关知识为基础,将教、学、练有机地结合在一起。通过完成从部件到整机的装配与调试、诊断和排除出现的典型故障等,学生可以在掌握装配和调试技术的基础上,逐步形成故障诊断及排除的思路,掌握解决问题的方法,达到触类旁通的教学效果。

在表达形式上,本书尽可能地以图代文、以表代文,使学生易于理解,提高学习兴趣。作为知识的拓展,书中还编入了较多的关于新技术、新结构、新方法的内容,以缩短与企业需求的差距。

本书由曹健、周开俊、彭淑华、徐呈艺、季照平依据多年数控机床设计、维修、改造以及教学经验共同编写而成。由曹健任主编,周开俊、彭淑华任副主编。曹健负责全书的策划与定稿工作。本书由温州职业技术学院教师王锋负责主审。

限于作者水平,加上数控技术发展迅速,书中难免有疏漏和不足之处,敬请广大读者和同仁提出宝贵意见。

编 者

2011 年 1 月

目●录

项目1 识别数控机床 ……………………………………………… 1

任务1.1 了解数控机床 ………………………………………… 1

1.1.1 数控机床的基本组成 ………………………………… 1

1.1.2 数控机床的工作过程 ………………………………… 8

1.1.3 任务实施：数控机床与普通机床的区别调研 ……… 10

知识拓展：机床产业未来发展趋势 ……………………… 10

课后思考与任务 …………………………………………… 16

任务1.2 识别数控机床 ………………………………………… 16

1.2.1 数控机床的机械结构 ………………………………… 16

1.2.2 数控车床的组成与分类 ……………………………… 17

1.2.3 加工中心的组成 ……………………………………… 20

1.2.4 复合加工机床 ………………………………………… 23

1.2.5 任务实施：数控机床典型功能部件调研及识别 …… 24

知识拓展：LASERTEC 65 3D 增材式复合加工机床 …… 24

课后思考与任务 …………………………………………… 25

项目2 装调和维修数控机床典型机械部件 ……………………… 26

任务2.1 装配和调整 X 轴进给传动部件 …………………… 26

2.1.1 装配基础知识 ………………………………………… 28

2.1.2 数控机床导轨的种类、安装和维护 ………………… 29

2.1.3 滚珠丝杠螺母副的工作原理、安装和维护 ………… 34

2.1.4 伺服电机与滚珠丝杠的连接 ………………………… 38

2.1.5 装配后导轨副导向精度的检测 ……………………… 38

2.1.6 任务实施：装配和调整 X 轴进给部件 ……………… 40

知识拓展：回转工作台 …………………………………… 46

常见故障处理及诊断实例 ………………………………… 50

课后思考与任务 …………………………………………… 53

任务2.2 装调和维修主轴部件 ……………………………… 53

2.2.1 数控机床主传动的变速方式 ………………………… 54

2.2.2 主轴部件的基本结构 ………………………………… 57

2.2.3 主轴精度的测量 ……………………………………… 60

2.2.4　任务实施：拆卸和调整主轴部件 ……………………………………… 61

常见故障处理及诊断实例 ……………………………………………………… 67

知识拓展：电主轴 ……………………………………………………………… 68

课后思考与任务 ………………………………………………………………… 70

任务 2.3　装调和维修自动换刀装置 …………………………………………… 70

2.3.1　自动换刀装置的类型 …………………………………………………… 71

2.3.2　刀库类型 ………………………………………………………………… 74

2.3.3　刀具的选择方式 ………………………………………………………… 74

2.3.4　刀具换刀装置和交换方式 ……………………………………………… 76

2.3.5　标准刀柄及夹持结构 …………………………………………………… 77

2.3.6　任务实施：装配和调整自动换刀装置 ………………………………… 78

常见故障处理及诊断实例 ……………………………………………………… 83

课后思考与任务 ………………………………………………………………… 85

项目 3　数控机床电气控制系统的调试和维修 ………………………………… 86

任务 3.1　连接和调试 FANUC 0i-C/D 数控系统 …………………………… 86

3.1.1　数控机床电气系统的工作原理 ………………………………………… 87

3.1.2　数控机床电气系统对电源的要求 ……………………………………… 88

3.1.3　电气控制柜元器件安装及布线和接线规范 …………………………… 89

3.1.4　数控机床电气图纸的识读 ……………………………………………… 91

3.1.5　FANUC 0i-C/D 系列系统组成及电缆连接 …………………………… 93

3.1.6　数控系统参数 …………………………………………………………… 96

3.1.7　系统参数显示和设定 …………………………………………………… 98

3.1.8　万用表的使用 …………………………………………………………… 100

3.1.9　任务实施：连接和调试 FANUC 0i 系统 …………………………… 101

常见故障处理及诊断实例 ……………………………………………………… 107

知识拓展：FANUC 公司 i 系列数控系统 …………………………………… 109

课后思考与任务 ………………………………………………………………… 112

任务 3.2　进给伺服系统的连接调试与维修 ………………………………… 113

3.2.1　伺服系统的工作原理 …………………………………………………… 113

3.2.2　进给伺服系统的分类 …………………………………………………… 114

3.2.3　进给伺服系统的控制参数 ……………………………………………… 115

3.2.4　FANUC i 系列伺服驱动系统 …………………………………………… 118

3.2.5　FANUC 伺服系统参数的设置 ………………………………………… 121

3.2.6　任务实施：连接和调试 FANUC βi 进给伺服系统 ………………… 121

常见故障处理及诊断实例 ……………………………………………………… 128

知识拓展：FANUC 伺服系统高速高精度优化调整 ………………………… 133

课后思考与任务 ………………………………………………………………… 135

任务 3.3 主轴伺服系统的连接调试与维修 ································ 136
　　3.3.1 主轴电动机特性曲线 ··· 137
　　3.3.2 主轴的分段无级调速及控制 ································· 137
　　3.3.3 主轴准停控制 ··· 139
　　3.3.4 FANUC 主轴伺服的连接 ··································· 142
　　3.3.5 主轴状态监控 ··· 143
　　3.3.6 任务实施：连接和调试 FANUC βi 主轴伺服系统 ··········· 143
　　常见故障处理及诊断实例 ··· 147
　　知识拓展：连接与调试 FANUC 数控系统的模拟主轴 ············ 149
　　课后思考与任务 ··· 151
任务 3.4 数控机床辅助功能的装调和维修 ···························· 152
　　3.4.1 数控机床的 PLC 功能 ·· 152
　　3.4.2 刀具自动交换控制 ··· 157
　　3.4.3 I/O 单元模块输入/输出的连接 ······························· 163
　　3.4.4 任务实施：连接和调试圆盘式简易刀库 ··················· 165
　　常见故障处理及诊断实例 ··· 168
　　知识拓展 1：机械手刀库的自动换刀 ································· 175
　　知识拓展 2：电气安全控制回路 ······································· 176
　　课后思考与任务 ··· 177

项目 4 调整数控机床整机性能 ·· 178
任务 4.1 设置数控机床的限位和参考点 ······························· 178
　　4.1.1 数控机床的行程保护与设定 ································· 179
　　4.1.2 位置检测装置 ··· 179
　　4.1.3 回参考点操作方法及注意事项 ······························· 182
　　4.1.4 手动回参考点方式工作时序（有挡块方式回参考点） ····· 182
　　4.1.5 回参考点主要相关参数及诊断数据 ······················· 184
　　4.1.6 整机连续试运行 ·· 186
　　4.1.7 任务实施：设置数控机床行程限位和参考点 ············ 186
　　常见故障处理及诊断实例 ··· 189
　　课后思考与任务 ··· 189
任务 4.2 检测和调整数控机床几何精度 ······························· 190
　　4.2.1 数控机床安装水平的调整 ····································· 190
　　4.2.2 几何精度检测注意事项 ·· 191
　　4.2.3 几何精度对零件加工精度的影响 ··························· 192
　　4.2.4 任务实施：检测和调整数控机床的几何精度 ············ 192
　　常见故障处理及诊断实例 ··· 201
　　课后思考与任务 ··· 201

任务 4.3　数控机床的定位精度测量与补偿 …………………………………………… 201

　　4.3.1　螺距误差和反向间隙 …………………………………………… 202

　　4.3.2　数控机床软件补偿原理 …………………………………………… 203

　　4.3.3　常用定位精度检测仪器的认识与使用 …………………………………………… 203

　　4.3.4　任务实施：设置反向间隙补偿参数和螺距误差补偿参数 ………… 205

　　常见故障处理及诊断实例 …………………………………………… 210

　　课后思考与任务 …………………………………………… 211

任务 4.4　检测数控机床的工作精度 …………………………………………… 211

　　4.4.1　检验工作精度时加工试件的注意事项 …………………………………………… 212

　　4.4.2　任务实施：检测数控机床工作精度 …………………………………………… 213

　　常见故障处理及实例 …………………………………………… 219

　　知识拓展：QC 球杆仪 …………………………………………… 220

　　课后思考与任务 …………………………………………… 223

任务 4.5　数控机床参数备份 …………………………………………… 223

　　4.5.1　FANUC i 系列系统数据 …………………………………………… 223

　　4.5.2　数控机床通信接口、传输电缆和通信参数 …………………………………………… 224

　　4.5.3　任务实施：备份和恢复数控机床系统数据 …………………………………………… 226

　　常见故障处理及诊断实例 …………………………………………… 232

　　知识拓展：利用 U 盘备份和恢复 FANUC 系统数据 …………………………………………… 233

　　课后思考与任务 …………………………………………… 234

项目 5　数控机床常见故障的诊断和修复 …………………………………………… 235

任务 5.1　"紧急停止"故障的诊断与排除 …………………………………………… 235

　　5.1.1　"紧急停止"的功能及其电气控制原理 …………………………………………… 236

　　5.1.2　查找机床电气回路的方法 …………………………………………… 237

　　5.1.3　电气线路故障检查方法 …………………………………………… 243

　　5.1.4　数控系统的自诊断功能 …………………………………………… 244

　　5.1.5　数控系统诊断功能的利用 …………………………………………… 245

　　5.1.6　数控机床维修的基本原则 …………………………………………… 249

　　5.1.7　数控机床维修的基本步骤 …………………………………………… 250

　　5.1.8　任务实施：诊断与排除"紧急停止"故障 …………………………………………… 251

　　常见故障处理及诊断实例 …………………………………………… 253

任务 5.2　诊断与排除"无法返回参考点"故障 …………………………………………… 254

　　5.2.1　正确回参考点操作需要满足的条件 …………………………………………… 255

　　5.2.2　机床返回参考点的几种方式 …………………………………………… 255

　　5.2.3　回参考点故障常用的维修方法 …………………………………………… 256

　　5.2.4　任务实施：诊断与排除"无法正常返回参考点"故障 ………… 257

　　常见故障处理及诊断实例 …………………………………………… 259

任务 5.3 "进给轴爬行、震动"故障诊断与排除 …………………………… 261

5.3.1 数控机床的故障分类 ……………………………………… 262

5.3.2 数控机床润滑系统的特点和分类 ……………………… 264

5.3.3 数控机床爬行故障排除方法 ……………………………… 265

5.3.4 任务实施：诊断与排除进给轴爬行故障 ……………… 266

常见故障处理与诊断实例 ……………………………………… 267

任务 5.4 "刀柄无法松开"故障诊断与排除 …………………………… 268

5.4.1 液压系统故障诊断与维修方法 ………………………… 269

5.4.2 气动系统故障诊断与维修方法 ………………………… 271

5.4.3 机械手刀库常见故障处理 ……………………………… 273

5.4.4 机械手刀库刀具表的查验和修改 ……………………… 273

5.4.5 任务实施：诊断和排除"刀柄无法松开"故障 ……… 275

常见故障处理及诊断实例 ……………………………………… 277

参考文献 ………………………………………………………………… 278

识别数控机床

◆ **知识点**

（1）了解数控机床的组成及各部分功能；

（2）了解数控机床的工作过程。

◆ **技能要求**

（1）能识别数控车床及其主要部件，并能说明其功能；

（2）能识别加工中心及其主要部件，并能说明其功能。

任务 1.1   了解数控机床

◆ **学习目标**

（1）了解数控机床的基本结构，并能识别数控机床的主要部件；

（2）能够正确理解数控机床的工作过程。

◆ **任务说明**

要正确装配、调试和维修数控机床，需要了解数控机床主要部件及其功能，并理解数控机床的工作过程。

◆ **必备知识**

1.1.1   数控机床的基本组成

数控机床是在普通机床的基础上发展起来的，与同类的普通机床在机械结构上有相似性，具有主运动装置、进给运动装置、辅助运动装置。数控机床又是由计算机自动控制的机床，相对普通机床，数控机床多了数字控制部分和伺服执行部分。

数控机床一般由数控系统、伺服系统、强电控制柜、机床本体的机械执行部件和各类辅助装置组成。

1. 数控系统

数控系统是机床实现自动加工的核心，是整个数控机床的灵魂，主要由输入装置、监视器、计算机数字控制系统、可编程控制器、各类输入/输出接口等组成。

（1）程序输入/输出装置及人机交互设备。将编写好的数控加工程序输入数控装置的方法很多，常见的有：使用 MDI 键盘输入；或将在个人计算机中编辑好的程序输入数控装置；或把加工程序以数字代码的形式记录在控制介质中，再通过某些输入设备输入到计算机。记录加工程序的介质，早期的有磁盘、磁带、穿孔纸带，现多用手持移动硬盘、PCMCIA 卡和 U 盘等。

数控机床正式加工前需要对输入的加工程序进行编辑、修改和调试；加工运行时，操作人员需要对数控系统加工状态监控观察，输入操作指令干预机床加工。在数控机床上，这些实现人机联系的功能设备统称为人机交互设备。

如同计算机一样，键盘和显示器是数控系统不可缺少的人机交互设备。图 1-1-1 所示为典型的配置 FANUC 系统加工中心的显示器、MDI 键盘、操作面板。

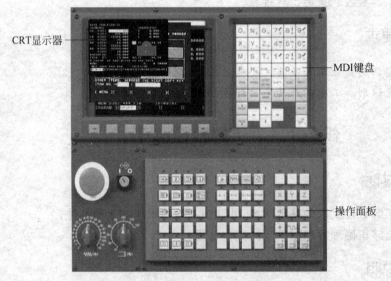

图 1-1-1   典型人机交互设备

（2）计算机数控装置（CNC）。计算机数控装置是数控系统的核心，主要包括硬件（如中央处理器、存储器、接口板、显示卡、电源等）和软件（如操作系统、插补软件、机床控制软件、图形处理软件等）两大部分。它控制接收输入信息，并对接收到的数据进行编译、运算和逻辑处理后，输出各种信息指令控制主运动、进给运动、辅助运动设备按规定进行精确有序的加工动作。

图 1-1-2 所示为 FANUC 0i 系列 CNC 装置图。与之前的 FANUC 0 系列的系统相

比,FANUC 0i 系列数控装置以模块化的结构取代了以往的大板结构,从 0i-A 系列、0i-B 系列、0i-C 系列到现今 0i-D、0i-F 系列,CNC 装置体积不断减小,集成度越来越高。0i-C 和 0i-D 系列的 CNC 单元已放置于显示单元之后。CNC 单元上除了主 CPU 及外围电路外,还集成了 FROM 和 SRAM 模块、PMC(可编程机床控制器)控制模块、伺服轴控制模块等。图 1-1-3 所示为 FANUC 0i-C 系列 CNC 单元的内部结构和各功能模块的位置示意图。

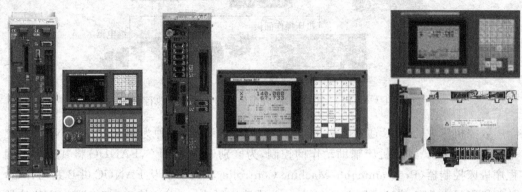

(a) FANUC 0i-A系列CNC   (b) FANUC 0i-B系列CNC   (c) FANUC 0i-C系列CNC

图 1-1-2 FANUC 0i 系列数控装置

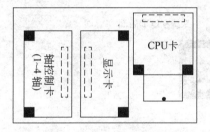
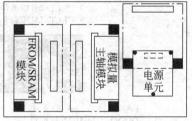

(a) 系统单元上层功能板   (b) 系统单元下层功能板

(c) FANUC 0i-C系统主板外观图

图 1-1-3 FANUC 0i-C 系列 CNC 装置

(3)可编程逻辑控制器。可编程逻辑控制器(Programmable Logic Control,PLC),是机床各项功能的逻辑控制中心。它将来自 CNC 的各种运动及功能指令进行逻辑排序,使它们能够准确地、协调有序地、安全地运行,同时将来自机床的各种信息及工作状态传送给 CNC,使 CNC 能及时准确地发出进一步的控制指令,实现对整个机床的控制。

图 1-1-4 列出了 FANUC i 系列数控系统 PLC 简易控制过程示意图。

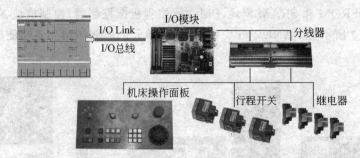

图 1-1-4　PLC、接口电路、外围信号输入元件及执行机构

数控机床中的 PLC 通常有两种形式:一种为内装式;一种为独立式。FANUC 系统采用内装式 PLC 进行机床辅助动作的控制,为区别于通用 PLC,FANUC 将其称为可编程序机床控制器(Programmable Machine Controller,PMC)。从 FANUC 0i-B 系列开始,外部机床强电 I/O 接口采用 I/O Link 的总线接口形式,经由该接口实时控制 CNC 的外部机械或 I/O 控制点,如图 1-1-5 所示。如 FANUC 公司提供的标准机床操作面板与 CNC 单元的连接就是采用 I/O Link 接口。

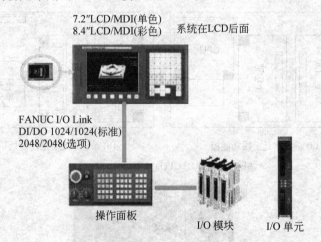

图 1-1-5　FANUC 0i-C 系列 I/O 连接

2. 伺服系统

伺服系统是数控系统和机床本体之间的电传动联系环节,主要有两种:一种是进给伺服系统,它控制机床各坐标轴的切削进给运动,以沿导轨的直线运动为主;另一种是主轴伺服系统,它控制主轴的旋转运动,提供切削动力。随着大规模集成电路的发展,目前伺服系统多采用全数字式模块化结构。图 1-1-6 和图 1-1-7 所示分别为 FANUC αi 系列和 βi 系列伺服系统实物图。进给或主轴运动的实际结果则由测量系统反馈至数控系统或伺服系统,构成半闭环或全闭环控制。

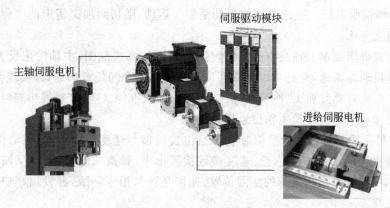

图 1-1-6　FANUC αi 系列伺服系统

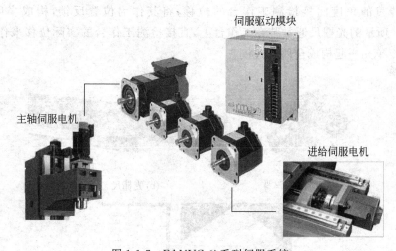

图 1-1-7　FANUC βi 系列伺服系统

（1）进给伺服系统。数控机床的进给伺服系统是指以数控机床移动部件（如工作台）的位置和速度作为控制量的自动控制系统，也就是位置随动系统。它的作用是接受来自数控装置中插补器或计算机插补软件生成的位置指令和速度指令，通过调节速度与电流（转矩）输出信号，驱动伺服电机转动，实现机床坐标轴运动，同时接收坐标轴电机速度反馈信号，实施速度的闭环控制。它也通过 PLC 与 CNC 通信，将坐标轴的当前工作状态传递给 CNC，并接受 CNC 的控制。

机床一般有多个进给方向的运动控制，如前后、左右、上下方向的运动。各方向进给运动的机械执行部件都配有一套伺服驱动系统。

进给伺服系统中，伺服动态特性（速度环）的调整至关重要，调整的最佳结果是使各坐标轴既不超调又要保持一定的硬特性，换句话说，就是既要能快速响应，使速度指令没有滞后现象，又要使其在速度达到指令值之后能快速稳定下来。需要注意的是，如果机床是采用全闭环控制方式，那么机床坐标轴的机械特性（导轨和传动链）将会制约速度环。为使其性能达到最佳，则首先应该在位置开环的条件下对其作最优化调节，然后再将位置环加上，作进一步调整。

(2) 主轴伺服系统。机床主轴的运动是旋转运动,随切削加工情形的变化,要求主轴转速能够随之变化。

现代数控机床要求主轴具有很高的转速和很宽的调速范围,主轴的正反方向都可以实现转动和自动加减速,并且可以在最高速与最低速指令间任意调速,即实现无级调速。

当数控机床有螺纹加工、刚性攻螺纹(旧称攻丝)、准停、C轴控制等功能时,主轴电动机需要装配脉冲编码器作为主轴位置反馈。

(3) 测量反馈装置。测量反馈装置包括位置反馈与速度反馈等,它们的作用是通过测量装置将机床移动的实际位置、速度参数检测出来,转换成电信号,并反馈到CNC装置中,使CNC能随时判断机床的实际位置、速度是否与指令一致,并发出相应指令,纠正所产生的误差。

图1-1-8(a)所示为旋转式脉冲编码器,可装于电动机尾端或丝杠一端,通过检测电动机或丝杠转过的角度间接检测工作台的位移,将其作为位置反馈,构成半闭环控制。图1-1-8(b)所示的光栅尺通常装在工作台上,直接检测工作台的实际位移来作为位置反馈,与CNC单元一起构成全闭环控制。

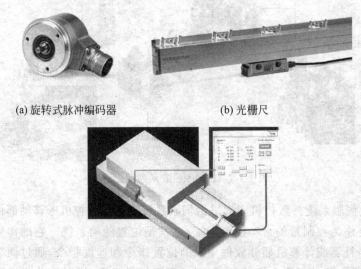

(a) 旋转式脉冲编码器　　　　　　　　(b) 光栅尺

(c) 检测元件在机床上的安装位置示意图

图1-1-8　检测元件

3. 辅助装置

辅助装置主要包括自动换刀装置 ATC(Automatic Tool Changer)、自动交换工作台机构 APC(Automatic Pallet Changer)、工件夹紧放松机构、回转工作台、液压控制系统、润滑装置、切削液装置、排屑装置、过载和保护装置等。图1-1-9所示为数控机床常见辅助装置。现代数控机床采用可编程控制器与数控装置共同完成对数控机床辅助装置的控制。

4. 强电控制柜

强电控制柜主要用来安装机床强电控制的各种电气元器件,如图1-1-10所示,除了

(a) 集中润滑泵

(b) 交换工作台

(c) 冷却系统

(d) 自动排屑装置

图 1-1-9　数控机床常见辅助装置

图 1-1-10　数控机床强电控制柜及电柜冷却系统

提供数控、伺服等一类弱电控制系统的输入电源，以及各种短路、过载、欠电压等电气保护外，它主要在 PLC 的输出接口与机床各类辅助装置的电气执行元件之间起桥梁连接作用，控制机床辅助装置的各种交流电动机、液压系统电磁阀或电磁离合器等。此外，它也与机床操作台有关手动按钮连接。强电控制柜由各种中间继电器、接触器、变压器、电源开关、接线端子和各类电气保护元器件等构成。为了防尘降温，强电控制柜通常还安装有电柜冷却系统。

图 1-1-11 列出了数控机床强电控制电路中常用电器元件。

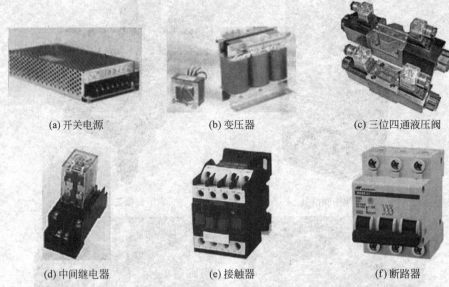

(a) 开关电源　　　　　　(b) 变压器　　　　　　(c) 三位四通液压阀

(d) 中间继电器　　　　　(e) 接触器　　　　　　(f) 断路器

图 1-1-11　数控机床控制电路中常用电器元件

5. 机床本体的机械功能部件

数控机床的本体指其机械结构实体。它与传统的普通机床相比较,同样由主传动系统、进给传动机构、工作台、床身以及立柱等部分组成,但数控机床的整体布局、外观造型、传动机构、工具系统及操作机构等方面都发生了很大的变化。为了满足数控技术的要求和充分发挥数控机床的特点,归纳起来包括以下方面的变化。

(1)主传动及主轴部件:具有传递功率大、刚度高、抗震性好及热变形小等优点。

(2)进给传动件:包括滚珠丝杠、导轨等,具有传动链短、结构简单、传动精度高等特点。

(3)车削中心和加工中心具有完善的刀具自动交换和管理系统。

(4)一些数控机床具有工件自动交换、工件夹紧和放松机构。

(5)机床本身具有很高的动、静刚度。

(6)采用全封闭罩壳。由于数控机床自动完成加工,为了操作安全等,一般采用移动门结构的全封闭罩壳,对机床的加工部件进行全封闭。

图 1-1-12 所示为常见数控机床本体结构图。

1.1.2　数控机床的工作过程

数控机床的加工大致可分为两个阶段:一是加工工艺设计和加工程序的编写,实质是制定机床加工运动规律的指令;二是机床执行加工程序,按指定的规律进行自动加工。

1. 数控加工工艺及编程

由于数控机床是计算机控制的自动加工,因此,使用数控机床加工,人的主要工作是数控加工工艺设计及加工程序的编制。

(a) 典型斜床身数控车床

(b) 典型立式数控铣床

(c) 日本森精机公司的双主轴双刀架车削中心

(d) 中国台湾亚崴机电公司的五轴加工中心

图 1-1-12 常见数控机床本体结构图

(1) 通过对生产指令——工件图样的分析,明确加工内容、要求、加工条件。

(2) 设计加工方案:包括工具设备选择,加工方法、过程设计,加工路线设计等。

(3) 对编程时需要的加工数据进行必要的数学处理。

(4) 进行加工程序的填写。将加工零件的加工顺序、工件与刀具相对运动轨迹的尺寸数据、工艺参数(主运动和进给运动速度,背吃刀量或习称的切削深度等)以及辅助操作(变速、换刀、切削液启停、工件夹紧、松开等)加工信息,用规定的文字、数字、符号组成的代码,按一定的格式编写成加工程序单。

(5) 对机床、毛坯、刀具、工件装夹等进行辅助准备。

加工工艺制定是否严密和加工工艺制定是否先进、合理,将在很大程度上关系到加工质量的优劣。

2. 数控机床自动加工

执行数控机床自动控制加工的前提是:由机床、刀具、工件组成的工艺系统准备完毕,加工程序检验正确。下面就可以进行由计算机控制的自动加工,自动加工过程如图 1-1-13 所示,一般包括以下步骤。

(1) 加工程序通过输入装置以数字脉冲的形式输入数控装置中。

(2) 数控装置将加工程序信息进行一系列处理后,将处理结果以数字脉冲信号向伺服系统等执行部件发出执行命令。

（3）进给伺服系统接到指令信息后驱动机床进给机构执行进给运动；主传动系统接到命令后实现主轴相应的启动、停止、正反转和变速等动作；其他辅助运动也在 PLC 的控制下准确执行。进给运动、主运动、辅助运动相互配合，实现准确的、预定的加工运动。

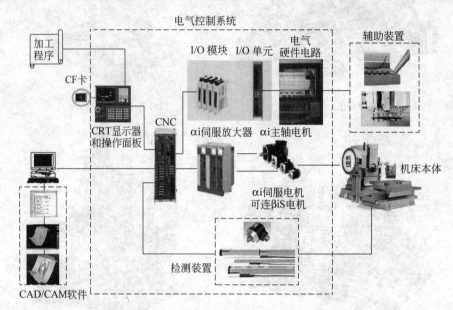

图 1-1-13　数控机床的自动加工过程

1.1.3　任务实施：数控机床与普通机床的区别调研

到车间进行实地考察，在图书馆和互联网上查找相关资料，撰写调研报告。报告的内容为现场设备的种类以及数控机床与普通机床的区别。

知识拓展：机床产业未来发展趋势

目前，国内外数控机床产品技术发展方向主要体现在高速、精密、复合、智能、环保、智能化工厂等方面。

1. 高速加工机床——提高生产率的利器

随着高速、超高速切削机理、大功率高速主轴单元、高加减速直线进给电机、磁悬浮以及动静压气浮、液压高速主轴轴承、超硬耐磨长寿命刀具材料和磨料磨具、高性能控制系统等一系列关键技术的突破，高速、超高速加工的实际应用取得显著成果。

如美国 DKSH 公司的 Moore 500-CPWZ 坐标磨床，为四轴或五轴控制四轴联动的高精度连续轨迹磨床，可用于二维或三维复杂零件的磨削加工，主轴最高转速为 175 000r/min，行星磨削孔径范围为 0.4～343mm，定位精度/重复定位精度为 0.002/0.0015mm。

日本牧野机床的 N2-5XA-Gr 小型卧式加工中心是专用于石墨领域高效加工的新产品。其技术特点是直驱可倾转工作台，五轴联动，通过大幅降低刀具长径比，增强切削刚度和生产效率，主轴最高转速为 20 000r/min，机床配有简便的自动换刀装置。

德国著名通快（TRUMPF）公司的 Tru Punch 2000 数控冲床（如图 1-1-14 所示），性能优异的电动驱动决定了机床出色的生产效率,X、Y轴合成最大速度为108m/min,冲速每分钟高达900次,打标时每分钟高达1600次,最大板材加工厚度为6.4mm,具有18个模具位,无须使用额外夹钳,即可完成尺寸2500mm×1250mm板材的加工。

图 1-1-14　德国通快公司的 Tru Punch 2000 数控冲床

2. 精密机床——跃上微细加工新高峰

精度是机床区别于其他机械的特质所在,是机床界代代传承、永无止境追求的永恒目标。多种现代综合技术的应用与精益求精的生产制造管理,使机床的几何精度、控制精度、加工精度不断迈向新的高度,实现了日常不常触及的微米甚至纳米级的精准制造。

如日本安田(YASDA)公司的超精密微细加工中心,可实现0.1μm进给,实测定位精度0.0005mm,重复定位精度 0.0003mm(ISO230-2);位于瑞士的美国哈挺集团克林贝格(Kellenberger)公司的 Hauser H35-400 坐标磨床通过优化设计布局,如图 1-1-15 所示,使得该机床在行星磨削方式下可以确保加工圆度不超过 0.5μm;该公司生产的外圆磨床,如图 1-1-16所示,采用静压导轨系统配合最新研发的组件,例如自动圆柱度补偿修正系统和同步尾架,为用户提供了可满足任意多变需求的现代化磨削加工平台。瑞士的肖柏林(SCHAUBLIN)机床公司生产的 142-4AX 精密车铣复合加工中心,配有背主轴,主轴跳动<0.5μm,表面粗糙度达到 Ra0.2~0.4μm,最佳圆柱度<0.5μm,如图 1-1-17 所示。

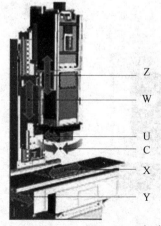

图 1-1-15　Hauser H35-400 坐标磨床　　　图 1-1-16　Kellenberger 公司采用静压导轨系统
　　　确保热稳定性的设计布局　　　　　　　　　的 VARIA 系列外圆磨床

一些国内机床企业也开发出了一系列高精密机床。北京广宇大成公司的 MGK2835 高精度数控立式磨床的旋转工作台重复定位精度达到 $1''$，加工圆度达到 $2\mu m$。天水星火公司的 CNCH350 航空精密数控车床的主轴径向跳动精度为 0.0005mm，主轴轴向跳动精度达到 0.001mm，X/Z 定位精度为 0.0003/0.0005mm，X、Z 重复定位精度为 0.0002mm；四川普什宁江有限公司生产的 THM6380 精密卧式加工中心，其直线轴定位精度/重复定位精度达到 0.003/0.001mm，回转工作台定位精度/重复定位精度达到 4s/2s；北京机床研究所生产的 UPM430 超精密铣床实现了亚微米级精度，导轨直线度达到 $0.5\mu m$，主轴回转精度达到 $0.05\mu m$。

图 1-1-17　142-4AX 精密车铣复合加工中心

3. 复合机床——无缝对接市场需求

多品种小批量生产与大批量生产是现代制造业的两大基本生产方式，与此相适应，复合机床显示了机床制造业在适应市场不同需求方面所表现出的强大适应能力。

日本 AMADA 的 LC2515C1AJ＋ASRTK 光纤激光冲压复合机床，具有工序集约、高效、安全、安定、节能以及自动上下料等特点；美国麦格菲（MegaFab）的 3400XP 等离子切割和冲剪复合机床集合了冲孔、等离子切割、坡口、铣削、钻孔、攻丝、成型、喷码 8 种功能于一身，最大加工板厚为 12.7mm。据介绍，该机床具有极高的性价比，与激光切割机相比，具有 3 倍的效率、1/3 的成本、2 倍的年产能、3 倍的年利润。

德国德玛吉-森精机（DMG MORI）的激光增材及切削复合机床（如图 1-1-18 所示），把增材制造与切削加工过程交替互动，有效改善了零件的外观与质量，推进了增材制造技术实用化进程。鞍山宏拓数控设备工程有限公司也生产出了同类设备。

图 1-1-18　德国 DMG-MORI 公司的 LASERTEC 65 3D 激光增材式加工中心

日本 MAZAK 公司的车铣复合机床,如配有正、背主轴,具有五轴联动功能的 INTEGREX i-100S;配有正、背主轴,大行程 Y 轴和长工件加工能力并具有 DONE-IN-ONE 功能的 INTEGREX e-500-HSⅡ(如图 1-1-19 所示);具有五轴联动功能,同时兼备高速和重切削能力的 INTEGREX i-630V。奥地利 EMCO 的 HYPER TURN65PM 车铣复合加工中心(如图 1-1-20 所示),配置正、背主轴、双刀塔、Y 轴、B 轴等 9 个数控轴,一次装夹可完成六面以及空间曲面和斜孔的加工。

图 1-1-19   日本 MAZAK 公司的复合机床 INTEGREX e-500-HSⅡ

图 1-1-20   奥地利 EMCO 的 HYPER TURN65PM 车铣复合加工中心

重庆机床的 SGTH160 滚齿车削复合加工机床是复合机床家族的新丁,机床最大加工模数为 4mm,最大加工直径为 160mm,最大车削长度为 500mm。机床采取模块化方式设计,可根据用户要求复合倒棱去毛刺、铣削、钻削、在线测量以及工件自动搬运等功能。

4. 智能技术——引领科技新浪潮

智能制造(Intelligent Manufacturing)是基于新一代信息技术,贯穿设计、生产、管理、服务等制造活动各个环节,具有信息深度自感知、智慧优化自决策、精准控制自执行等功能的先进制造过程、系统与模式的总称。智能化制造已经成为未来制造业技术发展的必然趋势。

当前,世界领先的机床制造厂商都在大力研发智能机床产品。通过植入智能知识以及运用各类传感器,机床的智能化水平正在不断提高。如意大利 SALVAGNINI 的 P2 Lean 新一代紧凑型多边折弯中心,配置了融入以往诸多经验及高度智能化的操作控制系统,只要简单告诉它你的需求,就能在最短的时间内自动完成赋予的工作。日本三菱电机的 EA8SM 数控电火花加工机是一款智能化和自动化程度很高的线切割机床,可对复杂形状零件进行高速高效适应性放电加工，大幅缩短了抬刀时间。

日本 MAZAK 公司的复合加工中心，根据机型的不同，具备 MAZAK 著名的 7 大智能功能（主动振动抑制、热位移控制、防碰撞功能、主轴监控、语音导航、智能预防维护功能、车削工作台动态平衡）中的某些或全部功能。

牧野机床的 F3 立式加工中心搭载新一代超级智能控制 SGI.4 软件，能够在复杂、三维加工条件下对微小程序段进行高速高精度处理，在高速加工时也能得到均匀的表面质量和精准的轮廓形状。

日本 OKUMA 公司的 MCR-BⅢ 龙门式加工中心搭载了该公司四大智能技术（高精度可预测的规则热位移补偿技术、手动和自动方式下的防碰撞功能、主轴头调整功能、自动调整切削条件的加工导航功能）之一的"热亲和"技术，即高精度可预测的规则热位移补偿技术，如图 1-1-21 所示，通过智能化的热对称、热位移、热平衡结构设计以及 TAS-S 主轴热位移控制和 TAS-C 环境热位移控制智能控制技术，将热变形

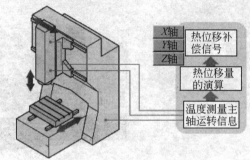

图 1-1-21　日本 OCUMA 公司的
"热亲和"技术

误差进行精确控制和补偿。"热亲和"技术使机床在一天不同时间段、不同温度环境下都能连续稳定、精确地工作，大大减少刀具补偿的次数，且安装在同一坐标方向上不同位置的相同零件，也能获得一致的加工精度。

沈阳机床的 FMS5040 智能柔性制造系统 TURNKEY2050 轴承加工自动生产线由高速立式加工中心、智能 3D 云扫描系统、自动建模数字系统、自动编程参数及刀具优化系统、五轴联动控制系统、工件扫描自动加工系统、工件加工实时检测系统以及加工后工件与样件对比检测系统集成而成。3D 云扫描系统通过高精度三维激光扫描样件获取样件信息，经过云处理软件进行预处理后，由 ProE 等软件完成三维建模，并通过 CAM 软件生成加工代码，然后输入机床进行零件加工，加工完成后对制品进行扫描并与样件进行比对分析，最终实现零件的逆向再造全过程。

未来智能机床技术的发展趋势将体现在对工艺知识的专业、对所要完成工作任务的理解、对工作环境的认知与把握、对自身工作状态的感知、对操作者的提示与协助等方面，使得机床如人类一样具有"感官"的功能，可以自行监控机床运转状态，并进行自主反馈，从而将大幅度提高机床的运行效率及安全性，同时也可降低对于高技术操作人员的依赖。

5. 环保技术——推动行业可持续发展

机床工具产品既要高性能、高效率，又要节约资源、低能耗、低污染，同时加工过程要对人友好和宜人化，逐渐开发出一批融合了环保理念和技术的机床产品。

高速加工、干切加工、微量润滑技术在机床产品设计和生产中已经普遍采用，而通过创新的增材制造工艺与装备技术也可以减少资源浪费，提高生产效率，如南京中科煜宸展出的激光金属 3D 打印机，可对普通不锈钢、镍基合金以及钛合金、铝合金等材料在保护

气氛下实现精确高效的三维打印成形,可以减少以往采用切削加工带来的能源损失和环境污染。SALVAGNINI 的 L5 第二代光纤激光切割机在结构、性能、自动化、柔性、效率、环保等方面处于世界领先级水平,在降低人为干预、减少加工时间、提高生产率和加工质量等方面均有杰出表现。

6. 智能化工厂——车间和企业管理的智能化

随着工厂制造流程连接的嵌入式设备越来越多,透过云端架构部署控制系统,无疑是当今最重要的趋势之一。未来,云端运算将可提供完整的系统和服务,生产设备将不再是过去单一而独立的个体。一旦完成连线,一切制造规则都可能会改变。

如日本 MAZAK 公司新近开发的基于 Smooth 技术的第七代数控系统 Smooth X,不仅可以提供高品质、高性能的智能化产品,还可以提供智能化的生产管理服务。藉此,马扎克全新推出了新一代智能工厂(MAZAK iSMART Factory,iSF)概念,它不仅整合了马扎克最新的自动化和智能化技术,更重要的是工厂通过全新的数据采集模式,能够更方便地将关键数据传送给车间的监控系统,使车间的加工设备和网络更好地连接起来。通过生产管理系统与 ERP 的联动,努力建成生产计划的自动调整体系,这个体系的目标是生产周期缩短 30%,半成品在库和产品在库削减 30%,管理工时降低一半。

我国的沈阳机床集团公司开发的 i5 数控系统,具有网络智能功能。通过移动互联网,利用手机,对搭载 i5 系统的数控机床可进行操作、管理和监控,实时传递加工信息,实现了指尖操作。搭载 i5 系统的 i5 系列数控机床依托互联网,能做到智能校正、智能诊断、智能控制、智能管理,实现加工单元的智能化。藉此,通过应用集"云制造"和"智能制造"概念于一体的信息集成平台——i 平台和 WIS(Work shop Information System)车间管理系统等智能技术,将制造过程由点到线,由线到面相互联接,从而实现车间和企业制造管理的智能化,如图 1-1-22 所示。

图 1-1-22　车间和企业制造管理的智能化

资料来源:CIMT2015 展品七大看点. 现代制造[J]:2015(8).

高建民,史晓军,许艾明等. 高速高精度机床热分析与热设计技术. 中国工程科学:2013(1)28~33.

课后思考与任务

（1）数控机床由哪几部分组成？各部分的基本功能是什么？

（2）查找资料，撰写关于数控机床发展历程的报告。

任务1.2　识别数控机床

◆ 学习目标

（1）熟悉并能识别常见数控机床的机械结构及其主要功能部件；

（2）能指出数控机床典型部件，并能说明其作用。

◆ 任务说明

区分和识别数控车床和加工中心，正确指出典型部件的位置，熟悉典型部件的功能和作用。这些是调试和维修数控机床的基础。

◆ 必备知识

1.2.1　数控机床的机械结构

典型数控机床的机械结构主要由基础件、主传动系统、进给传动系统、回转工作台、自动换刀装置及其他机械功能部件等组成。图1-2-1所示为数控车床的机械本体。图1-2-2所示为立式铣削类加工中心的机械本体。

图1-2-1　数控车床的机械本体

1—床身；2—主轴箱；3—刀架；4—导轨

图1-2-2　立式铣削类加工中心的机械本体

1—刀库；2—立柱；3—主轴箱；

4—工作台；5—床鞍；6—床身

数控机床的基础件通常是指床身、立柱、横梁、工作台、底座等结构件,由于其尺寸较大,俗称大件,构成了机床的基本框架。其他部件附着在基础件上,有的部件还需要沿着基础件运动。由于基础件起着支承和导向的作用,因而对基础件的基本要求是刚性好。

和传统机床一样,数控机床的主传动系统将动力传递给主轴,保证系统具有切削所需要的转矩和速度。但由于数控机床具有比传统机床更高的切削性能要求,因而要求具有更高的回转精度、抗震性能和结构刚度。数控机床的主传动通常采用大功率调速电动机,无须复杂的机械变速机构,主传动链比普通机床短。为满足交换刀具的需要,主轴部件内部需有刀具自动夹紧和放松装置。

1.2.2 数控车床的组成与分类

1. 数控车床的组成

数控车床主要用于轴类或盘类零件的内外圆柱面、任意角度的内外圆锥面、复杂回转内外曲面和圆柱及圆锥螺纹等的车削加工,并能进行车槽、钻孔、扩孔、铰孔等加工。

数控车床的布局大都采用机、电、液、气一体化布局,全封闭或半封闭防护。图 1-2-3所示为数控车床外形及其主要部件。

图 1-2-3 数控车床外形及其主要部件

1—卡盘踏板开关;2—切削液箱;3—排屑器;4—操作面板;
5—机床防护罩;6—主轴;7—回转刀架;8—尾座;9—床身

数控车床由床身、主轴箱、刀架进给系统、尾座、液压系统、冷却系统、润滑系统、排屑器等部分组成。

(1)床身

床身是机床的基本支撑件,用于支撑机床的各主要部件(如图 1-2-1 所示),并使它们在工作时保持准确的相对位置。数控车床的床身结构和导轨有多种形式,主要有水平床身、倾斜床身、水平床身斜滑鞍等。中小规格的数控车床采用倾斜床身和水平床身斜滑鞍较多。倾斜床身多采用 30°、45°、60°、75° 和 90° 角,常用的有 45°、60° 和 75° 角,如图 1-2-1所示。大型数控车床和小型精密数控车床采用水平床身较多。

(2)主传动系统及主轴部件

如图 1-2-4 所示,数控车床的主传动系统一般采用直流或交流无级调速电动机,通过带传动带动主轴旋转,实现自动无级调速及恒切速度控制。主轴部件是机床实现旋转运动的执行件。

（3）进给传动系统

进给传动系统如图 1-2-5 所示。横向进给传动系统是带动刀架作横向（X 轴）移动的装置,它控制工件的径向尺寸;纵向进给装置是带动刀架作轴向（Z 轴）运动的装置,它控制工件的轴向尺寸。

图 1-2-4　主轴部件

图 1-2-5　X、Z 轴进给溜板

（4）自动回转刀架

刀架是数控车床的重要部件,它安装各种车削加工刀具,加工时可实现自动换刀。

数控车床的刀架分为转塔式和排刀式两大类。转塔式刀架是普遍采用的刀架形式,它通过转塔头的旋转、分度、定位来实现机床的自动换刀工作,如图 1-2-6 所示。两坐标连续控制的数控车床,一般都采用 6～12 工位转塔式刀架。排刀式刀架主要用于小型数控车床,适用于短轴或套类零件加工,如图 1-2-7 所示。

图 1-2-6　转塔式刀架

图 1-2-7　排刀式刀架

（5）液压卡盘

液压动力卡盘用于夹持工件,主要由固定在主轴后端的液压缸和固定在主轴前端的卡盘两部分组成,其夹紧力的大小通过调整液压系统的压力进行控制,如图 1-2-8 所示。

（6）液压尾座

加工长轴类零件时需要使用液压尾座，数控车床液压尾座如图 1-2-9 所示。一般有手动尾座和可编程尾座两种。尾座套筒的动作与主轴互锁，即在主轴转动时，按动尾座套筒退出按钮，套筒将不动作；只有在主轴停止状态下，尾座套筒才能退出，以保证安全。

图 1-2-8 液压卡盘

图 1-2-9 液压尾座

2. 数控车床的分类

数控车床产品繁多，规格不一。一般按功能，数控车床可分为经济型数控车床、全功能型数控车床和车削中心 3 类。

（1）经济型数控车床

经济型数控车床一般采用步进电机驱动，单片机实现控制。此类车床结构简单，价格低廉，但自动化程度低，系统控制功能较弱，车削加工精度也不高，适用于要求不高的回转类零件的车削加工。

（2）全功能型数控车床

全功能型数控车床又称标准型数控车床。此类车床根据车削加工要求在结构上进行专门设计并配备通用数控系统，数控系统功能强，自动化程度和加工精度也比较高，适用于一般回转类零件的车削加工。

（3）车削中心

车削中心由数控车床发展而来，是一种以车削加工模式为主、添加铣削动力刀头后又可进行铣削加工模式的车铣合一的切削加工机床。与普通数控车床主轴控制方式不同，车削中心的主轴必须同时具有旋转和定位两种功能。

车削中心的基本结构类似于一台车床，有床身和导轨、主轴和主轴箱、刀架、尾座、传动系统。与数控车床不同的是，车削中心回转刀架上可安装如钻头、铣刀、铰刀、丝锥等回转刀具，它们由单独的电动机驱动，又称自驱动刀具，如图 1-2-10(a) 所示。在车削中心上用自驱动刀具对工件的加工分为两种情况，一种是主轴能定向停止，经分度定位后固定，对工件进行钻、铣、攻螺纹等加工；另一种是主轴运动作为一个圆周进给控制轴（C 轴），C 轴运动和 X、Z 轴运动合成为进给运动，即三坐标联动，铣刀在工件表面上铣削各种形状的沟槽、凸台、平面等。目前车削中心上常用的动力头驱动形式有异步电机变频调速、

(a) 带铣削自驱动刀具的回转刀架　　　　　(b) 车削中心上钻削加工案例

图 1-2-10　车削中心回转刀架

液压马达驱动以及伺服电机控制（用 PLC 控制 PMC 轴）。

由于增加了 C 轴和铣削自驱动刀具，除可以进行一般车削外，车削中心可以进行径向和轴向铣削、曲面铣削、中心线不在零件回转中心的孔和径向孔的钻削等加工，如图 1-2-10(b) 所示。

为了解决回转体件一次装夹下的背面（原装夹端）二次加工问题，在单主轴车削中心的基础上，增添一个与原主轴在轴线上对置的副主轴和一个多刀位的副转塔刀架，如图 1-2-11 所示，使机床成为双主轴多刀架的车削中心，可实现自动翻转工件，在一次装夹下就完成回转体工件的全部加工。

图 1-2-11　双主轴多刀塔车削中心

1.2.3　加工中心的组成

同类型的加工中心与数控铣床的结构布局相似，主要区别在于加工中心具有自动换刀装置。

1. 加工中心的组成

加工中心自问世至今已有几十年，世界各国出现了各种类型的加工中心，虽然外形结构各异，但从总体来看主要由图 1-2-12 所示几大部分组成。

（1）基础部件：是加工中心的基础结构，由床身、立柱和工作台等组成，主要承受加工中心的静载荷以及在加工时产生的切削负载，因此必须有足够的刚度。这些大件可以是铸铁件也可以是焊接而成的钢结构件，是加工中心中体积和质量最大的部件。

（2）主轴部件：由主轴箱、主轴电动机、主轴和主轴轴承等零件组成。主轴的启、停和变速等动作均由数控系统控制，并且通过装在主轴上的刀具参与切削运动，是切削加工的功率输出部件。

（3）数控系统：由 CNC 装置、可编程控制器、伺服驱动装置以及操作面板等组成，是

图 1-2-12 加工中心的结构组成

1—刀库；2—换刀机械手；3—主轴箱；4—立柱；5—工作台；

6—导轨；7—床身；8—进给伺服电机；9—电控柜；10—显示屏

执行顺序控制动作和完成加工过程的控制中心。

（4）自动换刀系统：由刀库、机械手等部件组成。当需要换刀时，数控系统发出指令，由机械手（或通过其他方式）将刀具从刀库内取出装入主轴孔中。图 1-2-13 所示为常见的自动换刀系统。

(a) 链式刀库   (b) 盘式刀库

图 1-2-13 自动换刀系统

（5）自动交换工作台系统：为了缩短工件装夹时间，有效减小定位误差，达到提高加工精度及生产效率的目的，有些加工中心还配置有自动交换工作台系统，如图 1-2-14 所示。

（6）辅助装置：包括润滑、冷却、排屑、防护、液压、气动和检测系统等部分。这些装置虽然不直接参与切削运动，但对加工中心的加工效率、加工精度和可靠性起着保障作用，因此也是加工中心不可缺少的部分。

(a) 旋转式

(b) 直线移动式

图 1-2-14　自动交换工作台系统

　　2. 加工中心的分类

　　加工中心以加工棱柱体零件（含箱体、壳体和板块件等）为主要对象，工件在其上一次装夹后，通过机械手按加工程序从刀库上选取并更换主轴上的刀具，便可对工件的水平面进行1～3维铣削加工，如铣平面、铣轮廓、铣型腔曲面，以及钻孔、镗孔、攻螺纹等加工工序。

　　加工中心的类型主要有卧式加工中心、立式加工中心、龙门加工中心、五轴加工中心和虚拟轴加工中心。

　　加工中心的主轴在空间处于水平状态的称为卧式加工中心，如图 1-2-15 所示；主轴在空间处于垂直状态的称为立式加工中心，如图 1-2-16 所示。

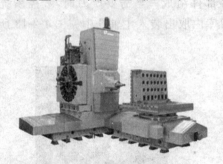

图 1-2-15　卧式加工中心

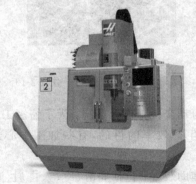

图 1-2-16　立式加工中心

　　主轴可作垂直和水平转换的,称为立卧式加工中心或五面加工中心,也称复合加工中心。按加工中心立柱的数量分,有单柱式和双柱式(龙门式)。图1-2-17所示为龙门加工中心。

图1-2-17　龙门加工中心

　　图1-2-18所示为虚拟轴加工中心,它改变了以往传统机床的结构,通过连杆的运动,实现主轴多自由度的运动,完成对工件复杂曲面的加工。

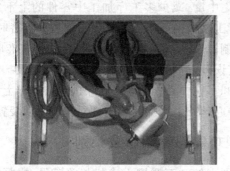

图1-2-18　虚拟轴加工中心

1.2.4　复合加工机床

1. 复合加工机床

　　数控复合加工机床是以"集中工序、一次装夹实现多工序复合加工"的理念为指导发展起来的新一类数控机床。当工件在其上一次装夹后,通过自动交换工具(切削刀具或模具),能完成全部加工工序,实现完整加工,从而减少非加工时间,缩短加工周期,达到提高生产效率的目的。

　　数控复合加工机床从其加工的复合性来分,可分为工序复合型和工艺复合型两大类。前者如一般的镗铣加工中心、车削中心、磨削中心等,在一台机床上只能完成同一工艺方法的多个工序加工;而后者则如车-铣复合中心、车-磨复合中心、车削-激光加工中心等,在一台机床上不仅可以完成同一工艺方法的多个工序,而且可以完成不同工艺方法的多个工序。

　　图1-2-19所示的车削加工中心,借助不同结构的刀具转塔和铣削头可以进行车削、铣削等加工工序。在车削工作时,有两个12把刀具的刀架可以完成各种复杂的车削工

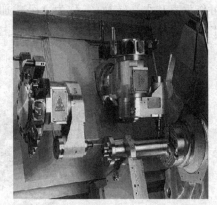

(a) 车削加工　　　　　　　　　　　(b) 铣削加工

图 1-2-19　完整加工案例

序；在铣削工作时，刀架转过 90°，两个由电主轴驱动的铣头可在不同方向进行铣削加工。

2. 复合加工的优点

复合加工的主要优点：进一步提高工序集中度，减少多工序加工中零件的上下料装卸时间；可避免或减少工件在不同机床间进行工序转换而增加的工序间输送和等待时间，从而大幅度地缩短零件加工周期和减少在制品储存量，有力地支持零库存的准时制造（JIT）的实施；减少工件装夹次数，避免装夹误差，有利于提高加工精度的稳定性。

目前最常见的复合加工机床是铣车中心和车铣中心。前者是在车削中心基础上增添用于回转刀具的驱动装置；后者则是在加工中心基础上增加了使工件回转的驱动装置。

1.2.5　任务实施：数控机床典型功能部件调研及识别

（1）结合所学知识，到车间实地考察，到图书馆和互联网上查找相关资料，撰写调研报告。报告的内容由部件名称、作用、应用范围等部分组成。

（2）根据生产商提供的机床资料，说出数控机床的组成部分及其功能。

（3）在南京斯沃数控机床故障诊断仿真软件环境中，进行数控机床各功能部件的识别。

知识拓展：LASERTEC 65 3D 增材式复合加工机床

DMG MORI 最新推出的 LASERTEC 65 3D（如图 1-1-18 所示），是一种集成了增材式激光堆焊技术的 5 轴复合加工中心，它创造性地将铣削加工技术与激光金属堆焊加工工艺结合在一起。

近年来，增材制造技术发展迅速，但目前只适合于制造无法用其他方法生产的样品和小型零件。DMG MORI 公司提出的这种混合式加工解决方案，通过在一台机床上将增材制造与传统的减材制造这两种加工技术结合在一起，使增材制造的生产能力得到进一步扩大和补充，以替代诸如铣削加工和车削加工等传统机加工方法。

LASERTEC 65 3D 机床配有一套二极管激光装置用以代替刀具，如图 1-2-20 所示，将喷涂金属粉末材料添加到激光束，使金属粉末一层一层地熔覆在基材上，从而在没有气孔或裂缝的情况下,使粉末与基材熔合在一起。金属粉末与基材表面之间形成了一个高强度的焊接效应。冷却后,根据不同的精度要求,可对堆焊金属层采用机械方法进行加工,如图 1-2-21 所示。因此该工艺可用于修复大型零件和加工复杂模具。

图 1-2-20　堆焊加工　　　　　　　　　图 1-2-21　铣削加工

LASERTEC 65 3D 采用粉末喷嘴进行激光堆焊,其 3.5kg/h 的熔积速度,比采用粉末床的激光烧结工艺快 20 倍,因而可用于制造大型部件。整个零部件可分多个阶段堆焊,在各步堆焊过程之间可加入铣削加工,以便在部件因几何形状的原因无法用铣刀最终加工前,先将该部位加工到最终精度。因此该工艺可以完整加工 3D 零件,甚至可加工带悬垂轮廓的工件而无须任何支撑,同时还可以直接加工成品件上无法加工到的部位。

LASERTEC 65 3D 机床将铣削加工的高精度和高表面光洁度等优点,与激光粉末沉积加工的灵活性和高熔积速度结合在一起,与材料浪费率达 95% 以上的传统减材式铣削加工工艺相比,该混合式加工工艺可以大幅降低材料浪费率,从而节约生产成本。

在能源、石油和天然气行业,零部件往往需要喷涂一层合适的合金防腐层,例如铬镍铁合金防腐层,以保护任何指定的区域。采用熔覆工艺可为在恶劣环境中使用的管道、阀门、凸缘和特殊金属结构件提供防腐保护。使用 LASERTEC 65 3D 机床,一次装卡即可完成基材和熔覆材料的加工和最后的精加工工艺,从而可节约生产成本,缩短产品的交货期。

资料来源:LASERTEC 65 3D:拥有最终零件品质的 3D 零件增材式生产.航空制造技术[J]:2005(6).

课后思考与任务

(1) 列出加工中心所需控制的运动和辅助功能。

(2) 查找资料,撰写关于数控机床新技术应用的简明报告。

装调和维修数控机床
典型机械部件

◆ **知识点**

(1) 掌握数控机床主要机械部件的结构及工作原理；
(2) 掌握数控机床进给运动部件的装配与调整；
(3) 熟悉数控铣床主轴部件的拆装与调整；
(4) 掌握加工中心自动换刀装置的装配与调整。

◆ **技能要求**

(1) 能识读数控机床机械装配图纸；
(2) 熟悉数控机床主要部件的装配工艺及调整方法。

任务 2.1　装配和调整 *X* 轴进给传动部件

◆ **学习目标**

(1) 能按图纸要求正确装配某一方向进给轴；
(2) 能正确使用工具、量具检测传动装置的相关精度；
(3) 能正确调整导轨间隙和滚珠丝杠轴向间隙。

◆ **任务说明**

　　数控机床的进给传动部件是数控机床最为核心的功能部件,也是数控机床区别于普通机床的关键部分。数控机床进给传动部件常用伺服系统来驱动,以控制进给部件运动的速度和刀具相对于工件的移动位置和轨迹。

1. 进给传动部件的组成和作用

进给传动部件是位置控制中的重要部件,是指将电动机的旋转运动传递给工作台或刀架,以实现进给运动的整个机械传动链,包括齿轮传动装置、丝杠螺母副等中间传动机构。图2-1-1所示为铣削类数控机床工作台传动部件的机械结构图。

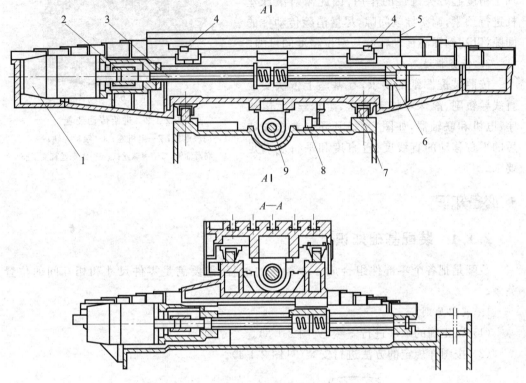

图 2-1-1　数控机床进给传动系统机械结构图

1—伺服电机;2—联轴器;3—滚珠丝杠;4—限位开关;5—工作台;

6—轴承;7—导轨;8—位置检测装置光栅;9—螺母

以加工中心 X 轴为例,当接收到来自数控系统的运动控制指令后,X 轴交流伺服电机 1 旋转,通过联轴器 2,带动滚珠丝杠 3 旋转,通过滚珠丝杠螺母副,带动工作台 5 沿导轨 7 移动,实现 X 轴的进给运动。编码器安装在伺服电机的尾部。位置检测装置光栅 8 用于检测工作台的位移。限位开关 4 为两个可在槽内滑动的行程挡块,与行程开关配合控制 X 轴参考点位置和 X 轴行程的极限位置。

2. 进给传动部件的装配要求

进给传动部件的传动误差是影响零件加工精度的主要因素之一,因此,装配进给机械部件时需要满足以下要求,以确保数控机床进给系统的传动精度、灵敏度和工作稳定性。

(1) 较小的摩擦阻力。在装配过程中需要保证各项几何精度,使各移动件能平滑移动,以提高机床进给系统的快速响应能力和运动精度,减少爬行现象。

(2) 尽量消除传动间隙。进给部件的传动间隙一般指反向间隙,即反向死区误差,它存在于整个传动链的各传动环节,包括联轴器、齿轮副、丝杠螺母副及支承部件中,直接影响数控机床的加工精度,因此应尽量消除传动间隙,减小反向死区误差。

(3)高的传动精度和定位精度。数控机床进给传动部件的传动精度和定位精度对零件的加工精度起着关键性的作用,因此需对滚珠丝杠进行预紧,调整导轨间隙,尽量消除传动件的间隙,以达到提高传动精度与定位精度的目的。

3.任务描述

按照装配图纸的要求,在基座上依次安装直线导轨副、滚珠丝杠支承座、滚珠丝杠、电机座、电机和联轴器,如图 2-1-2 所示。要求安装后的平台移动的直线度、垂直度和平行度满足要求。

图 2-1-2　进给传动装置

1—伺服电机;2—电机座;3—滚动导轨;

4—润滑油管;5—滚珠丝杠;6—滚珠丝杠支承座

◆ 必备知识

2.1.1　装配基础知识

装配是把各个零部件组合成一个整体的过程,需要满足零件尺寸和相互间的位置关系。

1.装配原则

(1)以正确的顺序进行安装(见图 2-1-3)。

(2)按图样规定的方法进行安装(见图 2-1-4)。

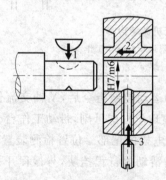

图 2-1-3　正确的装配顺序和位置

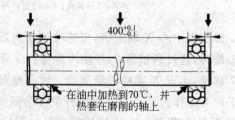

$400^{+0.1}_{-0.1}$

在油中加热到70℃,并热套在磨削的轴上

图 2-1-4　按照规定的方法和位置进行装配

(3)按图样规定的位置进行安装。

(4)按规定的方向进行安装(见图 2-1-5)。

(5)按规定的尺寸精度进行安装。

(6)安装完毕产品必须达到规定的要求,同时必须能够拆卸,以便维修和保养。

2.装配注意事项

为了提高装配质量,必须注意以下几个方面。

（1）仔细阅读装配图和装配说明书，并明确装配技术要求。

（2）熟悉各零部件在产品中的功能。

（3）装配前应考虑好装配顺序。

（4）装配的零部件和装配工具必须在装配前进行认真清洗。

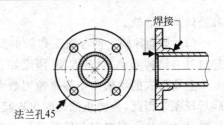

图 2-1-5　按规定的方向装配

（5）必须采取适当措施，防止脏物或异物进入正在装配的产品内。

（6）装配时必须使用规定质量的紧固件进行紧固。

（7）拧紧螺栓、螺钉等紧固件时，必须根据产品装配要求使用合适的装配工具。

（8）如果零件需要安装在规定的位置上，必须在零件上做记号，且安装时必须根据标记装配。

（9）装配过程中，应当尽可能及时进行检测，内容包括位置是否正确，间隙是否符合要求，跳动是否符合要求，尺寸是否符合设计要求。

3．装配精度

装配精度一般指各部件的相互位置精度、各运动部件的相对运动精度（如直线运动、圆周运动和传动精度等）以及连接面间的配合精度和接触精度。

4．装配工艺过程

装配工艺包括以下 4 个过程：装配前的准备工作，装配工作，校正、调试，检验和试车。

5．零部件的拆卸

相对于装配，拆卸的目的是拆下装配好的零部件，获得单独的零件和组件。拆卸与装配顺序相反，一般从外部拆至内部，从上部拆至下部。常见的拆卸方法有击卸法、拉拔法、顶压法、温差法和破坏性拆卸。零部件拆卸时需遵循以下基本原则。

（1）拆卸前，必须弄清机械的结构关系，做好核对工作或做好标记。

（2）能不拆的零件尽量不拆。

（3）严格遵守正确的拆卸方式。

（4）拆卸时要充分考虑到有利于装配。

2.1.2　数控机床导轨的种类、安装和维护

在数控机床上，导轨主要用来支承和引导运动部件沿一定的轨道完成无间隙的往复运动，并承受切削负荷，因此数控机床导轨必须具有较高的灵敏度、高导向精度、高刚度和高耐磨性，且在高速进给时不振动，低速进给时不出现爬行现象。在导轨副中，运动的一方称为运动导轨，不动的一方称为支承导轨。

导轨的几何精度综合反映在静止或低速下的导向精度上。直线运动导轨的检验内容为导轨在垂直平面内的直线度、导轨在水平面内的直线度以及两导轨的平行度。

1．导轨的类型

目前，数控机床常用的导轨按照接触面间的摩擦性质不同可分为滑动导轨、滚动导轨

和液体静压导轨。

（1）滑动导轨。两导轨工作面的摩擦性质为滑动摩擦的导轨，称为滑动导轨。滑动导轨具有结构简单、制造方便、刚度好、抗震性高等优点，在数控机床上应用广泛。

金属形式的导轨由于静摩擦因数大，动摩擦因数随速度变化而变化，在低速时易产生爬行现象。因此，为防止低速时出现爬行现象，提高导轨的耐磨性，目前数控机床多采用塑料滑动导轨。塑料滑动导轨可分为贴塑导轨和注塑导轨。

根据导轨的横截面形状，滑动导轨又可分为平导轨（又称矩形导轨）、圆柱形导轨、燕尾形导轨、V形导轨，如图 2-1-6 所示。

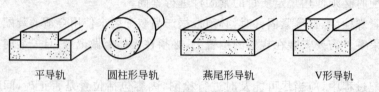

平导轨　　　圆柱形导轨　　　燕尾形导轨　　　V形导轨

图 2-1-6　滑动导轨的类型

对于载荷大的数控机床多采用呈矩形截面的平导轨，导向滑块放置在导轨上，沿导轨作直线滑行，如图 2-1-7 所示。

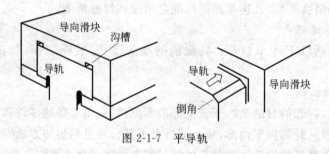

图 2-1-7　平导轨

（2）滚动导轨。滚动导轨利用滚动体的滚动将导轨的滑动摩擦转变为滚动摩擦（摩擦因数一般为 0.0025～0.005），以减小摩擦阻力。滚动导轨由导轨、滚动体和滑块 3 个主要零件组成。滚动体可以是滚珠、滚柱或滚针。目前使用最多的滚动导轨是双 V 形（或称矩形）直线滚动导轨。

直线滚动导轨副（简称为直线导轨）的外形图如图 2-1-8 所示，直线滚动导轨副的结构图如图 2-1-9 所示。

滚动导轨动静摩擦因数基本相同，启动阻力小，低速运动平稳性好，定位精度高，微量位移准确，磨损小，精度保持性好，寿命长。其缺点是抗振性差，对防护要求高。

（3）液体静压导轨。液体静压导轨是将具有一定压力的油液经节流器输送到导轨面的油腔，形成承载油膜，将相互接触的金属表面隔开，使导轨工作面间处于液体摩擦状态，摩擦因数极低。目前液体静压导轨常用于重型机床。

2. 导轨的维护

（1）滑动导轨间隙调整。导轨面间的间隙对机床工作性能有直接影响。间隙过小，摩擦阻力大，导轨磨损加剧；间隙过大，导轨导向精度降低。故应使导轨具有合理间隙，磨

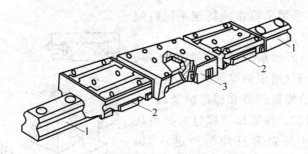

图 2-1-8　直线滚动导轨副的外形

1—导轨条；2—循环滚柱滑座；3—抗震阻尼滑座

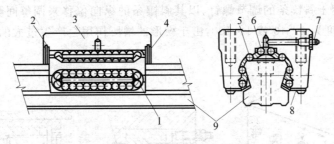

图 2-1-9　直线滚动导轨副的结构

1—保持器；2—压紧圈；3—支承块；4—密封板；5—负载滚珠(滚柱)；
6—回珠(回柱)；7—加油嘴；8—侧板；9—导轨条

损后又能方便地调整。通常导轨与滑块间的间隙可以用塞尺塞入导轨与滑块间进行测量，并根据实测间隙的大小进行调整。常采用的调整方法有压板调整法、镶条调整法和导向板调整法。

① 压板调整间隙。主要用于调整辅助导轨面的间隙和承受颠覆力矩。如图 2-1-8 所示为矩形导轨上的常用的几种压板装置。压板用螺钉固定在动导轨上，使用刮研工艺及采用调整垫片、平镶条等机构，使导轨面与支承面之间的间隙均匀，达到规定的接触点数。对如图 2-1-10(a) 所示的压板结构，如间隙过大应修磨或刮研 B 面；间隙过小或压板与导轨压得太紧，则可刮研或修磨 A 面。如图 2-1-10(b) 所示的是通过调节压板和导轨间的平镶条 C 调节间隙。如图 2-1-10(c) 所示的则是通过改变垫片 D 的厚度的办法来调整间隙的。

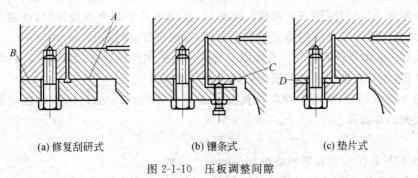

(a) 修复刮研式　　　　(b) 镶条式　　　　(c) 垫片式

图 2-1-10　压板调整间隙

② 镶条调整间隙。用于调整矩形导轨和燕尾形导轨的侧向间隙,镶条应放在导轨受

力较小的一侧。常采用平镶条或斜镶条进行间
隙调整,如图 2-1-11 所示。

如图 2-1-13(a)所示是一种全长厚度相等、
横截面为平行四边形(用于燕尾导轨)或矩形的
平镶条,通过侧面的螺钉调节和螺母锁紧,以其
横向位移来调整间隙。拧紧调节螺钉时必须从
导向滑块两端向中间对称且均匀地进行,如
图 2-1-12 所示。

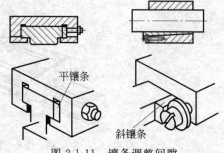

图 2-1-11   镶条调整间隙

如图 2-1-13(b)所示是一种全长厚度变化的
斜镶条及 3 种用于斜镶条的调节螺钉,以其斜镶条的纵向位移来调整间隙。斜镶条在全
长上支承,其斜度为 1∶40 或 1∶100,由于楔形的增压作用会产生过大的横向压力,因此
调整时应细心。

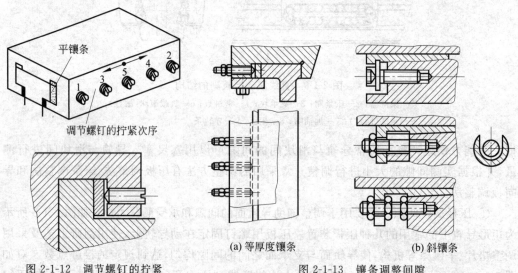

(a) 等厚度镶条   (b) 斜镶条

图 2-1-12   调节螺钉的拧紧   图 2-1-13   镶条调整间隙

③ 导向板调整间隙。导向板是一种高度方向变化的斜镶条。如图 2-1-14 所示,T 形
压板用螺钉固定在运动部件上,运动部件内侧和 T 形压板之间放置斜镶条,利用其横向
变形增加厚度,对导轨间隙进行调整。调整时,借助压板上几个推拉螺钉,使镶条上下移
动,从而调整间隙。该方法的特点是调整方便,接触良好,磨损小。

(2) 直线滚动导轨的校直。直线滚动导轨一般采用两根导轨,因此在安装时,两根导
轨必须平行,而且在整个长度范围内应具有相同的高度。

如图 2-1-15 所示,设两根导轨在高度上最大允许误差为 ΔH,两根导轨间的距离为
a,则最大允许高度误差

$$\Delta H = fa$$

式中,f 为与导轨供应商和导轨类型相关的一个因数。

(3) 滚动导轨的预紧。对滚动导轨预紧可提高接触刚度和消除间隙。在立式滚动导
轨上,预紧可防止滚动体脱落和歪斜。

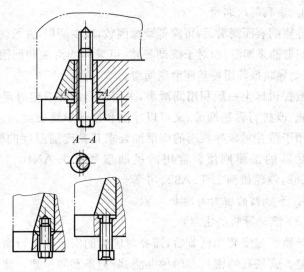

图 2-1-14 压板镶条调整间隙

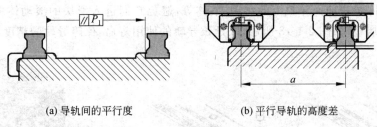

(a) 导轨间的平行度   (b) 平行导轨的高度差

图 2-1-15 直线导轨安装精度

常用的预紧方法有采用过盈配合和调整法。

① 采用过盈配合。如图 2-1-16(a)所示,在装配导轨时,量出实际尺寸 A,然后再刮研压板与溜板的接合面或通过改变其间垫片的厚度,使之形成 $\delta(2\sim3\mu m)$ 大小的过盈量。

② 调整法。如图 2-1-16(b)所示,拧动调整螺钉 3,即可调整导轨 1 和 2 的距离而预加载荷,也可以改用斜镶条调整,使过盈量沿导轨全长的分布较均匀。

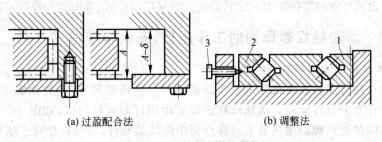

(a) 过盈配合法   (b) 调整法

图 2-1-16 滚动导轨的预紧

1、2—导轨;3—调整螺钉

3．导轨副的润滑

导轨副表面润滑后，可降低摩擦因数，减少磨损，并可防止导轨锈蚀。对于滑动导轨，常采用润滑油来润滑；而对于滚动导轨，可采用润滑油和润滑脂来润滑。低速（$v \leqslant 15\mathrm{m/min}$）时，滚动导轨推荐用锂基润滑脂润滑。

数控机床上一般利用润滑泵，采用压力循环或定时定量的润滑方式，连续或间歇供油给导轨，既进行强制润滑，又可以冲洗和冷却导轨表面。

用于数控机床导轨副的润滑油要求其黏度随温度的变化要小，并且有良好的润滑性能和足够的油膜刚度。常用的机油型号有 L-AN10、15、32、42、68，精密机床导轨油 L-HG68，汽轮机油 L-TSA32、46 等。

4．导轨副的密封与防护

（1）滚动导轨的密封

导轨经过安装和调节后，需要对螺栓的安装孔进行密封，这样可以确保导轨面的光滑和平整。安装孔的密封有两种办法：防护条和防护塞。使用防护塞时，其上表面应与导轨顶面平行，避免凸起而造成脱落，或凹陷造成堆积铁屑。在密封安装孔前需使导轨表面（包括侧面）保持清洁，没有油脂，如图 2-1-17 所示。

为了去除滑块前面导轨上的污垢、液体等，避免它们进入滑块的滚动体中，在滑块的两端装有刮屑板，如图 2-1-18 所示，以延长导轨的使用寿命，保障导轨的精度。

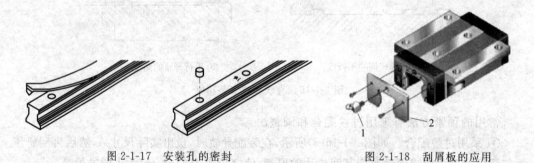

图 2-1-17　安装孔的密封　　　　　图 2-1-18　刮屑板的应用
1—润滑脂油嘴；2—刮屑板

（2）导轨副的防护。为了防止切屑和切削液散落在导轨面上而引起磨损、擦伤和锈蚀，导轨面上可设置可靠的防护装置。在长导轨上常采用刮板式、卷帘式和叠层式防护罩。

2.1.3　滚珠丝杠螺母副的工作原理、安装和维护

1．滚珠丝杠螺母副的工作原理

滚珠丝杠螺母副是数控机床进给传动系统的主要传动装置，它将伺服电机的旋转运动转换为工作台的直线运动。滚珠丝杠螺母副由螺母和丝杠组成，如图 2-1-19 所示。在丝杠和螺母间的弧形螺旋槽内装满滚珠作为中间传动元件，当丝杠相对于螺母旋转时，两者发生轴向位移，而滚珠则通过螺母上的反向器实现循环。按照滚珠的返回方式，滚珠丝杠螺母副可分为外循环和内循环两大类。

滚珠丝杠螺母副传动效率高，摩擦力小，使用寿命长；施加预紧力后，可消除轴向间隙，提高系统刚度，反向时无空行程，提高轴向精度。但滚珠丝杠螺母副不能自锁，垂直安

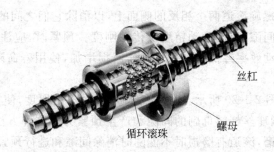

丝杠

循环滚珠 螺母

图 2-1-19 滚珠丝杠螺母副

装时为防止突然停电而造成主轴箱下滑,需有主轴箱重量平衡装置或电磁式制动装置。

2. 滚珠丝杠螺母副的支承方式

滚珠丝杠在机床运动过程中主要承受的是轴向载荷。通常在丝杠两端安装轴承,用以支承滚珠丝杠,并通过轴承座将丝杠固定。丝杠的固定支承端连接电机用以提供动力,螺母上安装运动部件。滚珠丝杠支承机构的好坏,选择得是否恰当,直接影响丝杠传动系统的刚度。常见的支承方式如下。

(1)一端固定一端自由——其特点是结构简单,轴向刚度低,适用于短丝杠及垂直布置丝杠,一般用于数控机床的调整环节和升降台式数控铣床的垂直坐标轴。

(2)一端固定一端浮动——丝杠轴向刚度与方式(1)相同,丝杠受热后有膨胀伸长的余地,需保证螺母与两支承同轴。这种形式的配置结构较复杂,工艺较困难,适用于较长丝杠或卧式丝杠。

(3)两端固定——丝杠的轴向刚度约为一端固定形式的4倍,可预拉伸,这样既可对滚珠丝杠施加预紧力,又可使丝杠受热变形得到补偿,保持恒定预紧力,但结构工艺都较复杂,适用于长丝杠。

3. 滚珠丝杠螺母副的安装要求

为了满足数控机床进给传动性能要求,最大限度地减轻伺服电机的传动扭矩,滚珠丝杠螺母副在安装时应满足以下要求。

(1)滚珠丝杠螺母副相对工作台不能有轴向窜动。

(2)螺母座孔中心应与丝杠安装轴线同心。

(3)滚珠丝杠螺母副中心线应平行于相应的导轨。

(4)能方便地进行间隙调整、预紧和预拉伸。

4. 滚珠丝杠螺母副的预拉伸

滚珠丝杠在工作时会发热,其热膨胀将使导程加大,影响定位精度。为补偿热膨胀,可对丝杠轴实施预拉伸。预拉伸量应略大于热膨胀量。发热后,热膨胀量抵消了部分预拉伸量,使丝杠内的拉应力下降,但长度没有变化。由于丝杠轴的各断面受热情况不同,而温升值又不易精确设定,所以按有关文献计算得出的预拉力只能作为参考量。在实际装配中常常是把具有负值方向的目标值的丝杠轴进行预拉伸,使机床工作台的定位精度曲线的走向接近水平。

5. 滚珠丝杠螺母副的预紧

滚珠丝杠螺母副的预紧是使两个螺母产生轴向位移(相离或靠近),使两个滚珠螺母中的滚珠分别贴紧在螺旋滚道两个相反的侧面上,以消除它们之间的间隙并施加预紧力,预紧目的是消除运动间隙,提高运动精度及传动刚度。预紧时,应注意预紧力不能太大,预紧力过大会造成传动效率降低、摩擦力增大,磨损增加,使用寿命降低。具体实现的方法有下面三种:

(1)垫片法。如图 2-1-20 所示,通过改变调整垫片 5 的厚度,使左右两螺母 2、4 产生轴向位移,从而消除滚珠丝杠螺母副的间隙和产生预紧力。这种方法简单、可靠,但调整时需卸下调整垫片修磨,滚道有磨损时不能随时消除间隙和进行预紧,适用于一般精度的传动。为了装卸方便,调整垫片一般做成半环结构。

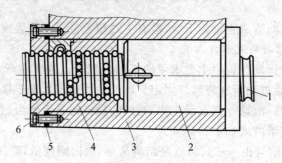

图 2-1-20 垫片调整间隙法

1—丝杠;2、4—螺母;3—螺母座;5—垫片;6—螺钉

(2)齿差调整间隙法。如图 2-1-21 所示,两个螺母 2、5 的凸缘为圆柱外齿轮,齿数分别为 z_1、z_2,且两者齿数差为 1,两个齿轮分别与两端相应的内齿轮相啮合。两个内齿轮 1、2 用螺钉、定位销紧固在螺母座上。调整时先脱开内齿轮,根据间隙大小使两个螺母同向转过相同齿数,然后再插入内齿轮,使两螺母轴向相对位置发生变化,从而实现间隙调整和施加预紧力。

当两齿轮沿同一方向各转过一个齿时其轴向位移量

$$s = \left(\frac{1}{z_1} - \frac{1}{z_2}\right)t$$

当 $z_1=99$,$z_2=100$,$t=10\text{mm}$,则 $s=10/99\times100\mu m\approx1\mu m$。这种方法使两个螺母相对轴向位移最小可达 $1\mu m$,其调整精度高,调整准确可靠,但结构复杂。

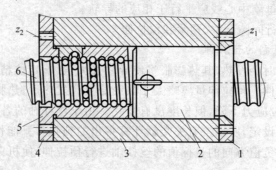

图 2-1-21 齿差调整间隙法

1、4—内齿轮;2、5—螺母;3—螺母座;6—丝杠

（3）螺纹调整间隙法。如图 2-1-22 所示，右螺母 5 外圆上有普通螺纹，并用两圆螺母 1、2 固定。当调整圆螺母 1 时，即可调整轴向间隙并可达到产生预紧力的目的，然后锁紧圆螺母 2。这种方法结构紧凑，工作可靠，滚道路磨损后可随时调整，但预紧力不准确。

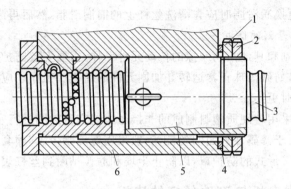

图 2-1-22 螺纹调整间隙法

1、2—圆螺母；3—丝杆；4—垫片；5—右螺母；6—螺母座

6. 滚珠丝杠的调节

为避免出现摩擦或阻滞现象，滚珠丝杠必须与导轨在两个方向上完全平行。丝杠和导轨面的平行度可使用量块、测量杆、水平仪或千分表等工具进行测量。

按照传统的工艺方法，安装滚珠丝杠副时，需用心棒和定位套将两端支承轴承座及中间丝母座连接在一起进行校正，操作方法如图 2-1-23 所示。将千分表放在垫铁上，丝杠轴孔内插入检验芯轴，将千分表测头置于心轴的上母线或侧母线上，然后移动垫铁，读取千分表读数，检测轴线与导轨平面的平行度误差（如图 2-1-24 所示）。若平行度误差超过标准值，可通过调整轴承座的高度，使心棒轴线与机床导轨平行，从而令心棒传动自如轻快。

图 2-1-23 螺母、丝杠安装精度检测

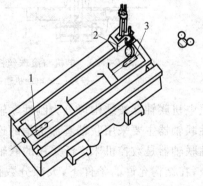

图 2-1-24 检查丝杠轴线与导轨的平行度误差

1、3—检验心轴；2—千分表垫铁

调整时，丝杠只能沿一个方向（水平方向）进行调整，而另一方向（垂直）则用多片不同厚度的黄铜垫片来进行调节，使两个轴承座具有相同的高度。

7. 滚珠丝杠螺母副的润滑

对滚珠丝杠螺母副进行润滑能提高其耐磨性能及传动效率。常用的润滑剂有润滑油和润滑脂两大类。润滑油经过壳体上的油孔注入螺母的内部。每次机床工作前加油一次。润滑脂通常加在螺纹滚道和安装螺母的壳体空隙内，一般每半年应对滚珠丝杠上的润滑脂更换一次，更换润滑脂时应先清洗丝杠上的旧润滑脂，然后再涂上新的润滑脂。

8. 滚珠丝杠螺母副的防护

滚珠丝杠螺母副和其他滚动摩擦的传动元件一样，需要安装防护装置，以避免灰尘或切屑污物落入滚道，妨碍滚珠正常运转并加剧元件的磨损。工作中应避免撞击防护罩，防护罩一有损坏应及时更换。

丝杠螺母通常采用较硬质塑料制成的非接触式迷宫密封圈进行密封。为了避免产生这种摩擦阻力矩，对于暴露在外面的丝杠，一般采用螺旋刚带、伸缩套筒、锥形套筒以及折叠式塑料或人造革等形式的防护罩，以防止尘埃和磨粒粘附到丝杠表面。

2.1.4　伺服电机与滚珠丝杠的连接

伺服电机与滚珠丝杠的连接必须确保无传动间隙，以保证准确执行系统发出的指令。数控机床中，伺服电机与滚珠丝杠的连接方法有联轴器直连、齿形同步带连接或使用齿轮相连，以此传递扭矩和运动。齿轮连接和同步带连接方式通常用于电机与滚珠丝杠不在同一直线和需要增大传递力矩的场合。在许多场合，因结构上的限制，特别是采用了伺服电机或混合式步进电机作为动力源后，联轴器直连便成为电机与滚珠丝杠最为常见的连接方法，如图2-1-25所示。

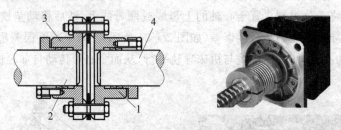

图 2-1-25　电机与滚珠丝杠采用弹性联轴器连接示意图

1—锥环；2—电动机轴；3—弹性联轴节；4—丝杠

伺服电机联轴器按结构可分为刚性联轴器和挠性联轴器两种形式。

刚性联轴器主要采用联轴套加锥销的连接方法，而且大多进给电机轴上都备有平键。

挠性联轴器是数控机床广泛采用的联轴器，它能补偿因同轴度及垂直度误差引起的干涉现象，在结构允许的条件下，大部分数控机床的伺服电机进给系统采用挠性联轴器结构。

2.1.5　装配后导轨副导向精度的检测

机床导轨副的导向精度误差是指导轨副运动部件在全部长度上实际运动方向与理想运动方向间的差值。一般包括安装基准面和导轨在垂直面内的和水平面内的直线度误差、两导轨间的平行度误差，如图2-1-26所示。

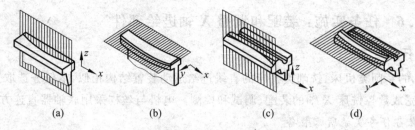

图 2-1-26　导轨的直线度误差

导轨直线度误差常用研点法、平尺拉表比较法、垫塞法、拉钢丝检测法等配合水平仪检测法、光学自准直仪和激光干涉仪等仪器进行检测。

1. 直线度误差检测

在导轨侧面竖立放置平尺,将千分表固定在直线导轨滑块上或与滑动导轨配刮好的垫铁上,测头触及平尺的上水平面(如图 2-1-27)或内侧面(图 2-1-28),沿导轨平行方向移动。两端对零后,移动滑块或垫铁,检查每根导轨在垂直面内的直线度误差或水平面内的直线度误差。

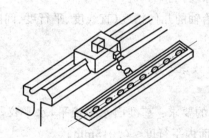

图 2-1-27　测量导轨在水平面内的直线度误差

2. 平行度误差检测

在两导轨中间,水平放置平尺,在导轨滑块或配刮好的垫铁上固定千分表,测头触及平尺侧面。两端对零后,分别检测两导轨对平尺侧面的平行度,如图 2-1-29 所示。

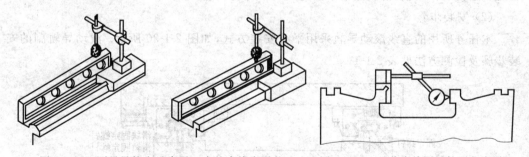

图 2-1-28　测量导轨在垂直平面内的直线度误差　　图 2-1-29　千分表检测导轨平行度误差

(1)水平面平行度:将平尺放置在两导轨中间,将其中一根导轨对平尺两端对零,检测另一根导轨对平尺的平行度误差。

(2)垂直面内平行度:滑块上放置方筒,横向放置水平仪,滑块移动,测量全程。

2.1.6 任务实施：装配和调整 X 轴进给部件

一、任务概述

常见的车削类机床、铣削类机床的直线进给运动装置结构相似,本任务选取数控铣床为对象,完成数控铣床 X 轴的装配、调试和检测。电机与丝杠采用联轴器直连方式。

1. 准备任务实施所需装备

(1) 中国台湾 HIWIN 集团-上银科技的直线滚动导轨副。

(2) 中国台湾 HIWIN 集团-上银科技的滚珠丝杠螺母副。

(3) 安装基座。

(4) 专用拆卸工具一套。

2. 装配工艺路线

(1) 安装和调整滚动导轨,使单根导轨的直线度、两根导轨的平行度满足精度要求。

(2) 采用两端固定支承方式,安装和调整滚珠丝杠。

(3) 用联轴器连接滚珠丝杠和电机。

(4) 用千分表检测进给轴的几何精度(直线度、平行度、间隙)。

二、实施步骤

1. 安装与调整 X 轴直线滚动导轨

(1) 安装要求

① 对机床安装基准面的要求：基准面水平校平,水平仪水泡不得超过半格;水平面内平行度≤0.04mm;侧基面内平行度≤0.015mm。

② 安装后单根导轨的运行平行度≤0.010mm。

③ 安装后从导轨对基准轨的运行平行度≤0.015~0.02mm。

运行平行度(μm)指螺栓将导轨紧固到基准平面上,导轨处于紧固状态,使滑块沿行程全长运行时,导轨和滑块基准平面之间的平行度误差。

(2) 安装步骤

本任务所用的直线滚动导轨采用平行安装方式,如图 2-1-30 所示。滚动导轨副的安装步骤及检测方法见表 2-1-1。

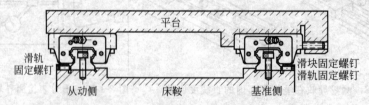

图 2-1-30　总装配示意图

表 2-1-1 滚动导轨副安装步骤及检测方法

序 号	说 明	操作示意图
1	安装准备 　　(1) 检查待装机床部件,领出要用的直线滚动导轨副,检查其是否碰伤和锈蚀,并清洗掉表面的防锈油 　　(2) 区分出基准轨和从动轨,并辨识基准面。基准轨侧边基准面精度较高,作为机床安装承靠面。基准轨上刻有 MA 标记,如右图所示	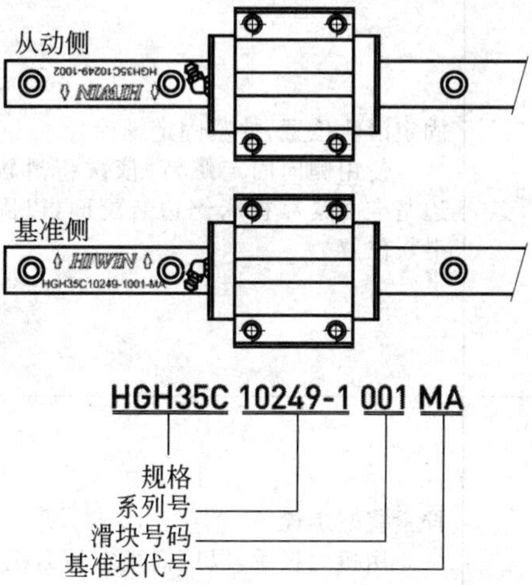 从动侧 基准侧 HGH35C 10249-1 001 MA 规格 系列号 滑块号码 基准块代号
2	检查装配面 　　使用油石将安装基准面的毛刺及微小变形处修平,并清洗导轨基准面上的防锈油,所有安装面上不得有油污、脏物和铁屑	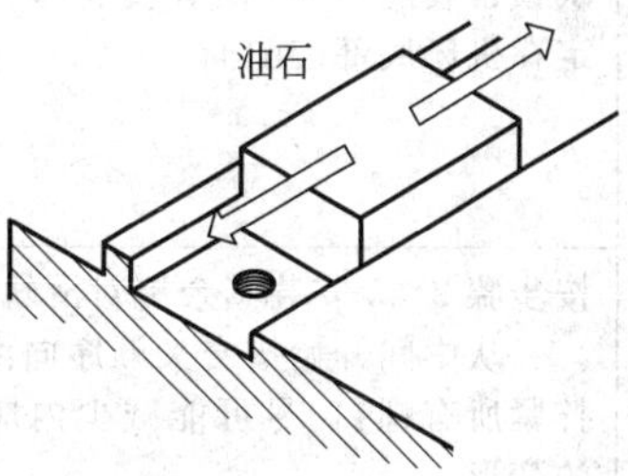 油石
3	检测安装基准面的精度 　　用水平仪校准基准面的水平,水泡不得超过半格,否则调整床身垫铁	—
4	设置导轨基准侧面 　　将滑轨平稳地放置在机床安装基准面上,将滑轨侧边基准面靠上机床装配面	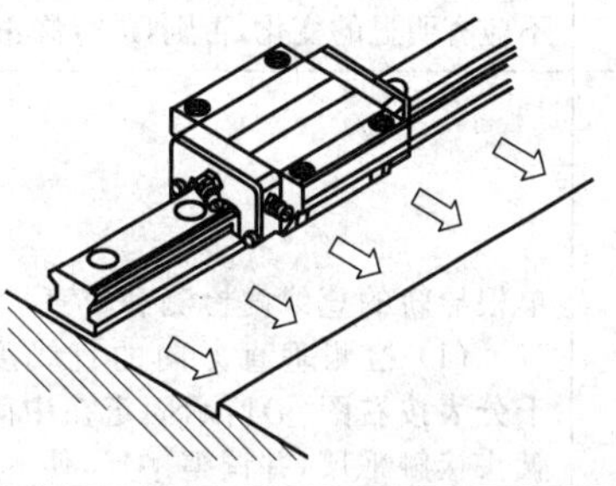
5	检查螺栓位置 　　(1) 用供应商提供的专用螺栓试配以确认与螺孔位置是否吻合,错位时不得强行拧入 　　(2) 由中央向两侧依次稍微旋紧滑轨定位螺栓,使滑块底部基准面大概固定于机床底部装配面	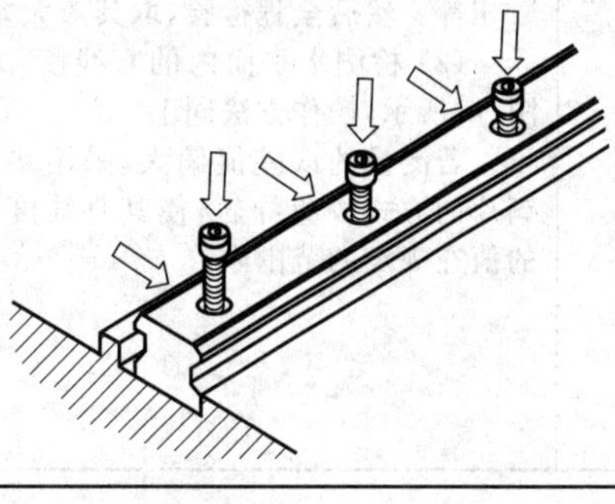

续表

序　号	说　　明	操作示意图
6	固定滑轨位置，拧紧固定螺栓 　　使用侧向固定螺钉，依次将滑轨侧边基准面紧靠机床侧边装配面，以固定滑轨位置	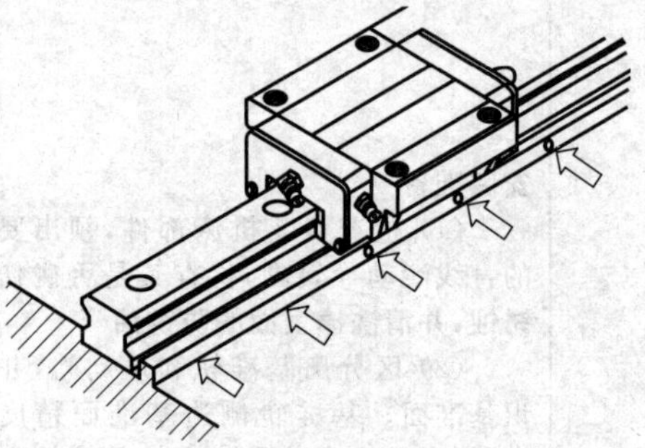
7	拧紧装配螺栓 　　用扭力扳手，以厂商规定的力矩，依次锁紧装配螺栓，将滑轨底部基准面固定在机床底部装配面	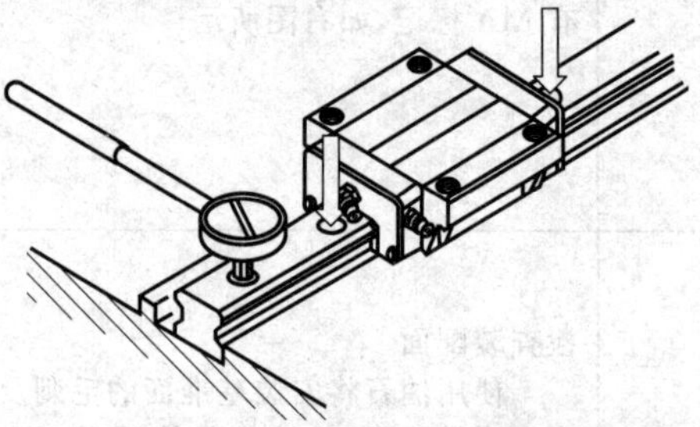
8	按步骤 2～5 安装其余配对滑轨 　　从中间开始按交叉顺序向两端逐步拧紧所有螺钉，尽可能减少内应力产生的变形	—
9	检查导轨安装情况 　　安装完毕，检查其全行程内运行是否灵活，有无阻碍现象，摩擦阻力在全行程内不应有明显的变化，否则，进行修正调整	—
10	单根导轨的直线度检测和校直 　　(1) 检测垂直方向的直线度误差：千分表按右图(a)所示固定在中间位置，触头接触平尺，并调整平尺，使其头尾读数相等。然后全程检验，取其最大差值 　　(2) 检测水平面内的直线度：如右图(b)所示，操作方法同上 　　若测量的误差值偏大，采用垫薄黄铜片的方式校直导轨，使其直线度误差的值在规定的范围内	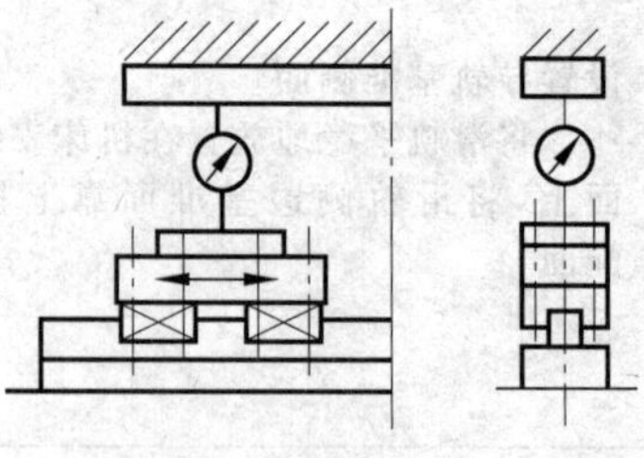 (a) 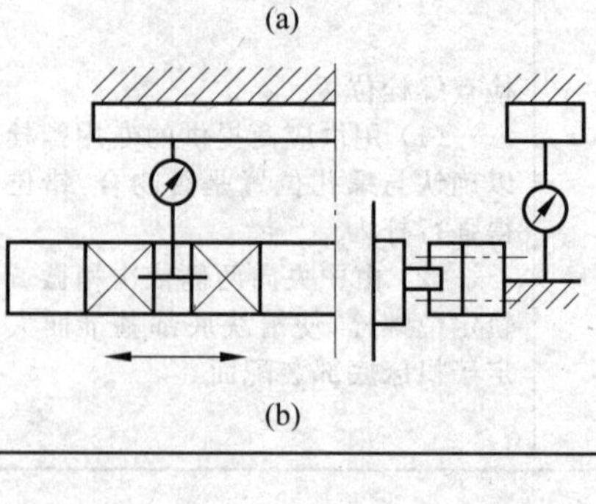 (b)

续表

序 号	说 明	操作示意图
11	安装并校直另一根从导轨 　　将直线块规放置于两滑轨之间,用千分表校准直线块规,使之与基准轨的侧边基准面平行;再按直线块规校准从导轨,从导轨的一端开始校准,并依序按一定的力矩锁紧装配螺钉	
12	复查 X 向直线导轨的精度 　　按右图所示检验精度,如不合格,松开紧固螺栓,进行返修调整,直至合格为止 　　调整手段可采用铲刮基准面、用沙皮纸或油石修正基准面或增加补偿垫片	

2. 安装和调整 X 轴滚珠丝杠螺母副

如图 2-1-31 所示的滚珠丝杠装配简图中,丝杠两端用轴承支承,用锁紧圆螺母和压盖对丝杠施加预紧力。丝杠一侧轴端通过联轴器与伺服电机相连接。

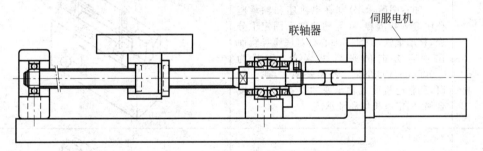

图 2-1-31　滚珠丝杠装配简图

(1) 安装要求

① 基准面水平校平≤0.02mm/1000mm。

② 滚珠丝杠水平面和垂直面母线与导轨平行度≤0.015mm。

③ 滚珠丝杠螺母端面跳动≤0.02mm。

(2) 安装步骤

滚珠丝杠的具体装配方法见表 2-1-2。

表 2-1-2　滚珠丝杠的装配方法

序　号	说　　明	操作示意图
1	调整丝杠在垂直平面与导轨副的平行度 　　如右图所示，将工作台倒转放置，在丝杠螺母孔中套入长 400mm 的精密试棒，测量其轴心线对工作台导轨面在垂直方向的平行度误差，公差为 0.005mm/1000mm	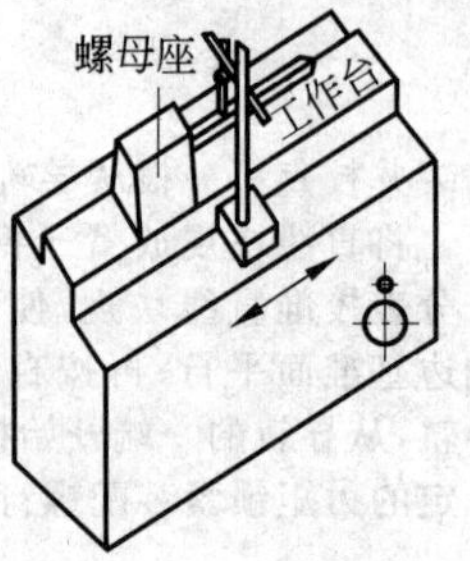
2	调整丝杠在水平面与导轨副的平行度 　　如右图所示，以同样的方法测量丝杠轴心线对工作台导轨面在水平方向的平行度误差，公差为 0.005mm/1000mm 　　若此平行度调整不好，螺母运动时，会对丝杠产生水平方向的力，长期作用下，丝杠因发热产生变形，影响机床定位精度和重复定位精度	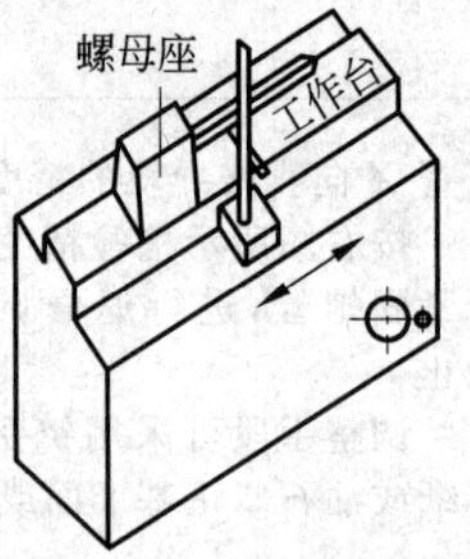
3	测量工作台导轨面与螺母座孔中心的高度尺寸，并记录	—
4	检查电机座和轴承座的上母线，确定位置 　　如右图所示，分别在电机座和轴承座孔中套入检验棒，在导轨垫铁上固定千分表，移动垫铁，测量其轴心线对底座导轨面在垂直方向的平行度误差，公差为 0.005mm/1000mm。若误差偏大，通过刮研，调整电机座或轴承座的位置。若精度合格，固定电机座和轴承座	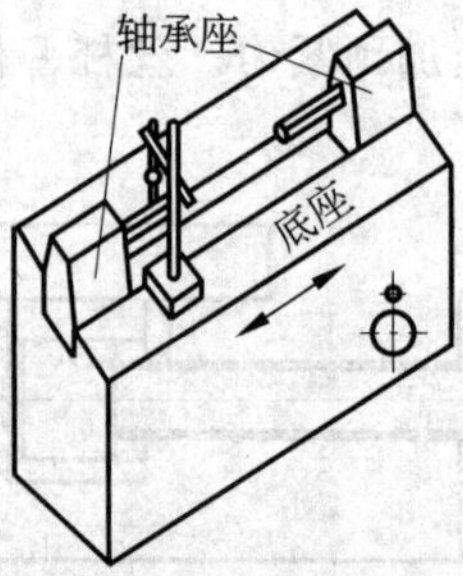
5	检查电机座和轴承座的侧母线 　　如右图所示，用同样方法测量电机座和轴承座孔轴心线对底座导轨面在水平方向的平行度误差，公差为 0.005mm/1000mm	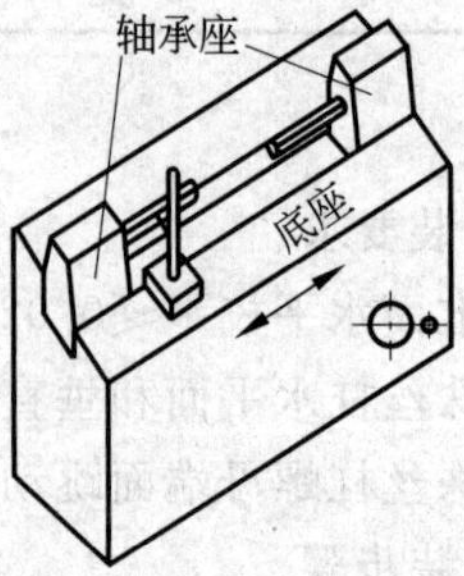
6	测量底座导轨面与轴承座孔中心线的高度尺寸，修整配合螺母座孔的高度尺寸	—

续表

序 号	说 明	操作示意图
7	检查丝杠螺母座对电机座和轴承座的相对位置 　　将工作台和底座导轨面擦拭干净,将工作台安放在底座正确位置上,装上镶条,以检验棒为基准,测量螺母座轴心线与电机座孔、轴承座孔轴线的同轴度。如有偏差则通过调整螺母座端面,使电机座孔、轴承座孔与螺母座孔三孔同轴	—
8	将轴承座孔、螺母座孔擦拭干净,再将滚珠丝杠副仔细装入螺母座,紧固螺钉	
9	精度检验 　　使用千分表检查滚珠丝杠轴端径跳和轴向间隙,如下图所示,移动工作台并调整滚珠丝杠螺母,使螺母能在全行程范围内移动顺滑 轴向间隙检测　　移动工作台并调整滚珠丝杠螺母,使螺母能在全行程范围内移动顺滑　　轴端径跳检测	
10	按顺序依次拧紧丝杠螺母、螺母支架、滚珠丝杠固定支承端、滚珠丝杠自由支承端	

3. 连接伺服电机与滚珠丝杠螺母副

伺服电机与滚珠丝杠螺母副的连接采用联轴器直连方式,具体安装步骤介绍如下。

(1) 安装伺服电机座。将电机初步安装在电机座上。

(2) 清洗伺服电机轴和滚珠丝杠轴表面,并在其上涂润滑油或润滑脂。

(3) 用弹性联轴器连接电机轴和丝杠。

(4) 调整伺服电机座,使电机轴与丝杠同轴。

用千分表检测电机轴和丝杠轴的上母线和侧母线,采用垫薄黄铜片法调整电机座的高度,或左右调整电机座位置,使电机轴和丝杠同轴。

(5) 旋转或移动联轴器,确认是否存在阻力。若有阻力,重复步骤(4)。

(6) 固定联轴器,并按对角线交叉紧固螺丝,最后沿圆周方向紧固螺丝。

(7) 检查安装精度。采用千分表检查联轴器外直径(避开螺钉孔),调整安装精度,使伺服电机轴处的精度在标准范围之内,如图 2-1-32 所示。

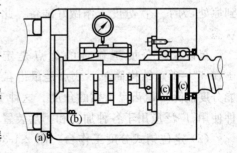

图 2-1-32　电机与丝杠的连接

知识拓展：回转工作台

数控机床常用的回转工作台有分度工作台和数控回转工作台，它们的功用各不相同。分度工作台的功用只是将工件转位换面，和自动换刀装置配合使用，实现工件的一次安装。数控回转工作台除分度和转位的功能外，还能实现数控圆周进给运动。

1. 分度工作台

分度工作台的分度、转位和定位是按照数控系统的指令自动进行的，在需要分度时工作台连同工件回转规定的角度。分度工作台只能够完成分度运动而不能实现圆周运动，并且它的分度运动只能完成一定的回转度数，如90°、60°或45°等。

（1）鼠牙盘式分度工作台。鼠牙盘式分度工作台主要由工作台面底座、夹紧液压缸、分度液压缸和鼠牙盘等零件组成，其结构如图2-1-33所示。鼠牙盘是保证分度精度的关键零件，在每个齿盘的端面有数目相同的三角形齿。当两个齿盘啮合时，能自动确定周向和径向的相对位置。

机床需要进行分度工作时，数控装置就发出指令，电磁铁控制液压阀（图中未示出），使压力油经油孔23进入工作台7中央的压紧液压缸下腔10推动活塞6向上移动，经推力轴承5和13将工作台7抬起，上、下两个鼠齿盘4和3脱离啮合，与此同时，在工作台7向上移动过程中带动内齿轮12向上套入齿轮11，完成分度前的准备工作。

当工作台7上升时，推杆2在弹簧力的作用下向上移动使推杆1能在弹簧作用下向右移动，离开微动开关S_2，使S_2复位，控制电磁阀（图中未示出）使压力油经油孔21进入分度油缸左腔19，推动齿条活塞8向右移动，带动与齿条相啮合的齿轮11作逆时针方向转动。由于齿轮11已经与内齿轮12相啮合，分度台也将随着转过相应的角度。回转角度的近似值将由微动开关和挡块17控制，开始回转时，挡块14离开推杆15使微动开关S_1复位，通过电路互锁，始终保持工作台处于上升位置。

当工作台转到预定位置附近，挡块17通过推杆16使微动开关S_3工作。控制电磁阀开启使压力油经油孔22进入压紧液压缸上腔9。活塞6带动工作台7下降，上鼠齿盘4与下鼠齿盘3在新的位置重新啮合，并定位压紧。压紧液压缸下腔10的回油经节流阀可限制工作台的下降速度，保护齿面不受冲击。

当分度工作台下降时，通过推杆2及1的作用启动微动开关S_2，分度油缸右腔18通过油孔20进压力油，齿条活塞8退回。齿轮11顺时针方向转动时带动挡块17及14回到原处，为下一次分度工作做好准备。此时内齿轮12已同齿轮11脱开，工作台保持静止状态。

鼠齿盘式分度工作台的优点是定位刚度好，重复定位精度高，分度精度可达±（0.5″～3″），结构简单。缺点是鼠齿盘制造精度要求很高，且不能任意角度分度，它只能分度能除尽鼠齿盘齿数的角度。这种工作台不仅可与数控机床做成一体，也可作为附件使用，广泛应用于各种加工和测量装置中。

（2）定位销式分度工作台。图2-1-34所示是自动换刀数控卧式镗铣床的分度工作台。分度工作台1位于长方形工作台10的中间，在不单独使用分度工作台1时，两个工作台可以作为一个整体工作台来使用。这种工作台的定位分度主要靠定位销和定位孔来

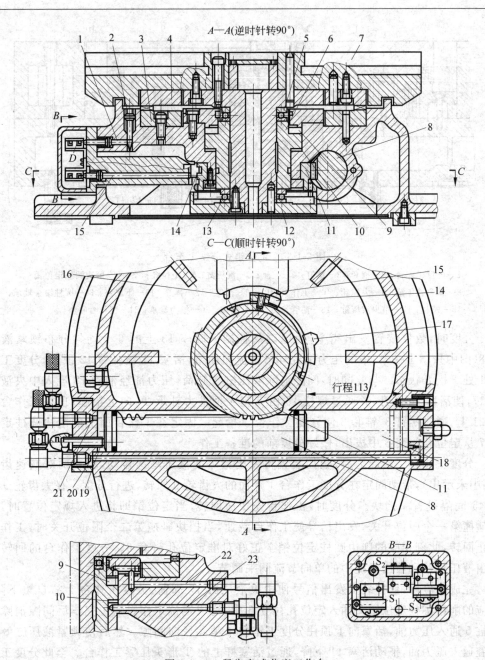

图 2-1-33 鼠齿盘式分度工作台

1、2、15、16—推杆；3、4—上、下鼠齿盘；5、13—推力轴承；6—活塞；7—工作台；

8—齿条活塞；9、10—压紧液压缸上、下腔；11—齿轮；12—内齿轮；

14、17—挡块；18、19—分度油缸右、左腔；20、21、22、23—油孔

实现。在分度工作台 1 的底部均匀分布着 8 个削边圆柱定位销 7，在工作台底座 21 上制有一个定位孔衬套 6 以及供定位销移动的环形槽。其中只能有一个削边圆柱定位销 7 进入定位孔衬套 6 中，其余 7 个削边圆柱定位销则都在环形槽中。因为 8 个削边圆柱定位销在圆周上均匀分布，之间间隔为 45°，因此工作台只能作二、四、八等分的分度运动。

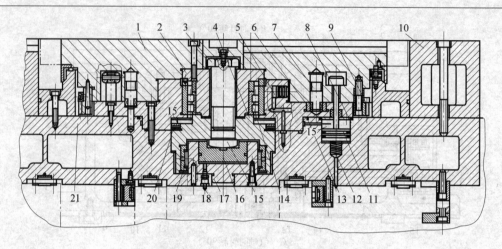

图 2-1-34 定位销式分度工作台

1—分度工作台；2—锥套；3—螺钉；4—支座；5—液压缸；6—定位孔衬套；7—削边圆柱定位销；
8—锁紧液压缸；9—大齿轮；10—工作台；11、16—活塞；12—弹簧；13—下底座；14—圆柱滚子轴承；
15—螺柱；17—中央液压缸；18—油管；19—滚针活塞；20—推力轴承；21—工作台底座

分度时，数控装置发出指令，由电磁阀控制下底座 13 上的 6 个均匀分布锁紧液压缸 8（图中只示出一个）中的压力油经环形槽流向油箱，活塞 11 被弹簧 12 顶起，分度工作台 1 处于松开状态。与此同时，间隙消除液压缸 5 卸荷，压力油经油管 18 流入中央液压缸 17，使活塞 16 上升，并通过螺柱 15 由支座 4 把推力轴承 20 向上抬起，顶在工作台底座 21 上，通过螺钉 3、锥套 2 使分度工作台 1 抬起。固定在工作台面上的削边圆柱定位销 7 从定位孔衬套 6 中拔出，做好分度前的准备工作。

分度工作台 1 抬起之后，数控装置再发出指令使液压马达转动，驱动两对减速齿轮（图中未示出），带动固定在分度工作台 1 下面的大齿轮 9 回转，进行分度。在大齿轮 9 上每 45°间隔设置一挡块。分度时，工作台先快速回转，当定位销即将进入规定位置时，挡块碰撞第一个限位开关，发出信号使工作台减速，当挡块碰撞第二个限位开关时，工作台停止回转，此刻相应的削边圆柱定位销 7 正好对准定位孔衬套 6。分度工作台的回转速度由液压马达和液压系统中的单向节流阀来调节。

完成分度后，数控装置发出信号使中央液压缸 17 卸荷、分度工作台 1 靠自重下降。相应的削边圆柱定位销 7 插入定位孔衬套 6 中，完成定位工作。定位完毕后间隙消除液压缸 5 通入压力油，活塞向上顶住分度工作台 1 消除径向间隙。然后使锁紧液压缸 8 的上腔通入压力油，推动活塞 11 下降，通过活塞杆上的 T 形头压紧工作台。至此分度工作全部完成，机床可以进行下一工位的加工。

工作台的回转轴支承是由滚针活塞 19 和径向有 1：12 锥度的加长型圆锥孔双列圆柱滚子轴承 14 实现的。滚针活塞 19 装在支座 4 内，能随支座 4 作上升或下降移动。当工作台抬起时，支座 4 所受推力的一部分由推力轴承 20 承受，这就有效地减少了分度工作台回转时的摩擦力矩，使转动更加灵活。圆柱滚子轴承 14 内环由螺钉 3 固定在支座 4 上，并可以带着滚柱在加长的外环内作 15mm 的轴向移动，当工作台回转时它就是回转中心。

2. 数控回转工作台

数控回转工作台从外形上看与分度工作台没有太大差别,但在内部结构和功用上有较大的不同。数控回转工作台主要用于在数控镗铣床及加工中心上实现圆周进给运动,此外,还可以完成分度运动。

图 2-1-35 所示数控回转工作台由传动系统、间隙消除装置及蜗轮夹紧装置等组成。

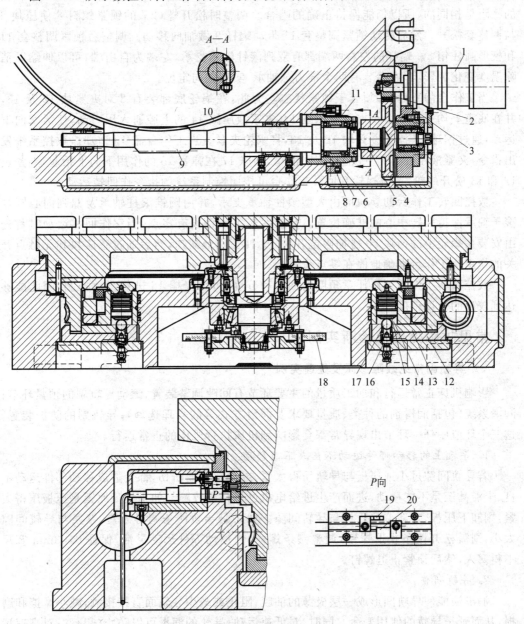

图 2-1-35　数控回转工作台

1—步进电机;2、4—齿轮;3—偏心环;5—楔形圆柱销;6—压块;7—螺母;8—锁紧螺钉;
9—蜗杆;10—蜗轮;11—锁紧调整套;12、13—夹紧块;14—夹紧液压缸;
15—活塞;16—弹簧;17—钢球;18—光栅;19—限位开关;20—挡块

数控回转工作台是由步进电机 1 驱动,经齿轮 2 和 4 带动锁紧螺钉 8,通过蜗轮 10 使工作台回转。为了尽量消除反向间隙和传动间隙,通过调整偏心环 3 来消除齿轮 2 和 4 啮合侧隙。齿轮 4 与蜗杆 9 靠楔形圆柱销 5(A—A 剖面)来连接。这种连接方式能消除轴与套的配合间隙。蜗杆 9 采用螺距渐厚蜗杆,通过移动蜗杆的轴向位置来调节间隙。这种蜗杆的左右两侧具有不同的螺距,因此蜗杆齿厚从头到尾逐渐增厚。但由于同一侧的螺距是相同的,所以仍能保持正确的啮合。调整时松开螺母 7 的锁紧螺钉 8 使压块 6 与调整套松开。然后转动锁紧调整套 11 带动蜗杆 9 做轴向移动。调整后锁紧调整套 11 和楔形圆柱销 5。蜗杆的左右两端都有双列滚针轴承支承,左端为自由端,可以伸缩以消除温度变化的影响,右端装有两个推力球轴承,实现轴向定位。

当工作台静止时,必须处于锁紧状态。为此,在蜗轮底部装有 8 对夹紧块 12 及 13,并在底座上均布着 8 个小夹紧液压缸 14,夹紧液压缸 14 的上腔通入压力油,使活塞向下运动,通过钢球 17 撑开夹紧块 12 及 13,将蜗轮夹紧。当工作台需要回转时,数控系统发出指令,夹紧液压缸 14 上腔的油流回油箱,钢球 17 在弹簧 16 的作用下向上抬起,夹紧块 12 和 13 松开蜗轮,这时蜗轮和回转工作台可按照控制系统的指令作回转运动。

数控回转工作台的导轨面由大型滚柱轴承支承,并由圆锥滚柱轴承及双列向心圆柱滚子轴承保持回转中心的准确位置。数控回转工作台设有零点,当它作回零运动时首先由安装在蜗轮上的挡块 20 碰撞限位开关 19,使工作台减速,然后通过感应块和无触点开关的作用使工作台准确地停在零点位置上。

数控回转工作台可作任意角度的回转和分度,可由光栅 18 进行读数控制,因此能够达到较高的分度精度。

常见故障处理及诊断实例

一、导轨副常见故障诊断及处理实例

影响机床正常运行和加工质量的主要环节有间隙调整装置,滚动导轨副的预紧环节;润滑系统(包括润滑剂的种类、质量要求及润滑方式等的合理选择);导轨副的防护装置。这三个环节中任一环节出现异常都会影响到机床执行机构的正常运行。

1. 导轨上的移动部件运动不良或不能移动

若导轨间隙过小或压板与导轨压得太紧,或导轨表面研伤,都会造成移动部件运动不良、卡滞甚至是不能移动,进而产生进给电机过热报警故障。如果故障原因是压板压得太紧,则卸下压板,重新调整压板与导轨间隙。如果是导轨镶条调得太紧,镶条与导轨间隙太小,则需松开镶条止退螺钉,调整镶条螺栓,使运动部件运动灵活,保证 0.03mm 塞尺不得塞入,然后锁紧止退螺钉。

2. 导轨研伤

润滑油能使导轨间形成一层极薄的油膜,阻止或减少导轨面直接接触,减小摩擦和磨损,从而延长导轨的使用寿命。同时,对低速运动,导轨的润滑可以防止"爬行";对高速运动,则可减少摩擦热,减少热变形。

为了防止切屑、磨粒或切削液散落在导轨面上而引起磨损、擦伤和锈蚀,导轨面上应有可靠的防护装置。常用的刮板式、卷帘式和叠层式防护罩,大多用于长导轨上。

出现导轨研伤的主要原因是由于润滑系统出现故障,导致导轨润滑不良,或因维护不佳,导轨防护罩损害但未及时更换,使导轨里落入脏物。另外,长期加工短工件或承受过分集中的负荷,也会使导轨局部严重磨损。

3. 加工面在接刀处不平

导轨是数控机床各主要部件相对位置和运动的基准,它的精度直接影响数控机床成形运动之间的相互位置关系。因此,它是产生工件形状误差和位置误差的主要因素之一。

排除此类故障的方法是调整机床水平;调整导轨在水平面内和垂直面内的直线度误差;调整前后导轨在垂直面内的平行度(扭曲度)误差。

4. 低速爬行

低速运动时,作为运动部件的动导轨易产生爬行现象。低速运动的平稳性与导轨的结构和润滑,动、静摩擦系数的差值,以及导轨的刚度等有关。因此,原先工作正常的数控机床,若出现低速爬行故障,主要原因可能是润滑系统中润滑泵工作不正常或油路堵塞,从而使导轨润滑状态不良,产生低速爬行。

例 2-1-1 机床定位精度不合格的故障维修。

故障现象:某加工中心运行时,工作台 Y 轴方向位移接近行程终端过程中丝杠反向间隙明显增大,机床定位精度不合格。

故障分析:因工作台能沿 Y 轴方向移动,说明系统侧正常,故障部位明显在 Y 轴伺服电动机与丝杠传动链一侧。引起故障的原因可能是传动链中某一环节出现问题。

故障处理:拆卸电动机与滚珠丝杠之间的弹性联轴器,用扳手转动滚珠丝杠进行手感检查,若工作台 Y 轴方向位移接近行程终端时,会感觉到阻力明显增加。拆下工作台检查,发现 Y 轴导轨平行度严重超差,故而引起机械转动过程中阻力明显增加,滚珠丝杠弹性变形,反向间隙增大,机床定位精度不合格。经过认真修理、调整后,重新装好,故障排除。

二、滚珠丝杠常见故障诊断及处理实例

滚珠丝杠螺母副具有传动精度和传动效率高等优点,但是在使用该传动方式时仍会遇到一些问题,处理不当便会产生故障,影响数控机床的工作精度,甚至使机床停止工作。使用滚珠丝杠螺母副时常出现的故障及相应的诊断排除方法介绍如下。

1. 调整轴向间隙时预紧力控制不当引起的故障

双螺母式滚珠丝杠螺母副经加预紧力调整后基本上能消除轴向间隙,但此时应控制好预紧力的大小。若预紧力过小,就不能完全消除轴向间隙,起不到预紧的作用;如预紧力过大,又会使空载力矩增加,从而降低传动效率,造成驱动电机发热而引发过载报警。排除这类故障的办法是按照要求重新调整预紧力,使其既能消除间隙,又使预紧力不过大。

2. 因滚珠丝杠不自锁造成的故障

滚珠丝杠螺母副摩擦因数小,有着很高的传动效率,但不能自锁。因此,当滚珠丝杠螺母副用于垂直传动或水平放置的高速大惯量传动时,为防止突然断电而造成的主轴箱下滑或过冲,传动链中必须考虑安装制动装置,否则,会因移动部件自重或惯性运动造成异常故障,严重的会损坏机床零部件。常用的制动方法有采用超越离合器、电磁摩擦离合

器或使用具有制动装置的伺服电机。

3. 滚珠丝杠螺母副在传动过程中的噪声

滚珠丝杠螺母副是高精度的传动元件，在工作中产生噪声的原因主要是在装配、调整过程中存在着某些缺陷，或日常检查维护工作不到位。如紧固件出现松动，轴承压盖不到位，支承轴承或丝杠螺母出现破损以及润滑不良等现象。排除这些故障的办法是根据相应的故障类型逐项检查各元件、各部位，然后采取更换元件，重新调整，改善润滑条件等措施加以解决。为减少这类故障的发生，平时需要加强进给传动链的日常检查维护，及时紧固松动部位；通过对加工零件的检测，及时对进给传动链进行调整。

4. 滚珠丝杠螺母副运动不灵活

运动不灵活也是采用滚珠丝杠螺母副传动经常会遇到的一类故障，出现这类故障的原因主要是滚珠丝杠轴线与导轨不平行或螺母轴线与导轨不平行。这是由于丝杠或螺母轴线距定位基面的理论尺寸与实际加工尺寸有较大误差，或者是由于在装配时未能调整好丝杠支座或螺母座的位置造成的。不管是何种原因，排除此故障的方法是重新调整丝杠支座或螺母座的位置（通常采用加调整垫板的方法），使之与导轨平行。

如果造成此类故障的原因是预紧时轴向预加载荷加得过大，或丝杠本身产生了弯曲变形，则解决这类故障的方法就很简单，只需重新调整预加载荷，使之既能完全消除间隙，又不会使预紧力太大。而如果是丝杠变形，则必须重新校直丝杠，再按预定步骤调整方后使用。

5. 滚珠丝杠螺母副润滑不良和防护不佳

对滚珠丝杠润滑可提高其耐磨性及传动效率。采用的润滑剂可分为润滑油和润滑脂两大类。润滑脂一般加在螺纹滚道和安装螺母的壳体空间内，而润滑油则经过壳体上的油孔注入螺母的空间内。

如果滚珠丝杠螺母副润滑状态不良，会使传动摩擦阻力变大，造成零件加工尺寸不稳定或不准确，严重时会出现机床工作台运行抖动，有时还会出现卡滞现象。

为避免出现此类故障，平时应加强维护，如对滚珠丝杠上的润滑脂每半年更换一次。更换时应首先清洗掉丝杠上的旧润滑脂，然后再涂上新的润滑脂。对用润滑油润滑的滚珠丝杠副，可在每次机床工作前加油一次。

滚珠丝杠螺母副和其他滚动摩擦的传动器件一样，应避免硬质灰尘或切屑污物进入，因此必须装有防护装置。若滚珠丝杠螺母副在机床上外露，一般采用封闭的防护罩防护，安装时将防护罩的一端连接在滚珠螺母的侧面，另一端固定在滚珠丝杠的支承座上。如果滚珠丝杠螺母副处于隐蔽的位置，则可采用密封圈防护，密封圈装在螺母的两端。为防止滚珠丝杠因被刮伤或锈蚀而影响传动效率，引起故障，工作中应避免碰击滚珠丝杠螺母副防护装置，防护装置一旦损坏应立即更换。

例 2-1-2 Y 轴运动中断故障维修。

故障现象：某 CINCINNATI 立式加工中心，Y 轴运动到某点后中断。

故障分析：经检查，Y 轴断路器跳闸，复位后 Y 轴仍不能运动。初步确定为 Y 轴卡死或伺服驱动系统故障。首先检查 Y 向滑座导轨及镶条间隙，无问题。断电后用手不能转动 Y 轴滚珠丝杠螺母机构，确认系因日常维护保养不当，致使 Y 轴丝杠螺母卡死。

故障处理：取出 Y 轴滚珠丝杠螺母副，找一合适的钳台夹紧，将锁紧螺母退松，用手转动滚珠丝杠。彻底清洗后重装并调整丝杠螺母副的预紧力。预紧力一般为最大载荷的 $1/3$，它是靠测量预紧后增加的摩擦力矩换算得到的。将滚珠丝杠螺母副装回加工中心，检查并调整丝杠两端向心推力组合轴承的预紧力，用手转动滚珠丝杠的松紧程度以确定预紧力大小，重新调整滑座导轨及镶条间隙。试车后故障排除。

例 2-1-3 X、Y 两轴插补加工圆台（或内孔）时，圆度误差超差。

故障现象：某 CINCINNATI 立式加工中心 X、Y 两轴联动加工圆台时误差大，工件圆台在过象限处有一较明显的起伏。

故障分析：初步判断是 X、Y 轴的定位精度差或是 X、Y 轴有关位置补偿参数变化。调出 CNC 系统 X、Y 轴位置补偿参数检查，均在要求范围之内。在 JOG 模式下低速转动 Y 轴，用千分表检查，发现 Y 轴轴向窜动达 0.2mm。检查 Y 轴进给传动链前、后支承座，丝杠电机支架及电机轴承无异常，丝杠轴承座内轴承游隙及预紧正常，但轴承座压盖轻微松动。

故障处理：调整丝杠轴承座压盖，使其压紧轴承外圈端面，拧紧锁紧螺母。重新检测 Y 轴轴向窜动，小于 0.005mm。重装后试加工，故障排除。

三、联轴器故障排除实例

例 2-1-4 电动机联轴器松动的故障维修。

故障现象：某半闭环控制数控车床运行时，被加工零件径向尺寸呈忽大忽小的变化。

故障分析：检查控制系统及加工程序均正常，进一步检查传动链，发现伺服电动机与丝杠连接处的联轴器紧固螺钉松动，使电动机与丝杠产生相对运动。由于机床是半闭环控制，机械传动部分误差无法得到修正，从而导致零件尺寸不稳定。

故障处理：紧固电动机与丝杠联轴器紧固螺钉后，故障排除。

课后思考与任务

(1) 简述数控机床进给传动系统的组成和作用。

(2) 数控机床的导轨有哪几种类型？各有什么特点？

(3) 如何调整或消除滑动摩擦导轨的间隙？

(4) 滚珠丝杠螺母副安装时如何进行调整？

(5) 数控机床滑动导轨副的间隙过大或过小可能引起的故障是什么？如何排除？

(6) 滚珠丝杠螺母副的故障有哪些？如何排除？

任务 2.2 装调和维修主轴部件

◆ 学习目标

(1) 掌握数控机床主传动系统机械结构和作用；

(2) 正确识读主传动机械装配图；

(3) 能够识别主传动机械部件；

（4）掌握主轴部件装调步骤。

◆ 任务说明

数控机床的主传动系统是指驱动主轴运动的传动系统，包括主轴电动机、传动系统和主轴部件，以产生不同的主轴切削速度以满足不同的加工条件要求。

数控机床的主传动系统承受主切削力，它的性能直接影响数控机床的加工质量。

数控机床对主传动系统的基本要求如下。

（1）有较宽的调速范围。能实现自动无级变速，使切削工作始终在最佳状态下进行。

（2）有足够的功率和扭矩。进行数控加工时，方便实现低速时大扭矩，高速时恒功率，以保证加工效率。

（3）有较高的回转精度。主轴的回转精度直接影响被加工零件的加工精度及表面粗糙度。

（4）有足够的刚度和抗震性。为保证在高速运转下有较高的加工精度，要求主轴部件具有较高的静刚度和抗振性。主轴的轴颈尺寸、轴承类型及配置方式，轴承预紧量大小，主轴组件的质量分布是否均匀及主轴组件的阻尼等对主轴组件的静刚度和抗振性都会产生影响。

（5）噪声低，运动平稳。用以保证数控机床处于良好的工作状态。

（6）在加工中心上，设有刀具自动装卸、主轴定向准停装置和切屑清除装置。

（7）为了扩大机床功能，实现对 C 轴位置（主轴回转角度）的控制，主轴还需要安装位置检测装置，以便实现对主轴位置的控制。

本任务是以数控车床、数控铣床主轴为对象，结合装配图和实物，完成主轴装配调试和主轴部件常见故障诊断排除的训练。

◆ 必备知识

2.2.1 数控机床主传动的变速方式

数控机床的主传动要求较大的调速范围，以保证在加工时能选用合理的切削用量，从而获得最佳的表面加工质量、精度和生产率。数控机床的变速是按照指令自动进行的，因此变速机构必须适应自动操作要求。在主传动系统中，目前多采用交流主轴电动机和直流主轴电动机无级调速系统，以适应自动操作要求。为扩大调速范围，满足低速大转矩的要求，主传动系统也经常采用齿轮有级调速和电动机无级调速相结合的调速方式。

数控机床主传动系统主要 4 种配置方式，如图 2-2-1 所示。

1. 带有变速齿轮的主传动

带有变速齿轮的主传动如图 2-2-1（a）所示。这种配置方式大、中型数控机床采用较多。数控机床在交流或直流电机无级变速的基础上配以少数几对齿轮变速，使之成为分段无级变速，以满足主轴低速对扭矩特性的要求。滑移齿轮的移位大都采用液压拨叉或直接由液压缸带动齿轮来实现。如图 2-2-2 和图 2-2-3 所示，某三级齿轮变速传动，主轴电动机最低转速 100r/h 扭矩为 100N·m，经变速后最低转速 25r/h 的扭矩可达 320N·m。恒

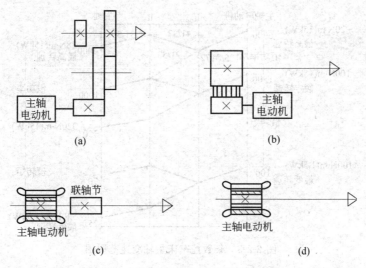

图 2-2-1　数控机床主传动的配置方式

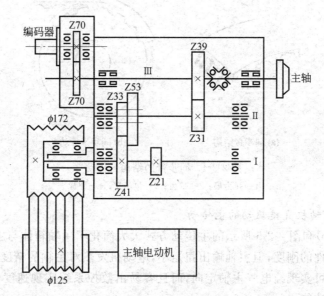

图 2-2-2　某数控车床主轴齿轮换挡结构图

功率调速范围由原来的 1500～6000r/min,扩大到变速后的 350～4000r/min,相应加工范围也得到了扩大。

2. 通过带传动的主传动

图 2-2-1(b)所示的传动方式主要用在转速较高、变速范围不大的机床上,适用于高速、低转矩特性的主轴。常用的是同步齿形带。

同步带传动是一种综合了带、链传动优点的新型传动。根据齿形不同,同步齿形带可分为梯形齿同步带和圆弧齿同步带。同步带的结构和传动如图 2-2-4 所示。带的工作面及带轮外圆上均制成齿形,通过带轮与轮齿相嵌合,作无滑动的啮合传动。

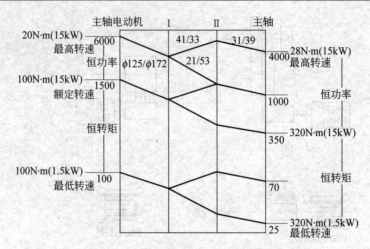

图 2-2-3 某数控车床主轴变速范围图

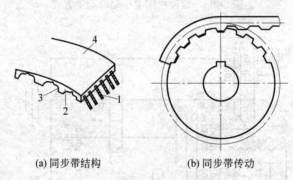

(a) 同步带结构   (b) 同步带传动

图 2-2-4 同步带的结构与传动

1—强力层；2—带齿；3—包步层；4—带背

3. 由调速电动机直接驱动的主传动

如图 2-2-1(c)和图 2-2-5 所示的主传动方式大大简化了主轴箱体与主轴的结构,有效地提高了主轴部件的刚度,但主轴输出扭矩小,电动机发热对主轴的精度影响较大。电动机直接驱动方式可实现纯电气主轴定向,而且容易由数控系统实现速度修调和负载测量输出等主轴控制功能。

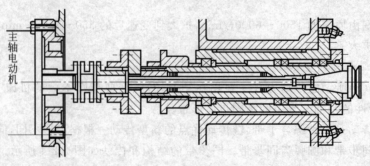

图 2-2-5 调整电动机直接驱动的主传动

4. 电主轴

电主轴又称内装式主轴电机,传动方式如图 2-2-1(d)所示。电动机转子固定在机床主轴上,即主轴与电机转子合为一体,实现了主轴系统的一体化、"零传动",但是需要考虑电动机的散热。图 2-2-6 所示为典型的电主轴结构示意图。

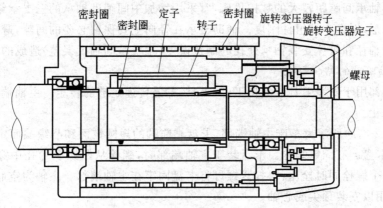

图 2-2-6 电主轴结构示意图

2.2.2 主轴部件的基本结构

主轴部件带着刀具或夹具在支承件中做回转运动,因此它的回转精度影响工件的加工精度;它的功率大小与回转速度影响加工效率;它的自动变速、准停、刀具自动夹紧装置等影响机床的自动化程度。根据数控机床的规格(可承受的切削力)、旋转精度,主轴部件采用不同的轴承。一般中、小规格数控机床(如车床、铣床、加工中心、磨床等)的主轴部件多采用成组高精度滚动轴承,重型数控机床采用液体静压轴承,高精度数控机床(如坐标磨床)采用气体静压轴承,高速主轴采用磁力轴承或氮化硅材料的陶瓷滚珠轴承。

1. 数控机床主轴轴承的配置

(1) 前支承采用圆锥孔双列圆柱滚子轴承和双向推力角接触球轴承组合,后支承采用成对角接触球轴承,如图 2-2-7(a)所示。这种配置形式使主轴的综合刚度得到大幅度提高,可以满足强力切削的要求,目前各类数控机床的主轴普遍采用这种配置形式。

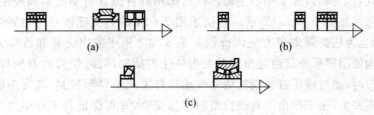

图 2-2-7 数控机床主轴轴承配置形式

(2) 前后轴承及中间辅助支承均采用高精度向心推力球轴承的配置,如图 2-2-7(b)所示。这种轴承具有较好的高速性能,主轴最高转速可达 40 000r/min,但它的承载能力小,因而适用于高速、轻载和精密的数控机床主轴。

（3）前后支承分别采用双列圆锥滚子轴承和圆锥滚子轴承的配置,如图 2-2-7(c)。这种配置形式的径向和轴向刚度高,能承受重载荷,尤其能承受较大的动载荷,安装与调整性能好,但是这种轴承配置方式限制了主轴的最高转速和精度,所以仅适用于中等精度、低速与重载的数控机床主轴。

对前后轴承间跨距较大的数控机床,常采用增加中间辅助轴承的三支承结构,以减小主轴弯曲变形,提高主轴组件刚度。辅助支承在径向上要保留必要的间隙,避免由于主轴安装轴承处轴径和箱体安装轴承处孔的制造误差(主要是同轴度误差)造成的干涉。

2. 主轴端部的结构形式

主轴端部用于安装刀具或夹持工件、夹具,并能传递足够的转矩。主轴端部的结构形状都已标准化。

如图 2-2-8(a)所示为车床主轴端部,卡盘靠前端的短圆锥面和凸缘端面定位,用拔销传递转矩,卡盘装有固定螺栓。卡盘装于主轴端部时,螺栓从凸缘上的孔中穿过,转动快卸卡板将数个螺栓同时拴住,再拧紧螺母将卡盘固牢在主轴端部。主轴为空心,前端有莫氏锥度孔,用以安装顶尖或心轴。

如图 2-2-8(b)所示为铣、镗类机床的主轴端部,铣刀或刀杆在前端 7:24 的锥孔内定位,并用拉杆从主轴后端拉紧,由前端的端面键传递转矩。

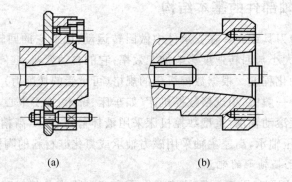

(a)   (b)

图 2-2-8   主轴端部的结构形式

3. 主轴内刀具自动夹紧和切屑清除装置

为了实现自动换刀,加工中心主轴部件内部须具有刀具自动夹紧和放松装置。加工中心的主轴部件如图 2-2-9(a)所示。刀柄采用 7:24 的大锥度锥柄与主轴锥孔配合,既有利于定心,也为松夹带来了方便。行程开关 8 和 7 用于发出夹紧和放松刀柄的信号。刀具夹紧机构使用碟形弹簧通过拉杆及夹头拉住刀柄的尾部,使刀具刀柄与主轴锥孔紧密配合。松刀时,通过液压缸或气缸活塞推动拉杆来压缩碟形弹簧,使夹头胀开,让刀柄上的拉钉脱离夹头,便于拔出刀具进行新旧刀具交换,并可保证在工作中如果突然停电,刀柄不会自行脱落。

自动清除主轴孔中的切屑和灰尘是换刀操作中的一个不容忽视的问题。为了保持主轴锥孔清洁,常采用压缩空气吹屑。图 2-2-9(a)所示活塞 1 的心部钻有压缩空气通道,当活塞向左移动时,压缩空气经过活塞由主轴孔内的空气嘴喷出,将锥孔清理干净。为了提高吹屑的效率,喷气小孔要有合理的喷射角度,并均匀分布。

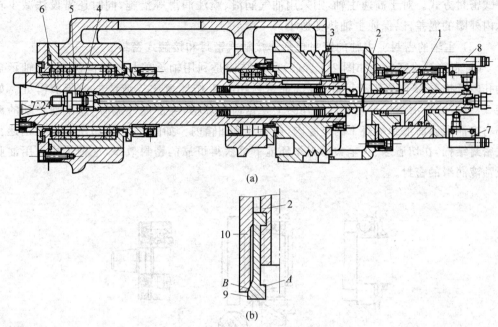

图 2-2-9 加工中心的主轴部件

1—活塞；2—拉杆；3—蝶形弹簧；4—钢球；5—标准拉钉；6—主轴；

7、8—行程开关；9—弹力卡爪；10—卡套；A—接触面；B—定位面（锥面）

4．主轴准停装置

主轴准停功能又称主轴定位功能，即当主轴停止时，控制其停于固定的位置。在自动换刀的数控镗铣加工中心上，切削扭矩通常是通过刀杆的端面键来传递的，这就要求主轴具有准确定位于圆周上特定角度的功能，如图 2-2-10 所示。当加工阶梯孔或精镗孔后退刀时，为防止刀具与小阶梯孔碰撞或拉毛已精加工的孔表面，必须先让刀后再退刀，而要让刀，刀具也必须具有准停功能，如图 2-2-11 所示。主轴准停可分为机械准停与电气准停，目前多采用电气准停方式，通过参数调整，可使主轴停止在任意位置。

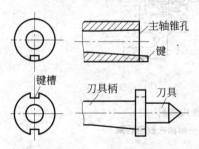

图 2-2-10 主轴准停示意图

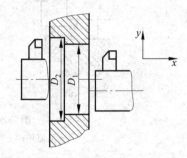

图 2-2-11 主轴准停镗背孔示意图

5．主轴的润滑与密封

（1）主轴的润滑。为了尽可能减少主轴部件温升引起的热变形对机床工作精度的影响，通常采用润滑方式，使主轴部件保持恒定温度。数控机床主轴轴承采用油脂润滑，迷宫式密封方式。对于高速主轴,则采用油气润滑、喷注润滑等措施,同时还需设法减少轴承内外圈的温差,以保证主轴热变形小。

（2）主轴的密封。主轴的密封包括非接触式密封和接触式密封。

① 非接触式密封。如图 2-2-12(a)所示结构是利用轴承盖与轴的间隙密封,轴承盖的孔内开槽是为了提高密封效果,这种密封用在工作环境比较清洁的油脂润滑处。如图 2-2-12(b)所示结构是在螺母的外圆上开锯齿形环槽,当油向外流时,靠主轴转动的离心力把油沿斜面甩到端盖 1 的空腔内,使油液流回箱内。如图 2-2-12(c)所示结构是迷宫式密封结构,在切屑多、灰尘大的工作环境下可获得可靠的密封效果,这种结构适用油脂或油液润滑的密封。

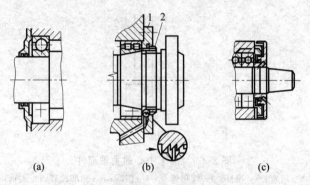

图 2-2-12　非接触式密封
1—端盖；2—螺母

② 接触式密封。接触式密封主要有油毡圈和耐油橡胶密封圈密封,如图 2-2-13所示。

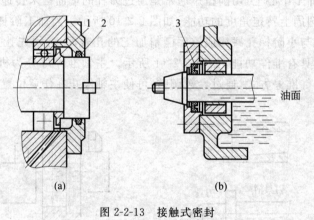

图 2-2-13　接触式密封
1—甩油环；2—油毡圈；3—耐油橡胶密封圈

2.2.3　主轴精度的测量

主轴的回转精度直接影响被加工零件的加工精度及表面粗糙度。当主轴做回转运动时,线速度为零的点构成的线称为主轴的回转中心线。回转中心线的空间位置在每一瞬间都是变化的,瞬时回转中心线的理想空间位置称为理想回转中心线。瞬时回转中心线相对于理想回转中心线在空间的位置距离,就是主轴的回转误差。回转误差的范围,就是主轴的回转精度。主轴回转精度的测量,一般分为三种:静态测量、动态测量和间接测量。

静态测量是用一个精密的检测棒插入主轴锥孔中,使千分表触头触及检测棒圆柱表面,以低速转动主轴进行测量。千分表最大和最小的读数差,即认为是主轴的回转误差值。目前,普通级加工中心的回转精度出厂时用静态测量法测量,当 $L = 300\text{mm}$ 时允差应小于 0.02mm,如图 2-2-14 所示。

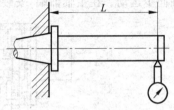

动态测量是用一标准钢球装在主轴中心线上,与主轴同时旋转,在工作台上安装两个互成 $90°$ 角的非接触传感器,通过仪器测量记录回转的误差值。

图 2-2-14　静态测量法

间接测量是用小切削用量加工有色金属试件,然后在圆度仪上测量试件的圆度,间接评价主轴的回转精度。

造成主轴回转误差的主要原因在于主轴的结构及其加工精度、主轴轴承的选用及刚度等,而主轴及其回转零件的不平衡,在回转时引起的振动,也会造成主轴的回转误差。

2.2.4　任务实施:拆卸和调整主轴部件

本任务以 CK7815 型数控车床和 NT-J320A 型数控铣床的主轴部件为对象,进行主轴部件的拆卸、装配和调整。要求主轴锥孔轴线径向跳动在近主轴端面处为 0.008mm,距主轴端面 300mm 处为 0.020mm;主轴轴向跳动不超过 0.008mm。

一、数控车床主轴部件的拆装与调整

1. 数控车床主轴部件的结构

(1) 数控车床工件的夹紧。数控车床工件夹紧装置可采用三爪自定心卡盘、四爪单动卡盘或弹簧夹头(用于棒料加工)。为减少数控车床装夹工件的辅助时间,广泛采用液压或气动动力自定心卡盘。图 2-2-15 所示为数控车床上采用的一种液压驱动动力自定心卡盘,卡盘 3 用螺钉固定在主轴前端(短锥定位),液压缸 5 固定在主轴后端,改变液压缸左、右的通油状态,活塞杆 4 带动卡盘内的驱动爪 1 驱动卡爪 2,夹紧或松开工件,并通过行程开关 6 和 7 发出相应信号。

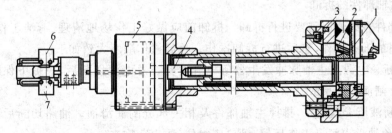

图 2-2-15　液压驱动动力自定心卡盘

1—驱动爪;2—卡爪;3—卡盘;4—活塞杆;5—液压缸;6、7—行程开关

（2）主轴部件结构。CK7815 型数控车床主轴部件结构如图 2-2-16 所示,该主轴工作转速范围为 15～1500r/min。主轴 9 前端采用三个角接触球轴承 12,通过前支承套 14 支承,由螺母 11 预紧。后端采用圆柱滚子轴承 15 支承,径向间隙由螺母 3 和螺母 7 调整。螺母 8 和螺母 10 分别用来锁紧螺母 7 和螺母 11,防止螺母 7 和螺母 11 的回松。带轮 2 直接安装在主轴 9 上(不卸荷)。同步带轮 1 安装在主轴 9 后端支承与带轮之间,通过同步带和安装在主轴脉冲发生器 4 轴上的另一同步带轮,带动主轴脉冲发生器 4 和主轴同步运动。在主轴前端,安装有液压卡盘或其他夹具。

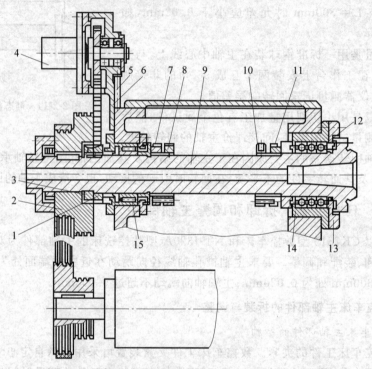

图 2-2-16　CK7815 型数控车床主轴部件结构

1—同步带轮；2—带轮；3、7、8、10、11—螺母；4—主轴脉冲发生器；5—螺钉；6—支架；
9—主轴；12—角接触球轴承；13—前端盖；14—前支承套；15—圆柱滚子轴承

2. 数控车床主轴部件的拆装与调整

（1）主轴部件的拆卸

主轴部件在维修时需要进行拆卸。拆卸前应做好工作场地清理、清洁工作以及拆卸工具和资料的准备工作,然后进行拆卸操作。拆卸操作顺序大致如下。

① 切断总电源及主轴脉冲发生器等电气线路。总电源切断后,应拆下保险装置,防止他人误合闸而引起事故。

② 切断液压卡盘油路,排掉主轴部件及相关部分的润滑油。油路切断后,应放尽管内余油,避免油溢出污染工作环境,管口应封住,防止杂物进入。

③ 拆下液压卡盘及主轴后端液压缸等部件,排尽油管中余油并封住管口。

④ 拆下电动机传动带及主轴后端带轮和键。

⑤ 拆下主轴后端螺母 3。

⑥ 松开螺钉 5,拆下支架 6 上的螺钉,拆去主轴脉冲发生器(含支架、同步带)。

⑦ 拆下同步带轮 1 和后端油封件。

⑧ 拆下主轴后支承处轴向定位螺钉。

⑨ 拆下主轴前支承套螺钉。

⑩ 拆下(向前端方向)主轴部件。

⑪ 拆下圆柱滚子轴承 15 和轴向定位盘及油封。

⑫ 拆下螺母 7 和螺母 8。

⑬ 拆下螺母 10 和螺母 11 以及前油封。

⑭ 拆下主轴 9 和前端盖 13。主轴拆下后要轻放,不得碰伤各部分螺纹及圆柱表面。

⑮ 拆下角接触球轴承 12 和前支承套 14。

以上各零部件拆卸后,应进行清洗及防锈处理,并妥善存放保管。

（2）主轴部件装配及调整

装配前,各零部件应严格清洗,需要预先加涂油的部件应加涂油。装配设备、装配工具以及装配方法,应根据装配要求及配合部位的性质选取。不正确或不规范的装配方法,将影响装配精度和装配质量,甚至损坏被装配件。

对 CK7815 数控车床主轴部件的装配过程,可大致依据拆卸顺序逆向操作。主轴部件装配时的调整,应注意以下几个部位的操作。

① 前端三个角接触球轴承,应注意前面两个大口向外,朝向主轴前端,后一个大口向里(与前面两个方向相反)。预紧螺母 11 的预紧量应适当(查阅制造厂家说明书),预紧后一定要注意用螺母 10 锁紧,防止回松。

② 后端圆柱滚子轴承的径向间隙由螺母 3 和螺母 7 调整。调整后通过螺母 8 锁紧,防止回松。

③ 为保证主轴脉冲发生器与主轴转动的同步精度,同步带的张紧力应合理。调整时先稍稍松开支架 6 上的螺钉,然后调整螺钉 5,使之张紧同步带。同步带张紧后,再旋紧支架 6 上的紧固螺钉。

④ 液压卡盘装配调整时,应充分清洗卡盘内锥面和主轴前端外短锥面,保证卡盘与主轴短锥面的良好接触。卡盘与主轴连接螺钉旋紧时应对角均匀施力,以保证卡盘的工作定心精度。

⑤ 液压卡盘、驱动液压缸安装时,应调好卡盘拉杆长度,保证驱动液压缸有足够的、合理的夹紧行程储备量。

3. 数控车床主轴精度的测量

（1）主轴跳动检验

检测项目:主轴的轴向窜动,主轴的轴肩支承面的跳动。

检验工具:百分表和专用装置。

检验方法:如图 2-2-17 所示,用专用装置在主轴线上加力 F(F 的值为消除轴向间隙的最小值),把百分表安装在机床固定部件上,然后使百分表测头沿主轴轴线分别触及专用装置的钢球和主轴轴肩支承面;旋转主轴,百分表读数最大差值即为主轴的轴向窜动误差和主轴轴肩支承面的跳动误差。

（2）主轴定心轴颈的径向跳动检验

检验工具：百分表。

检验方法：如图 2-2-18 所示，把百分表安装在机床固定部件上，使百分表测头垂直于主轴定心轴颈并触及主轴定心轴颈；旋转主轴，百分表读数最大差值即为主轴定心轴颈的径向跳动误差。

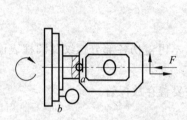 

图 2-2-17　主轴跳动误差检测　　　　　图 2-2-18　主轴定心轴颈的径向跳动误差检测

（3）主轴锥孔轴线的径向跳动检验

检验工具：百分表和验棒。

检验方法：如图 2-2-19 所示，将检验棒插在主轴锥孔内，把百分表安装在机床固定部件上，使百分表测头垂直触及被测表面，旋转主轴，记录百分表的最大读数差值，在 a、b 处分别测量。标记检棒与主轴圆周方向的相对位置，取下检验棒，同向分别旋转检验棒 $90°$、$180°$、$270°$ 后重新插入主轴锥孔，在每个位置分别检测。4 次检测的平均值即为主轴锥孔轴线的径向跳动误差。

（4）主轴顶尖的跳动检验

检验工具：百分表和专用顶尖。

检验方法：如图 2-2-20 所示，将专用顶尖插在主轴锥孔内，把百分表安装在机床固定部件上，使百分表测头垂直触及被测表面，旋转主轴，记录百分表的最大得数差值。

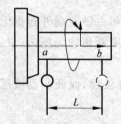 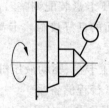

图 2-2-19　主轴锥孔轴线的径向跳动误差检测　　　　图 2-2-20　主轴顶尖的误差检测跳动

二、数控铣床主轴部件的拆装与调整

1. 主轴部件结构

NT-J320A 型数控铣床主轴部件结构如图 2-2-21 所示，该机床主轴可作轴向运动，主轴的轴向运动坐标为数控装置中的 Z 轴，轴向运动由直流伺服电机 16，经同步带轮 13、15 和同步带 14 带动丝杠 17 转动，通过丝杠螺母 7 和螺母支承 10 使主轴套筒 6 带动主

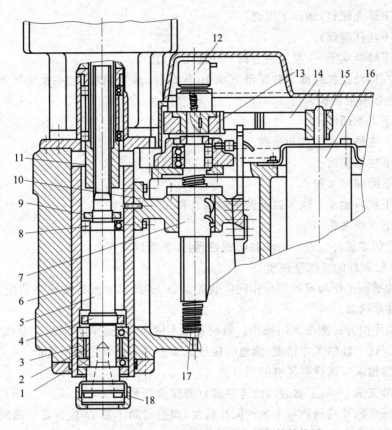

图 2-2-21　NT-J320A 型数控铣床主轴部件结构图

1—角接触球轴承；2—内圈隔套；3—外圈隔套；4、9—圆螺母；5—主轴；6—主轴套筒；
7—丝杠螺母；8—深沟球轴承；10—螺母支承；11—花键套；12—脉冲编码器；
13、15—同步带轮；14—同步带；16—伺服电机；17—丝杠；18—快换夹头

轴 5 作轴向运动,同时也带动脉冲编码器 12,发出反馈信号进行控制。

主轴为实心轴,上端为花键,通过花键套 11 与变速箱连接,带动主轴旋转。主轴前端采用两个特轻系列角接触球轴承 1 支承,两个轴承背靠背安装,通过轴承内圈隔套 2,外圈隔套 3 和主轴台阶与主轴轴向定位,用圆螺母 4 预紧,消除轴承轴向间隙和径向间隙。后端采用深沟球轴承,与前端组成一个相对于套筒的双支点单固式支承。主轴前端锥孔为 7:24 锥度,用于刀柄定位。主轴前端端面键用于传递铣削转矩。快换夹头 18 用于快速松开、夹紧刀具。

2. 主轴部件的拆卸与调整

（1）主轴部件的拆卸

主轴部件维修拆卸前的准备工作与前述数控车床主轴部件拆卸准备工作相同。准备工作就绪后,即可进行如下顺序的拆卸工作。

① 切断总电源及脉冲编码器 12 以及主轴电动机等电气线路。

② 拆下主轴电动机法兰盘连接螺钉。

③ 拆下主轴电动机及花键套 11 等部件(根据具体情况,也可不拆此部分)。

④ 拆下罩壳螺钉，卸掉下罩壳。

⑤ 拆下丝杠座螺钉。

⑥ 拆下螺母支承 10 与主轴套筒 6 的连接螺钉。

⑦ 向左移动丝杠螺母 7 和螺母支承 10 等部件，卸下同步带 14 和螺母支承 10 处与主轴套筒连接的定位销。

⑧ 卸下主轴部件。

⑨ 拆下主轴前端法兰和油封。

⑩ 拆下主轴套筒。

⑪ 拆下圆螺母 4 和 9。

⑫ 拆下前后轴承 1 和 8 以及轴承隔套 2 和 3。

⑬ 卸下快换夹头 18。

拆卸后的零部件应进行清洗和防锈处理，并妥善保管存放。

（2）主轴部件的装配及调整

装配的准备工作与前述车床相同。装配设备、工具及装配方法根据装配要求和装配部位配合性质选取。

装配顺序按拆卸顺序逆向操作。数控铣床主轴部件装配调整时应注意以下几点。

① 为保证主轴的工作精度，调整时应注意调整好圆螺母 4 的预紧量。

② 前后轴承应保证有足够的润滑油。

③ 螺母支承 10 与主轴套筒的连接螺钉要充分旋紧。

④ 为保证脉冲编码器与主轴的同步精度，调整时同步带 14 应保证合理的张紧量。

3. 数控铣床主轴精度的检测

在机床其他部件未完成装配时，涉及主轴的精度主要有两项：主轴锥孔轴线的径向跳动和主轴的轴向窜动。

（1）主轴锥孔轴线的径向跳动

检验工具：检验棒、百分表。

检验方法：如图 2-2-22 所示，将检验棒插在主轴锥孔内，百分表安装在机床固定部件上，百分表测头垂直触及被测表面，旋转主轴，记录百分表的最大读数差值，在 a、b 处分别测量主轴端部和与主轴端部相距 L（100）处主轴锥孔轴线的径向跳动。标记检验棒与主轴的圆周方向的相对位置，取下检验棒，同向分别旋转检验棒 90°、

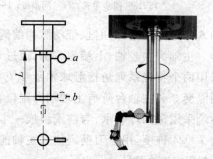

图 2-2-22　主轴锥孔轴线的径向跳动检测

180°、270°后重新插入主轴锥孔，在每个位置分别检测。4 次检测的平均值为主轴锥孔轴线的径向跳动误差。

（2）主轴的轴向窜动

检验工具：检验棒、千分表。

检验方法：固定千分表，使测量头触及插入主轴锥孔的检验棒端面中心处，中心处粘一钢球，旋转主轴。千分表读数的最大值作为主轴轴向窜动误差。

常见故障处理及诊断实例

一、主轴部件的常见故障

主轴部件的常见故障及排除方法见表 2-2-1。

表 2-2-1 主轴部件的常见故障及排除

序号	故障现象	故障原因	排除方法
1	主轴发热	主轴轴承操作或轴承不清洁	更换轴承,清除脏物
		主轴前端盖与主轴压盖研伤	修磨主轴前端盖,使其压紧主轴前轴承,轴承与后盖有 0.02~0.05mm 间隙
		轴承润滑油脂耗尽或润滑油脂涂抹过多	涂抹润滑油脂,每个 3mL
2	主轴在强力切削时停转	电动机与主轴连接的皮带过松	移动电动机机座,拉紧皮带,然后将电动机机座重新锁紧
		皮带表面有油	用汽油清洗后擦干净,再装上
		皮带使用过久失效	更换新皮带
		摩擦离合器调整过松或磨损	调整摩擦离合器,修磨或更换摩擦片
3	主轴噪声	缺少润滑	涂抹润滑脂保证每个轴承涂抹润滑脂量不超过 3mL
		小带轮与大带轮传动不平稳	带轮上的平衡块脱落,重新进行平衡
		主轴与电动机连接的皮带过紧	移动电动机机座,使皮带松紧度合适
		齿轮啮合间隙不均匀或齿轮损坏	调整啮合间隙或更换新齿轮
		传动轴承损坏或传动轴弯曲	修复或更换轴承,校直传动轴
4	主轴没有润滑油循环或润滑不足	油泵转向不正确或间隙太大	改变油泵转向或修理油泵
		吸油管没有插入油箱的油面以下	将油管插入油面以下 2/3 处
		油管和滤油器堵塞	清除堵塞物
		润滑油压力不足	调整供油压力
5	润滑油泄漏	润滑油过量	调整供油量
		密封件损坏	更换密封件
		管件损坏	更换管件
6	刀具不能夹紧	碟形弹簧位移量较小	调整碟形弹簧行程长度
		刀具松紧弹簧上的螺母松动	顺时针旋转松夹刀具弹簧上的螺母使其最大工作载荷不得超过 13kN
7	刀具夹紧后不能松开	松刀弹簧压合过紧	逆时针旋转夹刀具弹簧上的螺母使其最大工作载荷不得超过 13kN
		液压缸压力和行程不够	调整液压压力和活塞行程开关位置

二、故障排除实例

例 2-2-1 主轴发热,旋转精度下降故障维修。

故障现象:某立式加工中心镗孔精度下降,圆柱度超差,主轴发热,噪声大,但用手拨动主轴转动阻力较小。

故障分析：通过将主轴部件解体检查，发现故障原因如下：主轴轴承润滑脂内混有粉尘和水分，这是因为该加工中心用的压缩空气无精滤和干燥装置，故气动吹屑时有少量粉尘和水汽窜入主轴轴承润滑脂内，造成润滑不良，导致发热且有噪声；主轴内锥孔定位表面有少许碰伤，锥孔与刀柄锥面配合不良，有微量偏心；前轴承预紧力下降，轴承游隙变大；主轴自动夹紧机构内部分碟形弹簧疲劳失效，刀具未被完全拉紧，有少许窜动。

故障处理：更换前轴承及润滑脂，调整轴承游隙，轴向游隙 0.003mm，径向游隙 ±0.002mm；自制简易研具，手工研磨主轴内锥孔定位面，用涂色法检查，保证刀柄与主轴定心锥孔的接触面积大于 85%；更换碟形弹簧；将修好的主轴装回主轴箱，用千分表检查径向跳动，近端小于 0.006mm，远端 150mm 处小于 0.010mm。试加工，主轴温升和噪声正常，加工精度满足加工工艺要求，故障排除。

例 2-2-2　主轴部件的拉杆钢球损坏。

故障现象：某立式加工中心主轴内刀具自动夹紧机构的拉杆钢球和刀柄拉紧螺钉尾部锥面经常损坏。

故障分析：检查发现，主轴松刀动作与机械手拔刀动作不协调。这是因为限位开关挡铁装在气液增压缸的气缸尾部，虽然气缸活塞动作到位，增压缸活塞动作却没有到位，致使机械手在刀柄还没完全松开的情况下强行拔刀，损坏拉杆钢球及拉紧螺钉。

故障处理：清洗增压油缸，更换密封环，给增压油缸注油，气压调整至 0.5～0.8MPa，试用后故障消失。

例 2-2-3　主轴部件的定位键损坏（准停位置不准）。

故障现象：某立式加工中心换刀时冲击响声大，主轴前端拨动刀柄旋转的定位键局部变形。

故障分析：响声主要出现在机械手插刀阶段，故障初步确定为主轴准停位置误差和换刀参考点漂移。本机床采用霍尔元件检测定向，引起主轴准停位置不准的原因可能是主轴准停装置电气系统参数变化、定位不牢靠或主轴径向跳动超差。

首先检查霍尔元件的安装位置，发现固定螺钉松动，机械手插刀时刀柄键槽未对正主轴前端定位键，定位键被撞坏。主轴换刀参考点接近开关的安装位置同样有松动现象，使换刀参考点微量下移，刀柄插入主轴锥孔时锥面直接撞击主轴定心锥孔，产生异响。

故障处理：调整霍尔元件的安装位置后拧紧并加防松胶。重新调整主轴换刀参考点接近开关的安装位置，更换主轴前端的定位键，故障消失。

💻 知识拓展：电主轴

电主轴是"高频主轴"（High Frequency Spindle）的简称，有时也称为"直接传动主轴"（Direct Drive Spindle），是内装式电机主轴单元。它实现了机床的"零传动"，具有结构紧凑、机械效率高、可获得极高的回转速度、回转精度高、噪声低、振动小等优点，因而在数控机床中获得了越来越广泛的应用。在国外，电主轴已成为一种机电一体化的高科技产品，由一些技术水平很高的专业工厂生产，如瑞士的 FISCHER 公司、德国的 GMN 公司、美国的 PRECISE 公司、意大利的 GAMFIOR 公司、日本的 NSK 公司等。

1. 电主轴的结构

如图 2-2-23 所示,电主轴由无外壳电机、主轴、轴承、主轴单元壳体、驱动模块和冷却装置等组成。电机的转子采用压配方法与主轴做成一体,主轴则由前、后轴承支承。电机的定子通过冷却套安装于主轴单元的壳体中。主轴的变速由主轴驱动模块控制,而主轴单元内的温升由冷却装置限制。在主轴的后端装有测速、测角位移传感器,前端的内锥孔和端面用于安装刀具。

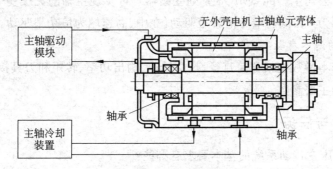

图 2-2-23　电主轴的结构

2. 电主轴的轴承

轴承是决定主轴寿命和承载能力的关键部件,其性能对电主轴的使用功能极为重要。目前电主轴采用的轴承主要有陶瓷球轴承、流体静压轴承和磁悬浮轴承。

陶瓷球轴承是应用广泛且经济的轴承,它的陶瓷滚珠质量轻、硬度高、可大幅度减小轴承离心力和内部载荷,减少磨损,从而提高轴承寿命。德国 GMN 公司和瑞士 STEP-TEC 公司用于加工中心和铣床的电主轴全部采用了陶瓷球轴承。

流体静压轴承为非直接接触式轴承,具有磨损小、寿命长、回转精度高、振动小等优点,用于电主轴上,可延长刀具寿命、提高加工质量和加工效率。美国 INGERSOLL 公司在其生产的电主轴单元中主要采用其拥有专利技术的流体静压轴承。

磁悬浮轴承依靠多对在圆周上互为 180° 的磁极产生径向吸力(或斥力)而将主轴悬浮在空气中,使轴颈与轴承不接触,径向间隙为 1mm 左右。当承受载荷后,主轴空间位置会产生微小变化,控制装置根据位置传感器检测出的主轴位置变化值改变相应磁极的吸力(或斥力)值,使主轴迅速恢复到原来的位置,从而保证主轴绕其惯性中心作高速回转,因此它的高速性能好、精度高,但由于价格昂贵,至今没有得到广泛应用。

3. 电主轴的冷却

由于电主轴将电机集成于主轴单元中,且其转速很高,运转时会产生大量热量,引起电主轴温升,使电主轴的热态特性和动态特征变差,从而影响电主轴的正常工作。因此必须采取一定措施控制电主轴的温度,使其恒定在一定的值内。目前一般采用强制循环油冷却的方式对电主轴的定子及主轴承进行冷却,即将经过油冷却装置的冷却油强制性地在主轴定子外和主轴轴承外循环,带走主轴高速旋转产生的热量。另外,为了减少主轴轴承的发热,还必须对主轴进行合理的润滑。如对于陶瓷球轴承,可采用油雾润滑或油气润滑的方式。

4．电主轴的驱动

目前,电主轴的电动机均采用交流异步感应电动机,由于是用在高速加工机床上,启动时要从静止迅速升速至每分钟数万乃至数十万转,启动转矩大,因而启动电流要超出普通电机额定电流 5～7 倍。其驱动方式有变频器驱动和矢量控制驱动器驱动两种。变频器驱动控制特性为恒转矩驱动,输出功率与转矩成正比。最新的变频器采用先进的晶体管技术(如 ABB 公司生产的 SMIGS 系列变频器),可实现主轴的无级变速。矢量控制驱动器的驱动控制为:在低速端为恒转矩驱动,在中、高速端为恒功率驱动。

5．电主轴的基本参数

电主轴的基本参数包括套筒直径、最高转速、输出功率、转矩和刀具接口等,其中套筒参数为电主轴的主要参数。

课后思考与任务

(1) 数控机床主传动系统的基本要求有哪些?

(2) 数控机床主传动系统常采用的配置方式有哪些?

(3) 主轴准停装置的作用是什么?

(4) 数控机床运行中主轴发热的原因可能是什么? 如何排除?

(5) 数控机床运行中主轴噪声大的原因可能是什么? 如何排除?

(6) 孔加工时表面粗糙度值太大的原因可能是什么? 如何排除?

任务 2.3　装调和维修自动换刀装置

◆ 学习目标

(1) 熟悉自动换刀装置的类型;

(2) 了解机械手换刀机构;

(3) 了解刀具的选择和识别方法,掌握刀具交换装置的典型结构;

(4) 熟悉刀具的标准刀柄及夹持结构。

◆ 任务说明

为进一步提高数控机床的加工效率,数控机床向着工件在一台机床一次装夹即可完成多道工序或全部工序加工的方向发展,出现了各种类型的加工中心机床,如车削中心、铣镗加工中心、钻削中心等。这类多工序加工的数控机床,加工中使用多种刀具,因此必须有自动换刀装置,以便自动选用不同刀具,帮助数控机床节省辅助时间,完成不同工序的加工。

自动换刀装置的形式与机床种类、机床的总体结构布局、需要交换的刀具数量等因素密切相关。但无论应用于哪种类型的数控机床,对其基本要求一致,均为换刀时间短、刀具重复定位精度高、足够的刀具存储量、刀库占地面积小及安全可靠等。

本任务以加工中心圆盘式刀库为对象，进行刀库位置的安装和换刀动作调试训练。

◆ **必备知识**

2.3.1　自动换刀装置的类型

自动换刀装置的基本类型有以下几种。

1. 回转刀架换刀装置

回转刀架是一种最简单的自动换刀装置，常用于数控车床。可以设计成四方刀架、六角刀架或圆盘式轴向装刀刀架等多种形式。回转刀架上分别安装着四把、六把或更多的刀具，并按数控装置的指令换刀。

回转刀架必须具有良好的强度和刚度，以承受加工时的切削力，同时要保证回转刀架在每次转位后的重复定位精度。

如图 2-3-1 所示为数控车床的六角回转刀架，它适用于盘类零件的加工。它的全部动作由液压系统通过电磁换向阀和顺序阀进行控制，其工作过程如下。

（1）刀架抬起。当数控装置发出换刀指令后，压力油由 a 孔进入压紧液压缸的下腔，压紧液压缸活塞 1 上升，刀架 2 抬起使定位用活动插销 10 与固定插销 9 脱开。同时，活塞杆下端的端齿离合器 5 与空套齿轮 7 结合。

（2）刀架转位。当刀架抬起之后，压力油从 c 孔进入转位液压缸左腔，转位液压缸活塞 6 向右移动，通过连接板 13 带动齿条 8 移动，使空套齿轮 7 作逆时针方向转动，通过端齿离合器 5 使刀架转过 60°。活塞的行程应等于空套齿轮 7 节圆周长的 1/6，并由限位开关控制。

（3）刀架压紧。刀架转位之后，压力油从 b 孔进入压紧液压缸的上腔；压紧液压缸活塞 1 带动刀架 2 下降。缸体的底盘上精确地安装着 6 个带斜楔的圆柱固定插销 9，利用活动插销 10 消除定位销与孔之间的间隙，实现反靠定位。刀架体 2 下降时，活动插销 10 与另一个固定插销 9 卡紧，同时缸体 3 与压盘 4 的锥面接触，刀架在新的位置定位并压紧，这时端齿离合器与空套齿轮脱开。

（4）转位液压缸复位。刀架压紧之后，压力油从 d 孔进入转位液压缸右腔，转位液压缸活塞 6 带动齿条复位。由于此时端齿离合器已脱开，所以齿条带动空套齿轮 7 在轴上空转。

如果定位和压紧动作正常，推杆 11 与相应的触头 12 接触，发出信号表示换刀过程已经结束，可以继续进行切削加工。

回转刀架除了采用液压缸驱动转位和定位销定位外，还可以采用电动机-马氏机构转位和鼠盘定位，以及其他转位和定位机构。

2. 多主轴转塔头换刀装置

在带有旋转刀具的数控镗铣床中，更换主轴头换刀是一种比较简单的换刀方式，如图 2-3-2所示，主轴头有卧式和立式两种。通常用转塔的转位来更换主轴头，以实现自动

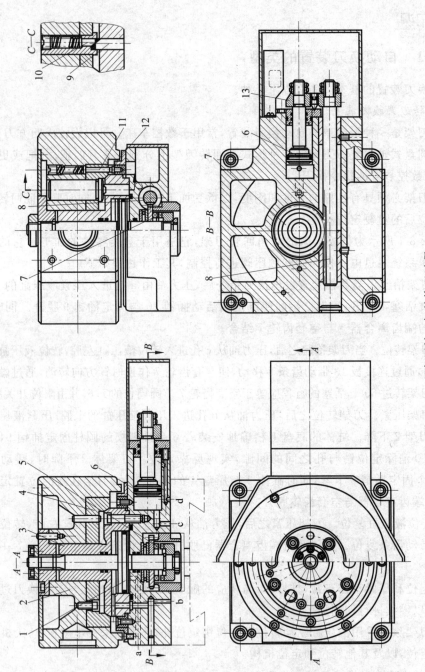

图 2-3-1　六角回转刀架的换刀过程

1—压紧液压缸活塞；2—刀架；3—缸体；4—压盘；5—端齿离合器；6—转位液压缸活塞；
7—空套齿轮；8—齿条；9—固定插销；10—活动插销；11—推杆；12—触头；13—连接板

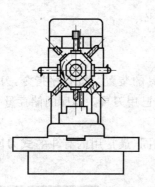

图 2-3-2 数控转塔式镗铣床的外观图及转塔头

换刀。在转塔的各个主轴上,预先安装有各工序所需要的旋转刀具,当发出换刀指令时,各主轴头依次地转到加工位置,并接通主运动,使相应的主轴带动刀具旋转。而其他处于非加工位置上的主轴都与主运动脱开。

这种更换主轴换刀装置,省去了自动松、夹、卸刀、装刀以及刀具搬运等一系列的复杂操作,从而缩短了换刀时间,并提高了换刀的可靠性。但是由于空间位置的限制,使主轴部件结构尺寸不能太大,因而影响了主轴系统的刚性。因此,转塔主轴头通常只适用于工序较少、精度要求不太高的机床,例如数控钻、铣床等。

3. 带刀库的自动换刀系统

此类换刀装置由刀库、选刀机构、刀具交换机构及刀具在主轴上的自动装卸机构4部分组成,应用最广泛。

图 2-3-3 所示为刀库装在机床工作台(或立柱)上的数控机床。

图 2-3-4 所示为刀库装在机床之外,作为一个独立部件的数控机床,此时,刀库容量大,刀具较重,常常要附加运输装置来完成刀库与主轴之间刀具的运输。

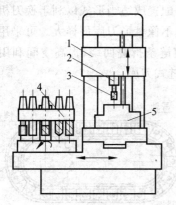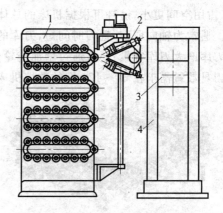

图 2-3-3 刀库与机床为整体式数控机床
1—刀库;2—机械手;3—主轴箱;4—立柱;5—工件

图 2-3-4 刀库与机床为分体式数控机床
1—刀库;2—机械手;3—主轴箱;4—立柱

带刀库的自动换刀装置,整个换刀过程比较复杂,要把加工过程中要用的全部刀具分别安装在标准的刀柄上,在机床外进行尺寸预调整后,再插入刀库中。换刀时根据选刀指令先在刀库上选刀,由刀具交换装置从刀库和主轴上取出刀具,然后进行刀具交换,最后分别将新刀具装入主轴、将用过的刀具放回刀库。

2.3.2　刀库类型

刀库是用于储存加工工序所需的各种刀具的装置。按程序指令，刀库把将要用的刀具准确地送到换刀位置，并接受从主轴送来的已用刀具。刀库的储存量一般为 8～64 把，多的可达 100～200 把。

加工中心刀库的形式很多，结构也各不相同，最常用的有斗笠式刀库、鼓盘式刀库和链式刀库。

1.　斗笠式刀库

斗笠式刀库如图 2-3-5 所示。斗笠式刀库一般只能存放 16～24 把刀具，通常用于小型加工中心。换刀时，通过刀库与机床主轴的相对运动来实现刀具的自动交换，因此换刀时间较长。

图 2-3-5　斗笠式刀库

2.　鼓盘式刀库

鼓盘式刀库如图 2-3-6 所示，通常应用于小型加工中心。鼓盘式刀库结构紧凑、简单，一般存放刀具不超过 32 把。其特点是：鼓盘式刀库置于立式加工中心的主轴侧面，可用单臂或双手机械手在主轴和刀库间直接进行刀具交换，换刀结构简单，换刀时间短。但刀具单环排列，空间利用率低，如要增大刀库容量，那么刀库外径必须设计得比较大，势必造成刀库转动惯量也大，不利于自动控制。

3.　链式刀库

链式刀库如图 2-3-7 所示，适用于刀库容量较大的场合。链式刀库的特点是结构紧凑，占用空间更小，链环可根据机床的总体布局要求配置成适当形式以利于换刀机构的工作。通常为轴向取刀，选刀时间短，刀库的运动惯量不像盘形刀库那样大。可采用多环链式刀库增大刀库容量；还可通过增加链轮的数目，使链条折叠回绕，提高空间利用率。一般刀具数量需求在 30～120 把的数控机床，都采用链式刀库。

图 2-3-6　鼓盘式刀库

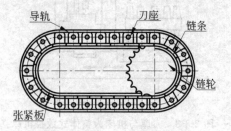

图 2-3-7　链式刀库

2.3.3　刀具的选择方式

根据数控装置发出的刀具选择 T 指令，刀具交换装置从刀库中将所需要的刀具转换到取刀位置,称为自动选刀。在刀库中选择刀具通常采用任意选择刀具的方法。

目前绝大多数的数控系统都具有任意选择刀具功能。刀库中,刀具的排列顺序与工件加工顺序无关,数控系统根据程序 T 指令的要求任意选择所需要的刀具,相同的刀具可重复使用。

任选刀具的换刀方式主要有:刀套编码识别选刀和软件记忆选刀。

1. 刀套编码选刀方式

刀套编码方式是对刀库中的刀套进行编码,并将与刀套编码号相对应的编号刀具一一放入指定的刀套中,然后根据刀套的编码选取刀具。如图 2-3-8 所示,刀具根据编号一一对应存放在刀套中,刀套编号就是刀具号,通过识别刀套编号来选择对应编号的刀具。

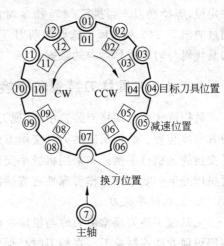

图 2-3-8 采用刀套编码的选刀控制

刀套编码方式的特点是只认刀套不认刀具,一把刀具只对应一个刀套,从一个刀套中取出的刀具必须放回同一刀套中,取送刀具十分麻烦,换刀时间长。当刀库选刀采用刀套编码方式控制时,要防止把刀具放入与编码不符合的刀套内而引起的事故。

例如,设当前主轴上刀具为 T07,当执行 M06 T04 指令时,刀库首先将刀套 T07 转至换刀位置,由换刀装置将主轴中的 T07 刀装入刀库的 T07 号刀套内,然后刀库反转,使 T04 号刀套转至换刀位置,由换刀装置将 T04 刀装入主轴上。

2. 软件记忆选刀方式

软件记忆选刀方式是将刀具号和刀库中刀套位置的对应关系存放于数控系统的 PLC 中,见表 2-3-1。

表 2-3-1 刀库的数据表

数据表地址	数据序号(刀套号)(BCD 码)	刀具号(BCD 码)
172	0(0000 0000)	12(0001 0010)
173	1(0000 0001)	11(0001 0001)
174	2(0000 0010)	16(0001 0110)
175	3(0000 0011)	17(0001 0111)
176	4(0000 0100)	15(0001 0101)
177	5(0000 0101)	18(0001 1000)
178	6(0000 0110)	14(0001 0100)
179	7(0000 0111)	13(0001 0011)
180	8(0000 1000)	19(0001 1001)

在刀库上装有位置检测装置(一般与电动机装在一起),可以检测出每个刀套的位置。

无论刀具放在哪个刀套内,系统都始终记忆着它的刀套号变化踪迹。这样,数控系统就可以实现刀具任意取出并送回,实现随机换刀。

例如,设当前主轴上刀具是编号为 T07 的刀具,当 PLC 接到寻找新刀具的指令 T04 后,数控系统在刀库数据表中进行数据检索,检索 T04 刀具代码当前所对应的刀库序号,然后刀库旋转,测量到 T04 对应的刀库序号,即识别了所要寻找的 T04 号刀具,刀库停转并定位,等待换刀。当执行 M06 指令时,机床主轴准停,机械手执行换刀动作,将主轴上用过的旧刀 T07 和刀库上选好的新刀 T04 进行交换,与此同时,修改刀库数据表中 T07 刀具代码与刀库序号对应的数据。

2.3.4　刀具换刀装置和交换方式

数控机床的自动换刀装置中,实现刀库与机床主轴之间传递和装卸刀具的装置称为刀具交换装置。数控机床的刀具交换方式通常分为由刀库与机床主轴的相对运动实现刀具交换的无机械手换刀和采用机械手交换刀具两类。刀具的交换方式和它们的具体结构对机床的生产效率和工作可靠性有直接的影响。

1. 无机械手换刀

无机械手换刀通常由刀库与机床主轴的相对运动来实现刀具的交换,通常采用刀套编码识别方法控制换刀。在换刀时必须先将用过的刀具送回刀库,然后再从刀库中取出新刀具,这两个动作不可能同时进行,因此换刀时间长。图 2-3-9(a)所示的立式加工中心和图 2-3-9(b)所示的卧式加工中心,就是采用这类刀具交换方式的实例。刀库轴线方向与机床主轴同方向,换刀运动由刀库相对主轴左右移动并结合主轴箱沿 Z 轴运动来完成。图 2-3-9(c)所示是图 2-3-9(a)所示换刀装置执行换刀操作过程的某个阶段,此时,机床将主轴中的旧刀具送回刀库,Z 轴上移、卸下旧刀具,准备装入新刀具。

(a)　　　　　　　　　(b)　　　　　　　　　(c)

图 2-3-9　无机械手换刀

2. 有机械手换刀

采用机械手进行刀具交换的方式换刀灵活,换刀时间短。刀库上设有机械原点,每次选刀时,就近选取。对盘式刀库来说,每次选刀运动,正转或反转均不会超过 180°。

由于刀库及刀具交换方式的不同,换刀机械手也有多种形式,以手臂的类型来分,有单臂机械手、双臂机械手。常用的双臂机械手有钩手、插手、伸缩手等。

如图 2-3-10 所示为常用的双臂机械手结构形式,这几种机械手能够完成抓刀、拔刀、回转、插刀、返回等一系列动作。为了防止刀具掉落,各机械手的活动爪都带有自锁机构。由于双臂回转机械手的动作比较简单,而且能够同时抓取和装卸机床主轴和刀库中的刀具,因此换刀时间进一步缩短。

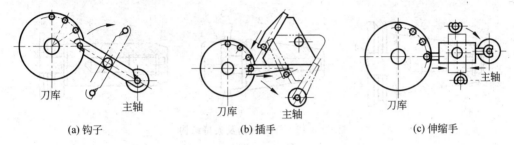

| (a) 钩子 | (b) 插手 | (c) 伸缩手 |

图 2-3-10 常用的双臂机械手结构形式

图 2-3-11 所示为目前使用较多的带单臂双爪机械手自动交换装置的实物图。其中,图 2-3-11(a)所示为换刀过程中,刀库中刀套从水平位置转换到垂直位置的阶段,图 2-3-11(b)所示的是机械手将刀具分别从刀库和主轴中拔出,而后进行交换的阶段。

| (a) 刀套垂直 | (b) 刀具交换 |

图 2-3-11 机械手换刀

2.3.5 标准刀柄及夹持结构

1. 标准刀柄

刀具必须装在标准的刀柄内,我国提出了 TSG 工具系统,并制定了刀柄标准(参见 TSG 系统标准),标准中有直柄及 7∶24 锥度的锥柄两类,分别用于圆柱形主轴孔及圆锥形主轴孔,其结构如图 2-3-12 所示。为了使机械手能可靠地抓取刀具,刀柄必须有合理的夹持部分。图中 1 为键槽用于传递切削扭矩,2 为机械手抓取部位,3 为刀柄定位部位,4 为螺孔用以调节拉杆,供拉紧刀柄用。

2. 机械手夹持结构

在换刀过程中,由于机械手抓住刀柄要作快速回转,作拔、插刀具的动作,还要保证刀柄键槽的角度位置对准主轴上的驱动键。因此,机械手的夹持部分应十分牢固,并保证有适当的夹紧力,其活动爪应有锁紧装置,以防止刀具在换刀过程中转动或脱落。机械手夹持刀具常采用 V 形槽夹持,也称轴向夹持或柄式夹持。刀柄前端有 V 形槽,供机械手夹持用,目前我国数控机床较多采用这种夹持方式。如图 2-3-13 所示为机械手手掌结构示意图,由固定爪及活动爪组成,活动爪可绕轴回转,其一端在弹簧柱塞的作用下,支靠在挡销上。调整螺栓用以保持手掌适当的夹紧力,锁紧销使活动爪牢固夹持刀柄,防止刀具在交换过程中松脱。锁紧销还可轴向移动,放松活动爪,以便插刀或从刀柄 V 形槽中退出。

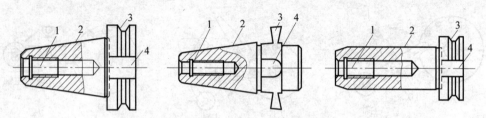

图 2-3-12　标准刀柄及夹持结构

1—键槽；2—机械手抓取部位；3—刀柄定位部位；4—螺孔

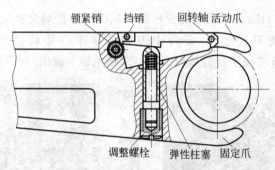

图 2-3-13　机械手手掌结构示意图

2.3.6　任务实施：装配和调整自动换刀装置

一、卧式刀架的装配和调试

以 WD6~WD8 型卧式刀架为对象,按照图 2-3-14 所示装配图进行自动换刀装置的装配调试。具体实施步骤介绍如下。

1. 利用工具箱中工具,按下述顺序进行拆装

(1) 旋出螺钉 13,退出定位销 12。

(2) 按顺序拆下后罩 1、发讯轮 2 及发讯盘 3(注意标记发讯轮与发讯盘间的相对位置)。

(3) 打开盖 4,旋出螺钉 5,退出后轴套 6。

(4) 旋去螺钉 7,退出螺母 8。

(5) 用铜棒轻击主轴 10,卸下刀盘 9,取出涡轮 14,右凸轮 16 及轴承。

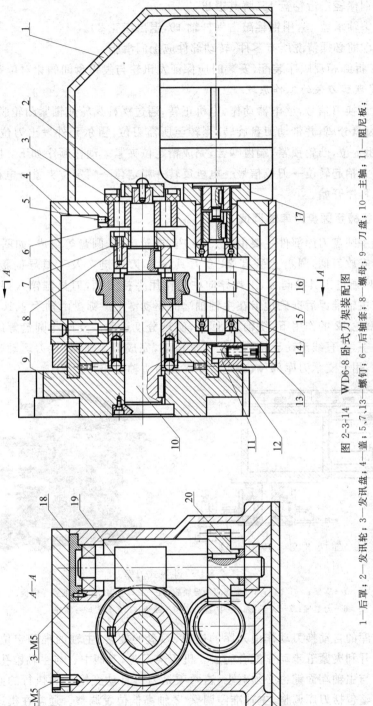

图 2-3-14 WD6-8 卧式刀架装配图

1—后罩；2—发讯盘；3—发讯轮；4—盖；5、7、13—螺钉；6—后轴套；8—螺母；9—刀盘；10—主轴；11—阻尼板；
12—定位销；14—涡轮；15—齿轮盘；16—右凸轮；17—电机安装板；18—轴承盖；19—涡杆轴；20—齿轮

（6）卸下阻尼板 11,电机及电机安装板 17。

（7）用铜棒轻击齿轮盘 15,将其退出。

（8）卸下轴承盖 18,用铜棒敲击涡杆轴 19,退出齿轮 20。

（9）装配前必须清洗所有零件,转动部件应上润滑脂。

（10）按拆卸相反顺序装配（安装时应保证发讯轮与发讯盘间的相对位置）。

2. 注意理解刀架的工作原理

系统发出换刀信号,继电器动作,电机正转,通过涡杆涡轮使锁紧凸轮脱开、主轴及刀盘抬起、端齿盘分离,并带动刀盘旋转,当转至所需刀位,霍尔元件发出刀位信号,电机反转,反靠销粗定位,凸轮锁紧,端齿啮合,完成精定位夹紧。动作顺序如下:换刀信号→电机正转→刀盘抬起转位→刀位信号→电机反转→粗定位→精定位夹紧→电机停转→回答信号→加工程序开始。

二、无机械手圆盘刀库的调试

无机械手圆盘刀库部件主要由支架、支座、槽轮机构、圆盘等组成,如图 2-3-15 所示,圆盘 8 用于安放刀柄,圆盘上装有 20 套刀具座 6,刀具键 7 及工具导向板 5,工具导向柱 4。刀具座通过工具导向板、工具导向柱的作用夹持刀柄,刀具键镶入刀柄键槽内,保证刀柄键在主轴准停后准确地卡在主轴轴端的驱动键上。圆盘由轴承 9、10 支承,在低速力矩电机、槽轮 12 的作用下,绕轴 11 回转,实现分度运动。支座与圆盘等组件连接在气缸 2 的作用下,沿直线滚动导轨副 3 作往复运动,完成刀库送刀、接刀运动。支架 1 安装在立柱左侧,用于支承刀库部件,确定刀库部件与主轴的相互位置。

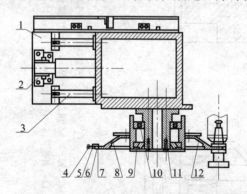

图 2-3-15　斗笠式刀库

1—支架；2—气缸；3—直线滚动导轨副；4—工具导向柱；5—工具导向板；
6—刀具座；7—刀具键；8—圆盘；9、10—轴承；11—轴；12—槽轮

该类刀库的自动换刀动作由刀库的进退、刀盘的旋转、主轴的准确定位、Z 轴上下移动及刀杆松开和夹紧五步动作配合完成。机床换刀时,刀柄中心与主轴锥孔必须对正,刀柄上的键槽与主轴端面键也必须对正,这两项是刀具自动交换正确执行的必要条件。换刀位置的调整包括刀库调整、主轴准停调整、Z 轴高低位置调整。通常在机床正常通电后进行。

1. 刀库换刀位置的调整

刀库换刀位置调整的目的是使刀库在换刀位置处,其中的刀柄中心与主轴锥孔中心

在一条直线上。盘式刀库换刀位置调整可通过两个部位调整完成。

（1）先将主轴箱升到最高位置，在 MDI 方式下执行 G91G28Z0，使 Z 轴回到第一参考点位置（换刀准备位置）；把刀库移动到换刀位置，此时刀库气缸活塞杆推出到最前位置。松开活塞杆上的背母，旋转活塞杆，此时活塞杆与固定在刀库上的关节轴承之间的相对位置将发生变化，从而改变刀库与主轴箱的相对位置（见图 2-3-16）。

（2）在刀库的上部靠前位置，有两个调整螺钉，松开背母，旋转两个调整螺钉，可使刀库的刀盘绕刀库中心旋转，从而可改变换刀刀位相对于主轴箱的位置（见图 2-3-17）。

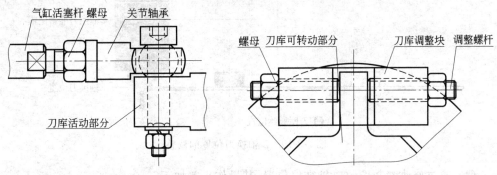

图 2-3-16　刀库与主轴箱的相对位置调整　　图 2-3-17　换刀刀位相对于主轴箱的位置调整

通过上述两个环节的调整，可使刀库摆到主轴位时其刀柄的中心准确地对正主轴中心，调整时，可利用工装进行检查，检测刀柄中心和主轴中心是否对正，如图 2-3-18 所示。调好后将活塞杆上及调整螺钉上的背母拧紧。

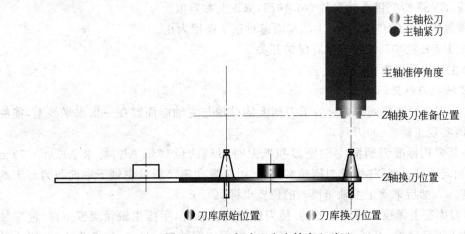

图 2-3-18　刀柄中心和主轴中心对正

2. 主轴准停调整

主轴准停位置调整的目的是使刀柄上的键槽与主轴端面键对正，从而实现准确抓刀。具体步骤介绍如下。

（1）在 MDI 状态下，执行 M19 或者在 JOG 方式下按主轴定向键。

（2）把刀柄（无拉钉）装到刀库上，再把刀库摆到换刀位置。

（3）利用手轮把 Z 轴摇下，观察主轴端面键是否对正刀柄键槽，如果没有对正，利用手轮把 Z 轴慢慢升起，如图 2-3-19 所示。

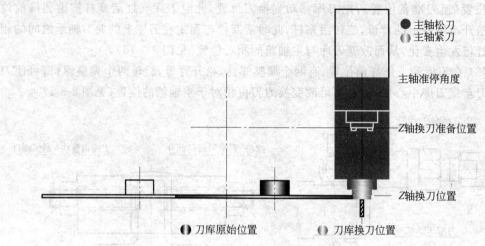

图 2-3-19　Z 轴换刀位置的调整

（4）通过修改参数调整主轴准停位置，其操作步骤如下。

① 选择 MDI 方式。

② 按［SETTING］按钮，进入参数设定画面。

③ 按光标键使光标移到页面中的 PWE（写参数开关）参数处，使其置"1"，打开参数开关。

④ 按［SYSTEM］键查找参数 No. 4077，修正此参数值。

⑤ 重复①、③、④步骤，直到主轴端面键对正了键槽为止。

⑥ 把 PWE 置"0"，关闭参数写保护开关。

此时主轴准停调整完成。

3. Z 轴换刀位置调整

Z 轴换刀位置调整同样也是为了刀柄上的键槽与主轴端面键在一条水平线上，能够对正，从而实现正确抓、卸刀具。

方法是采用标准刀柄测主轴松刀和抓刀时刀柄的位移量 ΔK，要求 $\Delta K = 0.79 \pm 0.04$。主轴向下移动，抓住标准刀柄并夹紧后，用量规和塞尺测量主轴下端面与刀环上端面的距离 ΔG，然后来确定主轴箱换刀的位置坐标 Z_{tc}。

（1）刀库装上无拉钉的标准刀柄，使刀库摆到主轴位，手摇主轴箱缓慢下降，使主轴键慢慢进入刀柄键槽，直到主轴端面离刀环上端面的间隙为 $\Delta G = \Delta K/2$ 为止，此时主轴坐标即为换刀位置坐标 Z_{tc} 值。

（2）修改 Z 轴的第二参考点位置参数，即换刀位置坐标参数。

① 选择 MDI 方式。

② 按［SETTING］键，进入参数设定画面。

③ 按光标键使光标移到写参数开关（PWE）处，使其置"1"，打开参数写保护开关。

④ 按［SYSTEM］键查找参数 No. 1241，把 Z_{tc} 写入 No. 1241 参数中。

⑤ 再进入参数设定画面,将写参数开关(PWE)置"0"。

此时 Z 轴高低位置调整完成。

常见故障处理及诊断实例

一、刀库及机械手常见故障诊断

刀库及换刀机械手结构复杂,且在工作中频繁运动,所以故障率较高。目前数控机床 50%以上故障都与它们有关。

刀库及换刀机械手的常见故障及排除方法如表 2-3-2 所示。

表 2-3-2　刀库、机械手常见故障及排除方法

序号	故障现象	故障原因	排除方法
1	刀库不能旋转	连接电动机轴与涡杆轴的联轴器松动	紧固联轴器上螺钉
		刀具质量超重	刀具质量不得超过规定值
2	刀套不能夹紧刀具	刀套上的调整螺钉松动或弹簧太松,造成卡紧力不足	顺时针旋转刀套两端的调节螺母,压紧弹簧,顶紧卡紧销
		刀具超重	刀具质量不超过规定值
3	刀套上不到位	装置调整不当或加工误差过大而造成拨叉位置不正确	调整好装置,提高加工精度
		限位开关安装不正确或调整不当造成反馈信号错误	重新调整限位开关
4	刀具不能夹紧	气压不足	调整气压在额定范围内
		增压漏气	关紧增压
		刀具卡紧液压缸漏油	更换密封装置,使卡紧液压缸不漏
		刀具松卡弹簧上的螺母松动	旋紧螺母
5	刀具夹紧后不能松开	松锁刀的弹簧压力过紧	调节锁刀弹簧上的螺钉,使其最大载荷不超过额定值
6	刀具从机械手中脱落	机械手卡紧销损坏或没有弹出来	更换卡紧销或弹簧
		换刀时主轴没有回到换刀点或换刀点发生漂移	重新操作主轴箱运动,使其回到换刀点位置,并重新设定换刀点
		机械手抓刀时没有到位就开始拔刀	调整机械手手臂,使手臂爪抓紧刀柄后再拔刀
		刀具质量超重	刀具质量不得超过规定值
7	机械手换刀速度过快或过慢	气压太高或节流阀开口过大	保证气泵的压力和流量,旋转节流阀到换刀速度合适

二、故障排除实例

例 2-3-1　刀库无法旋转的故障排除。

故障现象:自动换刀时,刀链运转不到位刀库就停止运转,机床自动报警。

故障分析:由故障报警可知,此故障是伺服电动机过载。检查电气控制系统,没有发现异常,问题可能是刀库链或减速器内有异物卡住,刀库链上的刀具太重,润滑不良。经检查上述三项均正常,判断问题可能出现在其他方面。卸下伺服电动机,发现伺服电动机内部有许多切削液,致使线圈短路。原因是电动机与减速器连接的密封圈处的密封圈磨

损，从而导致切削液渗入电动机。

故障处理：更换密封圈和伺服电动机后，故障排除。

例 2-3-2　机械手不能缩爪故障排除。

故障现象：某配套 FANUC 11 系统的 BX-110P 加工中心，JOG 方式时，机械手在取送刀具时不能缩爪。机床在 JOG 状态下加工工件时，机械手将刀具从主刀库中取出送入送刀盒中，不能缩爪，但却不报警；将方式选择到 ATC 状态时，手动操作正常。

故障分析：经查看梯形图，原来是限位开关 LS916 没有压合。调整限位开关位置后，机床恢复正常。但过一段时间后，再次出现此故障，检查 LS916 并没松动，但却没有压合，由此怀疑机械手的液压缸拉杆没伸到位。经查发现液压缸拉杆顶端锁紧螺母的紧定螺钉松动，使液压缸伸缩的行程发生了变化。

故障排除：调整了锁紧螺母并拧紧紧定螺钉后，故障排除。

例 2-3-3　机械手无法从主轴和刀库中取出刀具故障的排除。

故障现象：某卧式加工中心机械手，在换刀过程中动作中断，报警指示灯显示器发出 2012 号报警，显示内容为"ARM EXPENDING TROUBLE"（机械手伸出故障）。

故障分析：通常"机械手无法拔出刀具"故障的检测流程如图 2-3-20 所示。在本案例中具体分析流程如下。

（1）"松刀"感应开关失灵。在换刀过程中，各动作的完成信号均由感应开关发出，只有上一动作完成后才能进行下一步动作。第 3 步为"主轴松刀"，如果感应开关未发信号，则机械手"拔刀"就不会动作。检查两感应开关，信号如果正常，检查下一步。

（2）"松刀"电磁阀失灵。主轴的"松刀"是由电磁阀接通液压缸来完成的。如电磁阀失灵，则液压缸未进油，刀具就"松"不了。检查主轴的"松刀"电磁阀，动作如果均正常，检查下一步。

（3）"松刀"液压缸因液压系统压力不够或漏油而不动作，或行程不到位。检查刀库松刀液压缸，动作正常，行程到位。打开主轴箱后罩，检查主轴松刀液压缸，如发现已到达松刀位置，油压也正常，液压缸无漏油现象，进入下一步。

（4）机械手系统有问题，建立不起"拔刀"条件。其原因可能是电动机控制电路有问题。如果检查电动机控制电路系统正常，进入下一步。

（5）刀具是靠碟形弹簧通过拉杆和弹簧卡头而将刀具尾端的拉钉拉紧的。松刀时，液压缸的活塞杆顶压顶杆，顶杆通过空心螺钉推动拉杆，一方面使弹簧卡头松开刀具的拉钉，另一方面又顶动拉钉，使刀具右移而在主轴锥孔中变"松"。

主轴不松刀的原因可能有以下几点。

①刀具尾部拉钉的长度不够，致使液压缸虽已运动到位，但仍未将刀具顶"松"。

②拉杆尾部空心螺钉位置起了变化，使液压缸行程满足不了"松刀"要求。

③顶杆出了问题（如变形或磨损）而使刀具无法"松开"。

④弹簧卡头出故障，不能松开。

⑤主轴装配调整时，刀具移动量调得太小，致使在使用过程中一些综合因素导致不能满足"松刀"条件。

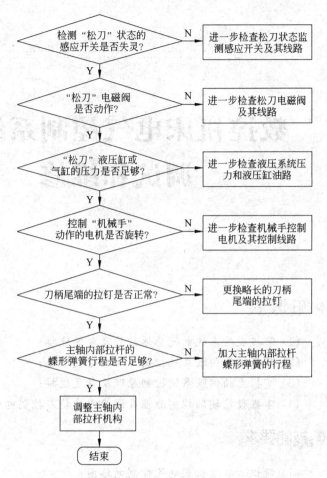

图 2-3-20 自动换刀时无法拔出刀具的故障诊断与检修流程

拆下"松刀"液压缸,检查发现这一故障系制造装配时,空心螺钉的伸出量调整得太小,故"松刀"液压缸行程不到位,而刀具在主轴锥孔中"压出"不够,刀具无法取出。

故障处理:调整空心螺钉的伸出量,保证在主轴"松刀"液压缸行程到位后,刀柄在主轴锥孔中的压出量为 0.4～0.5mm。经以上调整后,故障排除。

课后思考与任务

(1)数控机床上自动换刀装置有哪几种结构类型?

(2)刀库-机械手自动换刀系统中,刀库的形式有哪些?各适用于何种场合?

(3)选刀方式和识刀方法分别有几种?各有何特点?

(4)刀具夹紧后不能松开的原因是什么?如何排除?

(5)机械手换刀速度过快或过慢的原因是什么?如何排除?

(6)刀具从机械手中脱落的原因是什么?如何排除?

数控机床电气控制系统的调试和维修

◆ 知识点

(1) 掌握数控系统电气总体结构及电气连接；
(2) 掌握进给伺服系统控制原理及电气连接；
(3) 掌握主轴伺服系统控制原理及电气连接；
(4) 掌握数控辅助控制原理及圆盘刀库换刀控制电气连接。

◆ 技能要求

(1) 能识读数控机床电气控制电路图；
(2) 能够根据电气控制电路图进行数控机床的硬件连接；
(3) 能够根据机械要求和电气要求进行参数设置和调整。

任务 3.1 连接和调试 FANUC 0i-C/D 数控系统

◆ 学习目标

(1) 熟悉数控系统电气控制的任务；
(2) 掌握数控系统电气控制的工作原理；
(3) 掌握数控系统参数设置和修改的方法；
(4) 熟悉数控系统电气连接总图。

◆ 任务说明

数控机床的主要任务是根据加工程序完成零件的精密、自动化的制造，其本质是产生工件与刀具之间的相对运动轨迹并完成切削加工过程，所有这些的完成都是由数控机床电气控制系统来控制的。总的来说,数控机床电气控制系统要完成以下三大任务。

(1) 坐标轴的运动控制。坐标轴运动的控制,就是对机床的进给控制。这是数控机床区别于普通机床最根本的地方,即用电气驱动替代了机械驱动,数控机床的进给运动是由进给伺服系统完成的。

(2) 主轴运动的控制。主轴运动主要完成切削任务,其动力约占整个机床动力的70%~80%。主轴运动的基本控制包括主轴的无级调速、正、反转、停止、自动换挡变速等。加工中心和某些车床还包括定向控制和 C 轴控制。

(3) 辅助装置的控制。除了对进给运动的轨迹进行连续控制外,还要对机床的各种开关功能进行控制,这些功能包括主轴的正、反转和停止、主轴的变速控制、冷却和润滑装置的启动和停止、刀具自动交换、工件夹紧和松开及分度工作台转位等。该部分控制任务的多少,体现了机床自动化程度的高低。

本任务以配置 FANUC 0i-Mate C 系统的加工中心为对象,要求完成数控系统电气控制的连接,并通电,进行参数设置。

◆ 必备知识

3.1.1　数控机床电气系统的工作原理

数控系统的全部工作,实际上是按照程序指定的要求,控制电能的传输和转换,即从工频交流电的输入,到各控制模块正常工作以及执行元件的动作实现,从而使数控机床的各个部件在这些受控电能的驱动下,按照程序指定的方式和步骤有条不紊地工作。可以说,电气控制系统构成了整个数控机床的神经网络。

如图 3-1-1 所示为 FANUC 0i-C/D 系列数控系统的电源控制回路。系统的供电方式采用模块化结构,由电源模块统一供电,外部电源经转换变压器后,一路经断路器、接触器、滤波器后进入电源模块,然后分别供给主轴放大器和伺服放大器,最后驱动主轴电机

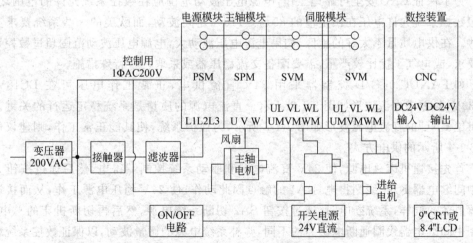

图 3-1-1　FANUC 数控系统电源控制回路

和伺服电机运动；另一路经开关电源后，通过 ON/OFF 电路提供数控装置及显示器使用的＋24V 直流电源。接通电源模块三相输入电源的接触器由数控系统控制，如果伺服系统出现故障，则通过急停信号传输给数控系统，由数控系统控制接触器的线圈，从而可以控制电源模块外部电源的通断，最终达到控制伺服模块和伺服电机电源的目的。

从图 3-1-1 所示的电源控制回路可知，在接通机床总电源后，首先是伺服系统控制端上电，而数控装置和显示单元则必须通过 ON/OFF 电路后才能加载直流 24V 电压电源，待数控系统自检通过、伺服系统自检无误后，数控系统才会发出加载伺服强电的信号，即吸合接触器的指令。

3.1.2　数控机床电气系统对电源的要求

由于数控机床的生产厂家众多，有国内的也有国外的，且各国对电网电压和供电系统要求也不一样，为了确保数控机床能安全可靠地工作，必须保证输入的电网电压和供电系统与数控机床的要求一致。

1. 电源电压和频率

我国供电制式是三相交流 380V，单相交流 220V，频率为 50Hz。有些国家制式和我国不一样，不仅电压幅值不一样，频率也不一样，如日本交流三相的线电压为 220V，单相为 100V，频率为 60Hz。一些出口设备为了满足各国不同的供电情况，一般都有电源变压器，变压器上设有多个抽头供用户选择使用，电路板上设有 50/60Hz 频率转换开关。所以，对于进口的数控机床或数控系统一定要先看懂说明书，按说明书规定的方法连接。通电前一定要仔细检查输入电源电压是否正确，频率转换开关是否已置于 50Hz 位置。

如 FANUC 系统输入电压为 DC24V（$1\pm10\%$），电流约 7A。伺服和主轴电动机为 AC200V（不是 220V，其他系统如 0C 系统，系统电源和伺服电源均为 AC200V）输入。一般通过伺服变压器、开关电源转换后提供。

2. 电源电压的波动范围

为了保证 CNC 安全可靠地工作，电源电压波动范围应在数控系统允许的范围之内。一般数控系统允许电压在额定值的 $85\%\sim110\%$ 之间波动，而欧美的一些系统要求更高一些。在供电质量不太好的地区，如果电源电压波动大，电源电压波动范围超过数控系统的要求，或电气干扰比较严重，需要配备交流稳压器或采取一些特殊措施。

如 FANUC 0i-C/D 控制器采用 24V 直流供电，正常工作电压可在 DC18V 到 DC30V，且要求电源波形如图 3-1-2 所示。直流电源的质量是系统稳定运行的关键。如果供给 CNC 的直流电源波形如图 3-1-3 所示，为保护系统，使其能正常工作，则建议使用图 3-1-4 所示的供电方式。

首先接通机床总电源，使 24V 直流电源和驱动系统控制端得电，然后通过按钮 SA1 使中间继电器 KA1 线圈得电，KA1 的触点因此动作，使 24V 稳压电源工作，从而接通控制器电源。同样，系统断电时，通过按钮 SA2 切断系统电源，然后再切断机床的总电源。利用中间继电器线圈通断电磁力的不同，弥补系统电源的微量波动，以保证数控系统稳定的工作。

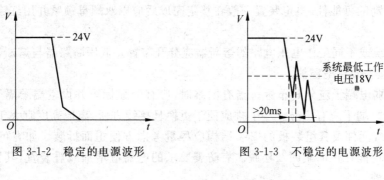

图 3-1-2 稳定的电源波形　　　　图 3-1-3 不稳定的电源波形

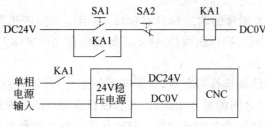

图 3-1-4 CNC 控制器供电顺序

3. 输入电源电压相序

目前数控机床的进给控制单元和主轴控制单元的供电电源,大都采用晶闸管控制元件,如果相序不对,接通电源,可能会使进给控制单元的输入熔丝烧断,因此要使输入的相序与数控机床要求的相序一致。

3.1.3 电气控制柜元器件安装及布线和接线规范

1. 电气控制柜中器件布局及安装要求

电气控制柜内元器件排版应尽量避免元器件间相互干扰,且布线简洁、方便、节约成本,同时还应方便检查和维修。具体安装要求如下。

(1) 安装前应对照图纸和技术要求,检查产品型号、元器件型号、规格和数量等是否与图纸相符,并检查元器件是否完好。

(2) 安装时应为柜内设备预留出足够的散热及维护空间。带有散热片的模块尽量将散热片安装在电柜外部;电阻器等电热元件一般应安装在电柜的上方,安装方向及位置应有利于散热并尽量减少对其他元件的热影响。较大、较沉的设备应安装在电气控制柜底板上。

(3) 元器件间应有足够的电气间隙及爬电距离以保证器件安全可靠地工作。电气控制柜中强、弱电分区摆放,并保证电源线及动力线在电柜内行走的距离尽量短。滤波器、电抗器与驱动器须靠近摆放。

(4) 同一类元件尽量紧靠安装。如断路器和断路器安装在一起,继电器和继电器安装在一起,接线端子排尽量布置在一排等。

(5) 电气控制柜内的 PLC 等电子元件的布置要尽量远离主回路、开关电源及变压器,不得直接放置或靠近电气控制柜内其他发热元件的对流方向。

(6) 主电器元件及整定电器元件的布置应避免由于偶然触及其手柄、按钮而误动作或动作值变动的可能性,整定装置一般在整定完成后应以双螺母锁紧并用红漆漆封,以免移动。

(7) 系统或不同工作电压电路的熔断器应分开布置。低压断路器与熔断器配合使用时,熔断器应安装在电源侧。

(8) 强弱电端子应分开布置。当有困难时,应有明显标志并设空端子隔开或设加强绝缘的隔板。端子应有序号。端子排应便于更换且接线方便,离地高度宜大于350mm。

(9) 电气元件及其组装板的安装结构应尽量考虑方便正面拆装。如有可能,元件的安装紧固件应能在正面紧固及松脱。有防震要求的电器应增加减震装置,其紧固螺栓应采取防松措施。

(10) 每个元器件及附件的附近都须有标示,标示应与图纸相符。为了维护、维修需要,除元件本身附有供填写的标识牌外,标示不得固定在元件本体上。

2. 连接和布线要求

合适的布线(包括线缆选择与布敷、屏蔽连接与工艺)可以有效地减少外部环境对信号的干扰以及各种线缆之间的相互干扰,提高数控机床运行的可靠性。同时,也便于查找故障原因和维护工作,提高产品的可用性。对电气设备的连接和布线的主要规定如下。

(1) 引出电气控制柜的导线应使用接线端或插座连接;导线和电缆的两连接端间不能有接头和拼接点。电气柜外部导线应有封闭的导线管、电缆管道,但具有保护套的电缆可使用不封闭的导线管、电缆管道安装。

(2) 多股芯线要使用拢合压接端子,不允许用焊接方式拢合多股芯线;每一导线的连接端都要有清晰的标识。

(3) 移动电缆的弯曲半径至少在电缆外径的10倍以上;电缆与运动部件的距离至少应保持25mm以上,否则应加保护装置。

(4) 电源线及电机动力线在电柜内的走线应尽量短,以减少其对柜内其他电气设备的干扰。

(5) 信号线布线要考虑到电柜的可维护性、设备的散热性以及信号的抗干扰性。为了利于散热、防止信号受扰,驱动器上方尽量不要铺设线槽。另外,包括PLC输入回路在内的信号线布线尽量不与主回路及其他电压等级回路的控制线同线槽敷设。

3. 接地

为了确保数控机床安全工作,通常要对数控机床作接地处理。数控机床的接地通常分为三类:第一类为了保护人身和设备的安全,免遭雷击、漏电、静电等危害,设备的机壳、底盘应与真正大地连接,常称为保护接地;第二类为了保证设备的正常工作,直流电源常需要有一极接地作为参考零电位,其他极与之比较,通常称为工作接地;第三类为了抑制噪声,电缆、变压器等的屏蔽层需接地,相应的接地称为屏蔽接地。如滤波器、电抗器、驱动器之间的电源线、驱动的信号线和动力线须屏蔽;各屏蔽电缆须最大面积接地,数字信号线要保证双端接地,模拟信号电缆要在控制端单端接地。

各种接地的要求必须服从国家标准GB 5226.1—2008《机械电气安全 机械电气设备第一部分:通用技术条件》有关章节的要求。如控制系统要求在电柜中采用独立的变压器给系统的24V电源供电,并要求系统内的各组件采用一点接地法接地。为了避免损坏系统,只有在确保接地信号良好的情况下,才能将控制变压器的 0V 端与 PE 端相连,如图 3-1-5 所示,否则只能采用浮地的连接方式。

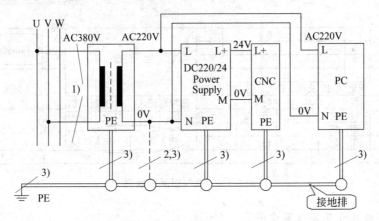

图 3-1-5 控制系统的接地要求

3.1.4 数控机床电气图纸的识读

1. 数控机床电气图纸的组成

数控机床的电气图纸一般包括电路图(电气原理图)、电器元件布置图、电气接线图/表等表示电气控制原理、连接和施工要求的基本图。目前我国数控机床的电气设计主要参照的是机械行业推荐标准 JB/T2739-2008《工业机械电气图用图形符号》和 JB/T2740-2008《工业机械电气设备 电气图、图解和表的绘制》。

数控机床的电气原理图主要由电源控制电路、主电路、控制电路、输入和输出接口电路、伺服驱动电路、辅助电路等部分组成。电气控制及各种动作逻辑关系靠 CNC 系统内置的 PMC 梯形图完成,强电的电气原理图主要用于实现梯形图中输入、输出接口提出的要求。

数控机床电器布置图主要由机床电气设备布置图、控制柜和控制板电气设备布置图、操纵台和悬挂操纵箱电气设备布置图等组成,用于表明机床所有电机和电器的实际位置。电器布置图可按电气控制系统的复杂程度集中绘制或单独绘制。

数控机床的电气接线图用于进一步说明电气原理图中电气设备间的实际连线关系及相对位置,便于用户识图和了解装配关系。接线图中还常包括电缆配置图/表,用于提供电缆两端位置,必要时还包括电缆功能、特性和路径等信息。可以说电气接线图是电气原理图的补充说明。

2. 电气图纸图面区域的划分

为了便于检索和阅读电路图,一般将数控机床电路图区划分为若干区域,图区号写在图区的上部和下部;竖向分区用大写字母编号,横向分区用数字编号,编号从左上角开始。在图区的上部设有用途栏,标明该区电路的功能和作用。图纸右下方为标题栏,如图 3-1-6 所示,其中标注有图号和页次。

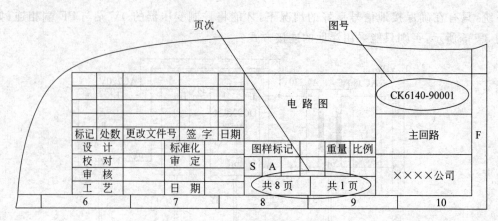

图 3-1-6　电气图纸标题栏

3. 元器件符号及其位置索引

电气原理图中所有元器件都按常态给出。对接触器和各种继电器，常态是指未通电时的状态；对按钮、行程开关等，则是指未受外力作用时的状态。而且，同一电器的不同部件常常不画在一起，但使用相同的文字符号。

符号位置的索引用图号、页次和图区编号的组合索引法，索引代号的组成如图 3-1-7 所示。

为读图方便，在接触器、继电器等多组件器件线圈下方，标出其触点的位置索引表，如图 3-1-8 所示，所以表各栏的含义见表 3-1-1，其中，"×"表明未使用的触头，有时"×"也可省略。

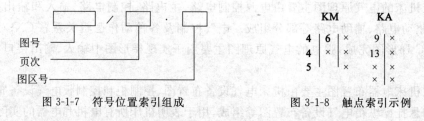

图 3-1-7　符号位置索引组成　　　　　图 3-1-8　触点索引示例

表 3-1-1　各栏含义

接触器	左栏	中栏	右栏	如图 3-1-8 中的 KM
	主触点所在的图区号	动合触点所在的图区号	动断触点所在的图区号	
继电器	左栏		右栏	如图 3-1-8 中的 KA
	动合触点所在的图区号		动断触点所在的图区号	

4. 原理图中各电线或接点的标记

按照国家标准，主电路中，三相交流电源引入线采用 L1、L2、L3 标记（欧美国家的三相交流电源引入线常采用 R、S、T 标记）。电源开关之后的电线分别按 U、V、W 顺序标记。分级三相交流电源主电路可采用 1U、1V、1W；2U、2V、2W 等。各电动机的分支电路各接点可采用三相文字代号后面加数字来表示如：U11、U21 等，数字中的十位数字表示电动机代号,个位数字表示该支路的接点代号。

控制电路采用阿拉伯数字编号,一般由三位或三位
以下的数字组成。

5. 电气原理图中技术数据的标注

电气元件的数据和型号,一般用小号字体注在电器
代号下面,如图 3-1-9 所示为热继电器动作电流值范围和
整定值的标注。

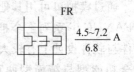

图 3-1-9　技术数据标注示例

3.1.5　FANUC 0i-C/D 系列系统组成及电缆连接

1. FANUC 0i 系列系统组成

FANUC 公司的 0i-C/D 数控系统是一款高可靠性、高性价比、高集成度的小型化系
统。CNC 的各组成部件均需要在 CNC 的统一控制下运行,部件间的联系紧密,伺服驱动
器、主轴驱动器、PMC 等都不能独立使用。与早期的 0 系列 CNC 比较,0i-C/D 系列 CNC
最显著的特点是采用了网络控制技术,它以 I/O-Link 网络连接替代了传统的 I/O 单元连
接电缆;以 FSSB(FANUC Serial Servo Bus)高速串行伺服总线连接替代了传统的伺服
连接电缆;以工业以太网连接替代了传统的通信连接电缆。因此,配置该系统的机床既可
以单机运行,也可以方便地联网组成柔性加工生产线。系统的组成如图 3-1-10 所示。

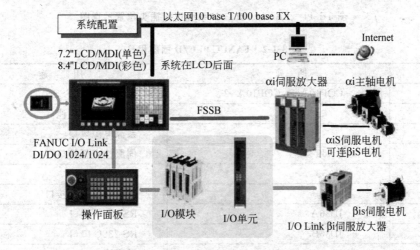

图 3-1-10　FANUC 0i-C/D 系列系统的组成

作为 FSSB 网络主站的 CNC 单元经 FANUC 串行伺服总线 FSSB,用一条光缆与作
为从站的多个进给伺服驱动器(αi 或 βi 系列)相连,对驱动器的参数、运行过程、工作状态
等进行设定、调整、控制与监视。进给伺服电动机使用 αis 或 βis 系列电机,0i-D 最多可接
7 个进给轴电机。在伺服电动机后端装有脉冲编码器,作为速度反馈和位置反馈的检测
元件,其标准配置为 1 000 000 脉冲/转。系统也可用外置式直线光栅尺作为检测元件,
实现全闭环控制。

系统对主轴电动机的控制有两种接口:模拟接口(输出 0～10V 模拟电压)和串行口
(二进制数据串行传送)两种。串行口只能采用 FANUC αi 系列的主轴驱动器和主轴电

动机。通过模拟口可用其他公司的变频器及电动机。

FANUC-0i 系列至今推出了 0i-A、0i-B、0i-C、0i-D、0i-F 五大产品系列。这五大系列在硬件与软件设计上有较大区别，性能依次提高，但其操作、编程方法类似。每一系列又分为全功能型与精简型两种规格，前者直接表示，后者在型号中加 Mate 以示区别，如 FANUC 0i-C/FANUC 0i-MateC。

2. FANUC 0i-C/D 电气系统的总体连接

FANUC 0i-C/D 的 CNC 控制单元与其他部件的连接接口位置如图 3-1-11 所示。各单元接口定义见表 3-1-2。FANUC 0i-C/D 系统电气连接总图如图 3-1-12 所示。

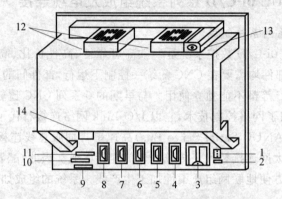

图 3-1-11　FANUC 0i-C/D 系统连接插头位置示意图

表 3-1-2　FANUC 0i-C/D 插座用途

编号	插 座 号	用 途
14	COP10A-1/ COP10A -2	伺服放大器（FSSB）
13		系统存储器电池
12		系源电源风扇
11	CA69	伺服检查板接口
10	CA55	MDI 接口
9	CN2	系统操作软键接口
8	JD36A	RS-232C 串口
7	JD36B	RS-232C 串口
6	JA40	模拟输出
5	JD1A	I/O-Link
4	JA7A	串行主轴/位置编码器
3		电源单元
2	FUSE	系统 DC24V 输入熔断器（5A）
1	CP1	DC24V 输入

3. I/O-Link 总线连接

JD1A 为 CNC 的 I/O-Link 总线接口，I/O-Link 网络采用"总线型"拓扑结构，各从站依次串联，但最大连接数量受到 PMC I/O 点数的限制。I/O-Link 总线任意段的连接器

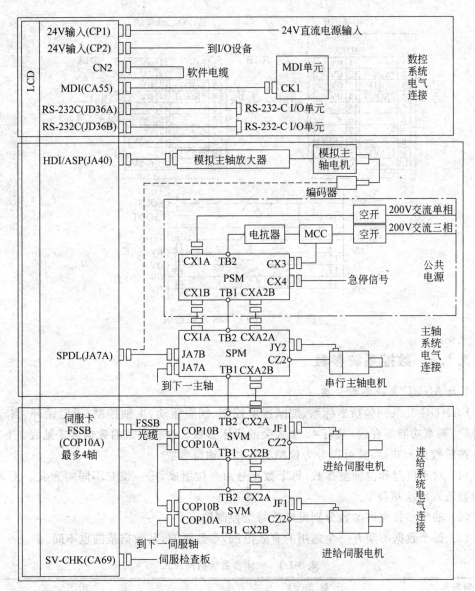

图 3-1-12 FANUC 0i-C/D 数控系统连接原理图

编号和连接方式均相同,终端不需要加终端连接器。I/O 单元上的连接器 JD1A 规定为总线输出端,连接下一从站;JD1B 为总线输入端,连接上一从站,如图 3-1-13 所示。

4. FSSB 总线连接

JOP10A-1 为 CNC 的 FSSB 总线接口,网络同样采用"总线型"拓扑结构,从站依次串联,但连接数量受 CNC 最大控制轴数的限制。FSSB 总线采用光缆连接,任意一段的连接器编号和连接方式相同,驱动器的 COP10A 为总线输出,用于连接下一从站;COP10B 为总线输入,与上一从站相连。

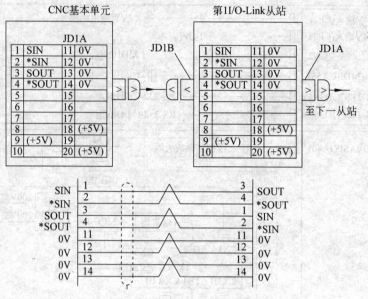

图 3-1-13　I/O-Link 总线连接

3.1.6　数控系统参数

1. FANUC 系统参数分类

FANUC 0i 系列包括坐标系、加减速度控制、伺服驱动、主轴控制、固定循环、自动刀具补偿、基本功能等在内，共有 43 个大类的机床参数。这些参数的数据形式见表 3-1-3。

按照数据形式，参数可以分为位型参数和位轴型参数。

（1）对于位型和位轴型参数，每个数据号由 8 位组成，每一位有不同的意义。无效位在参数输入时应填补 0。

（2）轴型参数允许参数分别设定给每个控制轴。

（3）每个数据类型有一个通用的有效范围，参数不同，其数据范围也不同。

表 3-1-3　机床参数的数据形式

数据形式	数据范围	说　　明
位型	0 或 1	每项参数的 8 位二进制数位中，每一位都表示了一种独立的状态或者是某种功能的有无
位轴型		
字节型	−128～127	有些参数中不使用符号
字节轴型	0～255	
字型	−32 768～32 767	
字轴型	0～65 535	
双字型	−99 999 999～99 999 999	－
双字轴型		－

2. 各类参数在数据设定方面的区别

为了进一步说明这两类数据在数据设定方面的区别,特举如下两个例子。

(1)位型和位轴型参数举例见表 3-1-4。

表 3-1-4 位型和位轴型参数

1000	＃7	＃6	＃5	＃4	＃3	＃2	＃1	＃0
数据号			SEQ			INI	ISO	TVC
	数据内容							

通过该例可以知道位型和位轴型的数据格式,即每一个数据号由 0~7 位数据组成。在描述这一类数据时可以用这样的格式来说明:数据号.位号。如上例中的 ISO 参数就可以用这样的符号来表示——1000.1。当 1000.1＝0 时表示数据采用 EIA 码输出,1000.1＝1 时表示数据采用 ISO 码输出。位型和位轴型数据就是用这样的方式来设定不同的系统功能。

(2)位型和位轴型以外的数据见表 3-1-5。

表 3-1-5 位型和位轴型以外的数据

1023	指定轴的伺服轴号
数据号	数据内容

FANUC 系统将常用的参数如通信、镜像、I/O 口的选择等放置在 SETTING(设置)功能键下,以便于用户使用。其他大量的参数归类于 SYSTEM(系统)功能键下的参数菜单。

3. 常用的系统参数

(1)与各轴的控制和设定单位相关的参数:参数号 1001~1023。这一类参数主要用于设定各轴的移动单位、各轴的控制方式、伺服轴的设定、各轴的运动方式等。

(2)与机床坐标系的设定、参考点、原点等相关的参数:参数号 1201~1280。这一类参数主要用于机床的坐标系的设定,原点的偏移、工件坐标系的扩展等。

(3)与存储行程检查相关的参数:参数号 1300~1327。这一类参数主要是用于各轴保护区域的设定等。

(4)与设定机床各轴进给、快速移动速度、手动速度等相关的参数:参数号 1401~1465。这一类参数涉及机床各轴在各种移动方式、模式下的移动速度的设定,包括快移极限速度、进给极限速度、手动移动速度的设定等。

(5)与加减速控制相关的参数:参数号 1601~1785。这一类参数用于设定各种插补方式下启动停止时的加减速方式,以及在程序路径发生变化(如出现转角、过渡等)时进给速度的变化。

(6)与程序编制相关的参数:参数号 3401~3460。用于设置编程时的数据格式,设置使用的 G 指令格式、设置系统默认的有效指令模式等和程序编制有关的状态。

(7)与螺距误差补偿相关的参数:参数号 3620~3627。数控机床具有对螺距误差进行电气补偿的功能。在使用这样的功能时,系统要求对补偿的方式、补偿的点数、补偿的起始位置、补偿的间隔等参数进行设置。

3.1.7 系统参数显示和设定

1. 参数显示的操作步骤

（1）按 MDI 面板上的功能键[SYSTEM]一次后，再按软键[PARAM]（参数）选择参数画面，如图 3-1-4 所示。

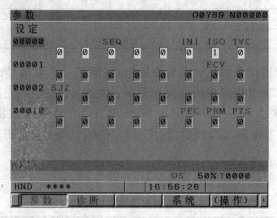

图 3-1-14 FANUC 0i-C/D 系统选择参数画面

（2）参数画面由多页面组成。通过以下两种方法显示需要显示的参数所在的页面。

① 用翻面键或光标移动键，显示需要的页面。

② 从键盘输入想显示的参数号，然后按软键[NO. SRH]（搜索号码）。这样可显示包括指定参数所在的页面，光标同时在指定参数的位置（数据部分变成反转文字显示），如图 3-1-15 所示。

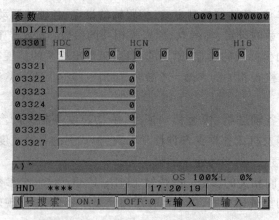

图 3-1-15 参数显示画面

2. 用 MDI 设定参数的操作步骤

（1）将 NC 置于 MDI 方式或急停状态。

（2）打开写参数保护开关。用以下步骤使参数处于可写状态。

① 按 SETTING 功能键一次或多次后，再按软键[SETTING]，可显示 SETTING 画

面的第一页。

② 将光标移至"PARAMETER WRITE"（写参数）处。

③ 按[OPRT]（设定）软键显示操作选择软键。

④ 按软键[ON：1]或输入1，再按软键[INPUT]，使"PARAMETER WRITE"写参数=1。这样参数成为可写入状态，同时CNC发生P/S报警100（允许参数写入），如图3-1-16所示。

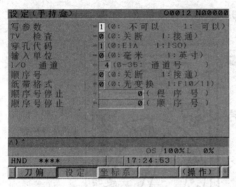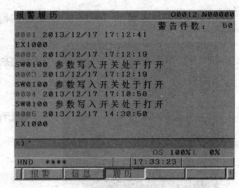

图3-1-16 参数写保护开关打开画面

（3）按功能键[SYSTEM]一次或多次后，再按软键[PARAM]，显示参数画面。

（4）显示包含需要设定的参数的画面，将光标置于需要设定的参数的位置上，如图3-1-17所示。

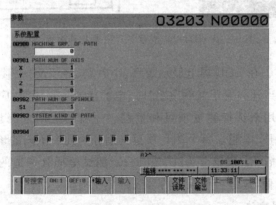

图3-1-17 参数设置画面

（5）输入数据，然后按软键[INPUT]。输入的数据将被设定到光标指定的参数中。

（6）若需要，则重复步骤（4）和（5）。

（7）参数设定完毕。需将参数设定画面的"PARAMETER WRITE="设定为0，禁止参数设定。

（8）复位CNC，解除P/S报警100。但在设定参数时，有时会出现P/S报警000（需切断电源），此时请关掉电源再开机。

3.1.8　万用表的使用

万用表又叫多用表、三用表、复用表，万用表分为指针式万用表和数字万用表，是一种多功能、多量程的测量仪表，一般万用表可测量直流电流、直流电压、交流电流、交流电压、电阻和音频电平等，有的还可以测交流电流、电容量、电感量及半导体的一些参数。

1. 万用表面板结构

万用表面板上主要有 LED 显示器、选择开关和表笔及插孔，如图 3-1-18 所示。

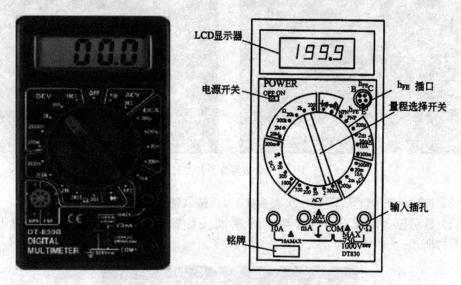

图 3-1-18　DT830 型数字万用表及其面板结构

（1）LCD 显示器。在 LCD 屏上显示数字、小数点、"—"及"←"符号。

（2）电源开关。当开关置于"ON"位置时，电源接通。不用时，应置于"OFF"位置。

（3）选择开关。用来选择测量项目和量程。一般的万用表测量项目包括：直流电流、直流电压、交流电压、电阻。每个测量项目又划分为几个不同的量程以供选择。

（4）表笔和表笔插孔：表笔分为红、黑二只。测试笔插孔旁边的符号，表示输入电压或电流不应超过指示值，这是为了保护内部线路免受损伤。

2. 万用表的使用方法

使用前，应认真阅读有关的使用说明书，熟悉电源开关、量程开关、插孔、特殊插口的作用。

① 将 ON/OFF 开关置于 ON 位置，检查 9V 电池，如果电池电压不足，将显示在显示器上，这时则需更换电池。如果显示器没有显示，则按以下步骤操作。

② 测试笔插孔旁边的符号，表示输入电压或电流不应超过指示值，这是为了保护内部线路免受损伤。

③ 测试之前。功能开关应置于你所需要的量程。

(1) 测量直流电压

① 将黑表笔插入 COM 插孔,红表笔插入 V/Ω 插孔。

② 将功能开关置于直流电压挡 V－量程范围,并将测试表笔连接到待测电源(测开路电压)或负载上(测负载电压降),红表笔所接端的极性将同时显示于显示器上。

注意:

① 如果不知被测电压范围。将功能开关置于最大量程并逐渐下降。

② 如果显示器只显示"1",表示过量程,功能开关应置于更高量程。

③ 当测量高电压时,要格外注意避免触电。

(2) 测量交流电压

① 将黑表笔插入 COM 插孔,红表笔插入 V/Ω 插孔。

② 将功能开关置于交流电压挡 V～量程范围,并将测试笔连接到待测电源或负载上.测试连接图同上。测量交流电压时,没有极性显示。

注意:

① 参看测量直流电压注意事项。

② 不要输入高于 700Vrms(有效电压值)的电压,显示更高的电压值是可能的,但有损坏内部线路的危险。

(3) 测量电流

① 将黑表笔插入 COM 插孔,当测量最大值为 200mA 的电流时,红表笔插入 mA 插孔,当测量最大值为 20A 的电流时,红表笔插入 20A 插孔。

② 测量直流电流,将功能开关置于直流电流挡 A－量程;测量交流电流,将功能开关置于交流电流挡 A～量程,并将测试表笔串联接入到待测负载上,电流值显示的同时,将显示红表笔的极性。

(4) 测量电阻

① 将黑表笔插入 COM 插孔,红表笔插入 V/Ω 插孔。

② 将功能开关置于 Ω 量程,将测试表笔连接到待测电阻上。

注意:

① 如果被测电阻值超出所选择量程的最大值,将显示过量程"1",应选择更高的量程,对于大于 1MΩ 或更高的电阻,要几秒钟后读数才能稳定,这是正常的。

② 当没有连接好时,例如开路情况,仪表显示为"1"。

③ 当检查被测线路的阻抗时,要保证移开被测线路中的所有电源,所有电容放电。被测线路中,如有电源和储能元件,会影响线路阻抗测试正确性。

3.1.9　任务实施:连接和调试 FANUC 0i 系统

本任务以配置 FANUC 0i-Mate C 系统的加工中心为对象,按照如图 3-1-19～图 3-1-21 所示的系统电气控制原理图,在斯沃数控机床维修仿真软件环境下,完成数控系统的 CNC 单元与其他模块的电缆连接以及外部电源及控制信号的连接,而后通电进行参数设置。所使用电气元器件见表 3-1-6。斯沃数控机床维修仿真软件由南京斯沃软件技术公司设计开发,是一款可以模拟进行数控机床装配、调试、测量、排放等过程的仿真软件。

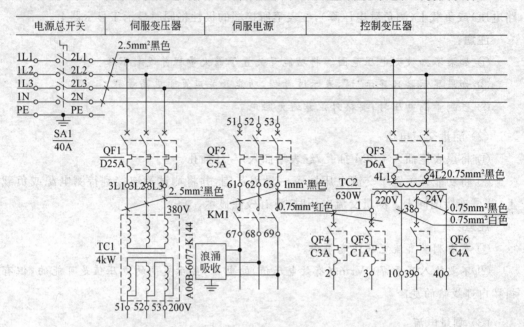

图 3-1-19 系统强电电路

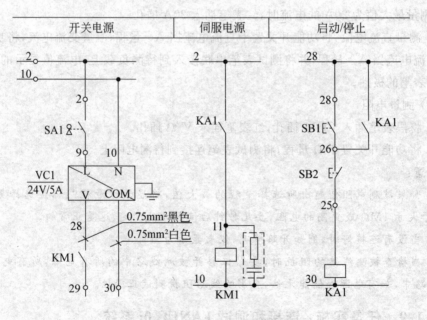

图 3-1-20 系统控制电路

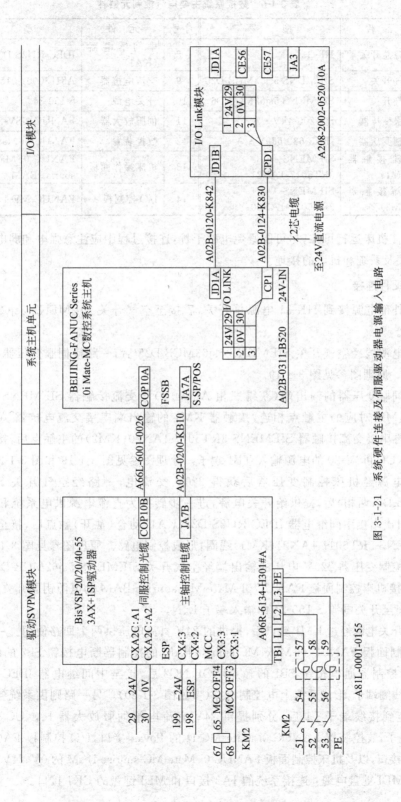

图 3-1-21 系统硬件连接及伺服驱动器电源输入电路

表 3-1-6　数控系统主要电气控制元器件

序号	元　件	型　号	序号	元　件	型　号
1	电源总开关	HR-31	8	中间继电器（KA1）	IDEC-RU2S-D24
2	空气开关	SIEMENS-5sj63MCB-D25	9	交流电抗器	A81L-0001-0155
3	空气开关	SIEMENS-5sj62MCB-D6	10	开关电源	S-150-24
4	伺服变压器	SG-200-4kV·A	11	伺服放大器	FANUC βiSV-20
5	控制变压器	JBK3-630-630V·A	12	数控装置	FANUC 0i-Mate MC-H
6	交流接触器（KM1）	SIEMENS-3RT5017-1AN21	13	机床操作面板	FANUC 0i-Mate MC-sunrise-BAM
7	交流接触器（KM2）	SIEMENS-3RT5017-1AN20	14	I/O控制板	FANUC-ME-1

为了使机床运行可靠，尽可能避免电磁干扰，连接过程中应注意强电和弱电信号线的走线、屏蔽及系统和机床的接地。

一、硬件连接

（1）外部电源接到 HR-31 电源总开关，后接至空气开关 SIEMENS-5sj63MCB-D25 输入端子。

（2）电源线经空气开关 SIEMENS-5sj63MCB-D25 后，一路接伺服变压器，一路接控制变压器。原理图参见图 3-1-19。

（3）伺服变压器的输出端（获得三相 AC200V）与交流接触器 SIEMENS-3RT5017-1AN21（KM1）对应的主触点相连，接触器 KM1 的输出端串接交流电抗器 A81L-0001-0155 后，再串接交流接触器 SIEMENS-3RT5017-1AN20（KM2）的主触点后，接到伺服放大器 FANUC βiSV-20 的电源输入 TB1 端子。原理图参见图 3-1-19 和图 3-1-21。

（4）电源经机床控制变压器后获得 220V 交流电，一路经空气开关 SIEMENS-5sj62MCB-D6（两相）后，提供给开关电源，进一步转换为直流电源供电系统和显示器所用；一路引出串接中间继电器 IDEC-RU2S-D24（KA1）动合（常开）触点后，接至交流接触器 SIEMENS-3RT5017-1AN21（KM1）线圈，形成控制电路。原理图参见图 3-1-20。

（5）控制变压器 220V 电压的输出端经空气开关 SIEMENS-5sj62MCB-D6（QF4，两相），再串接机床控制面板 FANUC 0i-Mate MC-sunrise-BAM 的电源钥匙开关触点 SA1、SA2 后，连至开关电源 S-150-24 的输入端子 L、N。

（6）开关电源经过 KM1 触点后，提供的 24V 直流电压供两个回路使用。一路直接串接机床控制面板 FANUC 0i-Mate MC-sunrise-BAM 的控制器断电按钮 SB2 的触点 NC1、NC2，串接控制器通电按钮 SB1 的触点 NO1、NO2 后，接至中间继电器 IDEC-RU2S-D24（KA1）的线圈端子，形成系统上电控制电路（参见图 3-1-20）。另一路则供系统各单元模块使用，在连到接线端子 L1 后，分别提供 24V 直流电给伺服放大器 FANUC βiSV-20 的 CX2AC 端子，数控装置 FANUC 0i-Mate MC-H 的 Power 接口，I/O 控制板 FANUC-ME-1 的 Power 接口，以及机床控制面板 FANUC 0i-Mate MC-sunrise-BAM 的 0V、24V 端子。

（7）MDI 键盘电缆：连接系统的 JA2 接口和 MDI 键盘的 CK1 接口。

（8）FSSB 电缆：连接系统的 COP10A 和放大器的 COP10B 接口。

（9）I/O Link 电缆：连接系统的 JD1A 和 I/O 控制板的 JD1B 接口。

（10）串行主轴信号电缆：连接系统的 JA7A 和放大器的 JA7B 接口。

（11）机床控制面板 FANUC 0i-Mate MC-sunrise-BAM 的 198、199 端子（急停信号输出）连接伺服放大器的 CX4 接口。

（12）从交流电抗器 A81L-0001-0155 输出端任意引出两相，串接交流接触器 SIEMENS-3RT5017-1AN20（KM2）的线圈后，接伺服放大器的 CX3 接口。参见图 3-1-20。

完成连接后的电气系统总体连接图如图 3-1-22 所示。

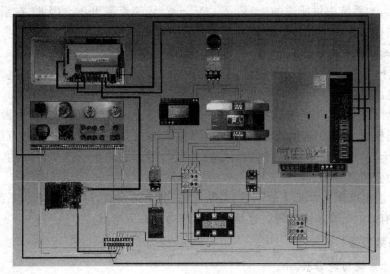

图 3-1-22 电气系统总体连接图

二、接通数控系统电源

1. 系统的电源控制

系统输入电压为 DC24V（1±10%），电流约 7A。伺服和主轴电动机为 AC200V（不是 220V，其他系统如 0C 系统，系统电源和伺服电源均为 AC 200V）输入。这两个电源的通电及断电顺序必须按要求进行，不满足要求会出现报警，甚至损坏驱动放大器。按正确的顺序接通和断开电源的目的，是保证通电和断电都在 CNC 的控制之下，具体如表 3-1-7。

表 3-1-7 FANUC 0i/D 系统电源接通和断开顺序

电源接通顺序	1. 机床电源（AC200V） 2. 通过 FANUC I/O Link 连接的 I/O 设备，电源为 DC24V 3. 控制单元和 CRT 显示器单元的电源（DC24V）
电源关断顺序	1. 通过 FANUC I/O Link 连接的 I/O 设备，电源为 DC24V 2. 控制单元和 CRT 显示器单元的电源（DC24V） 3. 机床电源（AC200V）

2. 通电前的准备

（1）检查所有外部电缆连接线是否连接可靠，控制系统各部件是否采用一点接地，接地是否可靠。

（2）检查电源输入单元、伺服变压器、控制变压器的端子连接是否正确和紧固。

（3）确认输入电源电压、频率及相序：检查确认变压器的容量是否满足控制单元和伺服系统的电能消耗；检查电源电压波动范围是否在数控系统的允许范围之内；检查输入电源的相序。采用相序表或示波器检查输入电源相序。在相序不对的情况下接通电源，可能使伺服单元的输入保护器件烧毁。

（4）确认直流电源单元的电压输出端是否对地短路。各种数控系统内部都有直流稳压电源单元，为系统提供所需的±5V、±12V、±24V等直流电压。因此，在系统通电前，应用万用表检查这些电源的负载是否有对地短路现象。

3. 系统电源的接通

（1）拔掉 CNC 系统和伺服（包括主轴）单元的熔丝，给机床通电，检查电气控制系统内各输出电压。

接通电源之后，首先检查数控柜中各个风扇是否旋转，借此也可确认电源是否接通。检查各控制模块上的控制电压是否正常，各种直流电压是否在允许的波动范围之内。一般来说，对+5V电源要求较高，波动范围在±5%，因为它是供给逻辑电路的。否则通过电源单元的变阻器调整。

（2）各输出电压正常且无故障，则关断电源，装上熔丝后再次给机床和系统通电。此时，系统会有♯401等多种报警。这是因为系统尚未输入参数。

三、参数设置

1. 核对系统功能参数

各种数控系统出厂时都附带随机参数表，在 FANUC 0i-Mate C 系统中 9900～9999 序号间的参数即为系统功能参数，规定的基本功能已在系统出厂时设置好，用户需按照此表核对设置。

2. 按 3.1.6 系统参数中所述参数显示和设置方法设置系统的参数

（1）操作界面显示内容设置。设置参数 PRM3190♯6＝1，使系统使用中文显示方法；设置 PRM_3105♯0＝1，PRM 03105♯2＝1，显示主轴速度和加工速度；设置 PRM_3108♯6＝1，显示主轴负载表；PRM_3108♯7＝1，显示手动进给速度；PRM_3111♯0＝1，3111♯1＝1，显示"主轴设定"和"SV 参数"软按键。

（2）设置参数 PRM1010 和 PRM8130，设置 CNC 系统控制的轴数以及系统的总控制轴数。数控车床设定为 2、数控铣床设定为 3。

（3）控制轴参数设置：①PRM1010 为 CNC 控制轴数。②PRM1020 编程坐标轴号设置（X 轴为 88，Y 轴为 89，Z 轴为 90，U 轴为 85，V 轴为 86，W 轴为 87，A 轴为 65，B 轴为 66，C 轴为 67，E 轴为 69）。③PRM1022 为基本坐标系中各轴的属性设置（0 代表既不是基本 3 轴，也不是其平行轴；1 代表基本 3 轴中的 X 轴；2 代表基本 3 轴中的 Y 轴；3 代表基本 3 轴中的 Z 轴；5 代表 X 轴的平行轴；6 代表 Y 轴的平行轴；7 代表 Z 轴的平行轴）。④PRM1023 为各轴的伺服轴号，一般伺服轴号与控制轴号的设定值相同，即设为 1、2、3。

常见故障处理及诊断实例

数控系统智能化的发展,使数控系统自身具有对常见故障的一种自我诊断能力,并能在显示屏上显示故障的报警号,维修人员可以据此进行相应的维修。数控系统启动时,从通电开始,系统内部诊断程序就自动执行诊断。诊断的内容为系统中最关键的硬件和系统控制软件,如 CPU、存储器、I/O 等单元模块,以及 MDI/CRT 显示器单元、纸带阅读机、软盘单元等装置或外部设备。只有当全部项目都确认正确无误之后,整个系统才能进入正常运行的准备状态。一旦某一项目检查未通过,系统就立即中止诊断,且显示滞留于未完成的诊断项目的序号,并显示报警信息。此时启动诊断过程不能结束,系统无法投入运行。

数控系统故障按发生的原因通常分为三类:硬件故障、软件故障以及系统外部干扰引起的故障。数控系统在运行过程中,一旦检测到故障,通常会通过各单元装置上的警示灯或者在显示器上显示出报警信号和报警信息来提示故障。

例 3-1-1 FANUC 0i-Mate C 系统通电后显示 912 号报警,系统不能启动。

故障现象: 配置 FANUC 0i-Mate C 系统的日本 KT610B-01 型数控火焰切割机,每次系统通电后,CRT 显示器上显示"SYSTEM ERROR 901",系统无法进入正常工作。

技术准备: 根据显示的故障报警信息,查阅维修手册,可知故障报警 912～913 号为存储器类故障,912 号的报警内容为 SRAM(静态 RAM)的奇偶性错误。

故障分析: 与 DRAM 一样,SRAM 中的数据在读写过程中,也具有奇偶检验电路,一旦出现写入的数据和读出的数据不符时,则会发生奇偶检验报警。ALM912 和 ALM913 分别提示低字节和高字节的报警。

从硬件方面考虑,引起该报警的原因可能是存储器本身故障、存储器充电电池及其电路故障、线缆连接与接触性故障。

从软件方面考虑,引起故障的原因可能是存储器内存混乱或未进行初始化。

现场调查: 虽然从表面上看为硬件故障,但通过询问操作人员了解到,设备使用过程中未出现突然停电事故,且机床处于正常使用期,相关硬件出现故障的可能性较小。因此,初步判断引起故障最可能的原因为软件故障。

诊断和维修步骤:

(1) 按照先软件后硬件的原则,调出系统的参数画面,发现参数混乱。

(2) 备份系统的有关参数、宏指令程序及加工程序。

(3) 按照说明书所述步骤对存储器进行初始化操作。

(4) 将备份的系统参数等数据重新输入系统。

重新输入机床参数和程序后,系统恢复正常。

例 3-1-2 FANUC 0i-Mate C 系统通电后显示 900 号报警,系统不能启动。

故障现象: 用 FANUC 0i-Mate C 系统,改造意大利 F90 钻床所成的大型数控导轨钻床,每次系统通电后,CRT 显示器上显示"SYSTEM ERROR 900",系统不能工作。

技术准备: 此为系统启动自诊断过程中出现的报警。通过查阅故障记录发现,机床反复出现 900 号报警信息,偶尔也出现 081 号报警。在维修手册上查知,900 号报警为存储器（RAM）奇偶检验出错（软件故障）。081 为 ROM 故障报警（硬件故障报警信息）。

故障分析：系统中的 FROM 在系统初始化过程中都要进行奇偶检验。当检验出错时，则发生 FROM 奇偶性报警，并指出不良的 FROM 文件。如果 ROM 硬件故障，必然会出现相关的软件出错报警，并导致 RAM 软件故障。软件与硬件故障信息都可与 ROM 相关。

诊断和维修步骤：

（1）采用备件替代法进行实验，即用备用的 ROM 板替代原来的。

（2）重新给系统上电，故障消失。

例 3-1-3　FANUC 0i-Mate C 系统通电后，CRT 显示器上显示"BAT"报警，机床不能启动。

故障现象：机床通电后，CRT 显示器屏幕底端有字母"ALM"和"BAT"闪烁，进入报警页面查询，屏幕显示"BATTERY LOW"电池电压低报警，机床不能工作。

技术准备：系统参数、PMC 参数、零件程序、偏置数据及宏程序变量都保存在控制单元中的 SRAM 存储器中，SRAM 存储器的后备电源由装在控制单元前板上的锂电池提供（出厂时已安装在控制单元上），主电源即使切断了，以上的数据也不会丢失。备份电池可将存储器中的内容保存大约一年。

故障分析：当电池电压变低时，CRT 显示器画面上将显示"BAT"报警信息，同时电池报警信号被输出给 PMC，经 PMC 程序处理，禁止机床工作，提醒用户及时更换电池。

维修步骤：更换电池步骤如下。

（1）准备锂电池（订货号 A02B-0200-K102）。

（2）接通系统的电源，大约 30 秒（电容充电）。

（3）关掉系统的电源，准备更换电池。

电池位置如图 3-1-23 和图 3-1-24 所示。

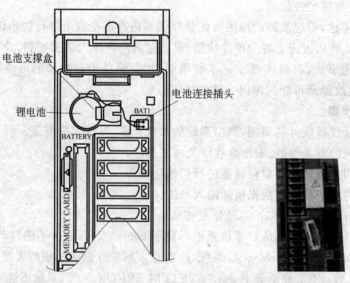

图 3-1-23　FANUC 0i A/B 或其他分离式数控系统的电池位置

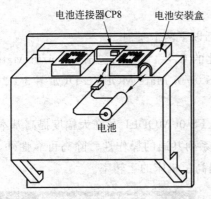

图 3-1-24　FANUC 0i-C/D 等内装式数控系统的电池位置

（4）从控制单元的正面拆掉电池。首先拔掉插头，然后拔出电池盒。

（5）交换电池，然后重新接上插头。

注意：第（3）～（5）步应该在 10 分钟内完成，因为超出 10 分钟，存储在存储器内的数据会丢失。

知识拓展：FANUC 公司 i 系列数控系统

日本 FANUC 公司的数控系统具有高质量、高性能、全功能、适用于各种机床和生产机械的特点，在市场的占有率远远超过其他的数控系统。

1. FANUC 系统的命名规则及产品系列

日本 FANUC 公司生产的数控系统命名规则如图 3-1-25 所示。图 3-1-26 列出的为 FANUC 公司自 1960 年生产数控系统以来推出的系列产品。

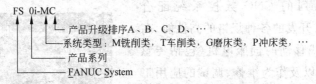

图 3-1-25　FANUC 数控系统命名规则

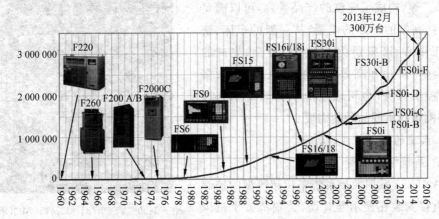

图 3-1-26　FANUC 公司生产的数控系统

2. FANUC i 系列数控系统

目前该公司提供的 i 系列数控系统包括以下两个系列。

（1）0i 系列：高可靠性和高性能价格比的 CNC，该系列包括 FS 0i/0i Mate-MODEL C、高可靠性、高性能价格比的纳米 CNC FS 0i/0i Mate-MODEL D（如图 3-1-27 所示）和 FS 0i-MODEL F（如图 3-1-28 所示）。

最新推出的更先进的世界标准级 CNC FS 0i-MODEL F 在大幅度提高基本性能的同时，实现了具有世界最高水准性能的 30i-B 系列共通的操作性。除高可靠性外，更具有最新的预防维护功能和方便的维护性，从而提高了机床的运转率。

图 3-1-27　FANUC Series 0i-MODEL D　　图 3-1-28　FANUC Series 0i-MODEL F

（2）30i 系列：适合于先进、复合、多轴、多通道、能实现纳米级控制的 CNC，该系列包括 FS30i/31i/32i/35i-MODEL B，如图 3-1-29 所示。

上述两个系列的 CNC 数控系统配合 FANUC 公司自行开发的各种规格的高性能、高精度的旋转和直线移动的伺服电机（包括传感器）、伺服放大器，以及作为维修、调试的应用工具软件的"操作指南"、"伺服指南"、"TURN MATE i"等，构成了完整的产品系列，可以满足从低端到高端的产品的需要，从一般的车床、铣床、加工中心、磨床到功能齐全的复杂、先进的复合、高精、高速和高效、多轴联动、多工位、多通道数控机床等，也可以适应从金切机床到冲压成形机床的不同品种的需要。

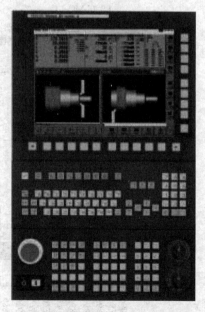

3. 系统的主要功能和特点

（1）系统结构紧凑

FANUC i 系列数控系统采用超薄型的控制装置，直接安装在显示器背面，大幅节省了机床的 CNC 系统安装空间。显示器前面配置了一

图 3-1-29　FS30i/31i/32i/35i-MODEL B

个 PCMCIA 接口和 USB 存储盘接口,可以将存储卡和 U 盘插入 CNC 控制装置进行 DNC 的运行。CNC 的显示器除了 15 英寸彩色显示器外,还备有 10.4、8.4、7.2 英寸彩色显示器。另外,备有标准机床操作面板,允许用户对不同的机床按键进行自定义。

(2) 具有高速、高精度功能

采用高速行伺服总线 FSSB,通过光缆将 CNC 与多个伺服放大器串行连接,传送速度比以往提高 2 倍以上。同时大大减少了连接电缆的数量,提高了系统的可靠性。具有纳米插补功能、AI 轮廓控制功能、AI 纳米高精度控制、前瞻控制等功能,使机床能平滑移动并且提高加工精度。

纳米插补产生以纳米为单位的指令给数字伺服控制器,使数字伺服控制器的位置指令平滑,提高了加工表面的平滑性。如图 3-1-30 所示,通过将"纳米插补"应用于所有插补,配合伺服 HRV 控制和主轴 HRV 控制,以及具有高分辨率脉冲编码器的 FANUC AC SERVO MOTOR αi-B series,无论是铣削加工还是车削加工,均可实现纳米级别的高质量加工。

图 3-1-30 "纳米级"CNC 数控系统

(3) 伺服采用 HRV(High Response Vector)控制

FANUC 公司 i 系列伺服控制器,采用 HRV～HRV4——高响应矢量控制技术,大大提高伺服控制的刚性和跟踪精度,适宜高精度轮廓加工。主轴也引入 HRV 技术,实现高响应矢量控制,提高主轴速度和位置控制精度。所谓 HRV 是"高响应矢量"(High Response Vector)控制技术的英文缩写,其目的是对交流电机矢量控制从硬件和软件方面进行优化,以实现伺服装置的高性能化,从而使数控机床的加工达到高速和高精度。采用 HRV 控制后的特点:①设置 HRV 滤波器,减少机械谐振影响,加大速度增益,提高系统稳定性。②精调加减速,提高同步性。③降低高速时绕组温升。

(4) 具有多轴、多通道控制功能

表 3-1-8 列出了 NGC 系列数控系统最多可控路径最大可控轴数和最多联动轴数。

表 3-1-8　NGC 系列数控系统最多可控路径、最大可控制轴数和最多联动轴数

系统型号	最多可控路径	最大可控制轴数	最多联动轴数
FS-0i-Mate C	1	3	3
FS-0i-C	1	4	4
FS-0i-Mate D	1	6	4
FS-0i-D	2	8 轴/1 路径系统, 11 轴/2 路径系统	4
FS-0i-F	2	9 轴/1 路径系统, 11 轴/2 路径系统	4
FS-32i-B	2	16 轴（10 进给轴, 6 主轴）	4
FS-31i -B	4	26 轴（20 进给轴, 6 主轴）	4
FS-31i -B5	4	26 轴（20 进给轴, 6 主轴）	5
FS-30i-B	10	40 轴（32 进给轴, 8 主轴）	24
FS-35i-B	4	20 轴（16 进给轴, 4 主轴）	4

（5）方便调试的 SERVO GUIDE

借助于以太网功能，通过将 PC 与伺服驱动相连，应用 FANUC 伺服调整工具 SERVO GUIDE 软件，用户能在短时间内诊断出实际动态扭矩，并生成自调整参数，同时还可以显示运转的波形，便于伺服驱动的维修和调试，以实现进给伺服和主轴相关参数的最优化，实现高速、高精的伺服性能。

（6）便于使用的 FANUC 操作平台

FANUC i 系列数控系统将高速图形显示、近距离无线技术、大容量存储器等技术集成到 CNC 上，提高了系统操作的便利性。图 3-1-31 为 FANUC 系统操作平台提供的 PC 功能。

MANUAL GUIDE i
自由地放大、缩小和旋转工件

远程桌面功能
从CNC端通过以太网操作联网的计算机

使用大容量存储器
进行MEM运行

图 3-1-31　FANUC 系统操作平台提供的 PC 功能

资料来源：FANUC 官网 www.fanuc.co.jp

课后思考与任务

（1）如果系统通电，在出现轴坐标显示页面后才出现报警，据此可以得出什么结论？

（2）简述查找系统硬件故障的方法。

（3）引起系统出现"NOT READY"报警信息的常见故障原因是什么？

（4）说明 P/S-100 # 报警信息的含义及处理。

任务 3.2 进给伺服系统的连接调试与维修

◆ 学习目标

(1) 熟悉伺服系统的工作原理及结构形式;

(2) 掌握位置控制实现方法;

(3) 能正确设置进给伺服常用参数;

(4) 能诊断和排除伺服驱动系统以及位置检测装置常见故障。

◆ 任务说明

根据数控系统(CNC)发出的动作指令,数控机床的进给伺服系统准确、快速地完成各坐标轴的进给运动,与主轴驱动相配合,实现对工件的高精度加工。因此,伺服驱动系统的精度、快速性与稳定性直接影响零件的加工质量和加工效率。

数控机床的精度,除了受到机械传动系统精度的影响之外,主要取决于伺服系统的调速范围的大小和伺服系统最小分辨率精度。为了保证在所有加工情况下都能得到最佳的切削条件和加工质量,要求伺服系统具有很大的调速范围。一般数控机床的进给速度在 $0\sim24\text{m/min}$ 的范围之内能连续可调,且在这一调速范围内要求速度均匀、稳定,低速时无爬行。

伺服系统处于频繁地启动、制动、加速、减速等动态过程中,为了提高生产率和保证加工质量,则要求加、减速度足够大,以缩短过渡过程时间,但要求速度变化时不应有超调。当负载突变时,过渡过程前沿要陡,恢复时间要短且无振荡,这样才能得到光滑的加工表面。

稳定是对伺服系统的最基本的要求。数控机床的工作台上,往往需要安装夹具和工件,从而使伺服系统的负载惯量发生变化,为此要求伺服系统必须具有一定稳定裕量,以保证当工件质量在一定范围内变化时,不因伺服系统发生振荡而影响加工精度。

本任务以配置 FANUC 0i-Mate C 系统的 7125 加工中心为对象,要求完成进给伺服系统的电气连接和系统调试。

◆ 必备知识

3.2.1 伺服系统的工作原理

数控机床的伺服系统一般由驱动单元、机械传动部件、执行件和检测反馈环节等组成。驱动单元和驱动元件组成伺服驱动系统;机械传动部件和执行元件组成机械传动系统;检测元件和反馈电路组成检测装置,又称检测系统,如图 3-2-1 所示。

进给伺服系统是以机床移动部件位置为控制量的自动控制系统,它根据数控系统插补运算生成的位置指令,精确地变换为机床移动部件的位移,直接反映了机床坐标轴跟踪运动指令和实际定位的性能。换言之,伺服系统接收数控系统发出的位移、速度指令,经

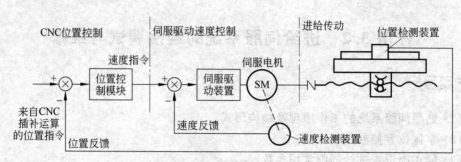

图 3-2-1　闭环控制系统框图

变换、放大与调整后，由电机和机械传动机构驱动机床坐标轴、主轴带动工作台及刀架，通过轴的联动使刀具相对工件产生各种复杂的机械运动，从而加工出用户所需的工件。

3.2.2　进给伺服系统的分类

1. 开环进给伺服系统

开环进给伺服系统是数控机床中最简单的伺服系统，执行元件一般为步进电机，其控制原理如图 3-2-2 所示。

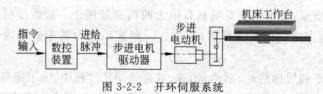

图 3-2-2　开环伺服系统

在开环进给伺服系统中，数控装置发出的指令脉冲经驱动线路，送到步进电机，使其输出轴转过一定的角度，再通过齿轮副和丝杠螺母副带动机床工作台移动。步进电机的旋转速度取决于指令脉冲的频率，转角的大小由指令脉冲数所决定。由于没有检测反馈装置，系统中各个部分的误差如步进电动机的步距误差、起停误差、机械系统的误差（反向间隙、丝杠螺距误差）等都会成为系统的位置误差，所以其精度较低，速度也受到步进电动机性能的限制。

2. 闭环进给伺服系统

因为开环系统的精度不能很好地满足数控机床的要求，所以为了保证精度，最根本的办法是采用闭环控制方式。闭环控制系统是采用直线型位置检测装置（直线感应同步器、长光栅等）对数控机床工作台位移进行直接测量并进行反馈控制的位置伺服系统，其控制原理如图 3-2-3 所示。

闭环控制系统的特点是精度较高，但系统的结构较复杂、成本高，且调试维修较难，因此适用于大型精密机床。

3. 半闭环进给伺服系统

采用旋转型角度测量元件（脉冲编码器、旋转变压器、圆感应同步器等）和伺服电动机按照反馈控制原理构成的位置伺服系统，称为半闭环控制系统，其控制原理如图 3-2-4 所示。半闭环控制系统的检测装置有两种安装方式：一种是把角位移检测装置安装在丝杠

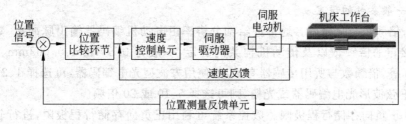

图 3-2-3 闭环伺服系统

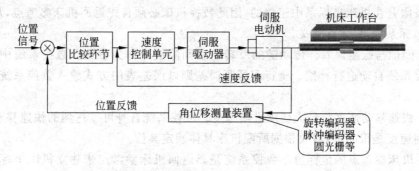

图 3-2-4 半闭环伺服系统

末端;另一种是把角位移检测装置安装在电动机轴端。

半闭环控制系统的精度比闭环要差一些,但驱动功率大,快速响应好,因此适用于各种数控机床。对半闭环控制系统的机械误差,可以在数控装置中通过间隙补偿和螺距误差补偿来减小。

4. 混合控制闭环(双闭环)进给伺服系统

这种结构中,位置量的测量同时使用了两种元件:脉冲编码器和直线光栅尺。

另外,编码器还和半闭环一样,同时兼用于速度反馈,如图 3-2-5 所示。由于有两种位置反馈,故系统精度较高,跟随性好。

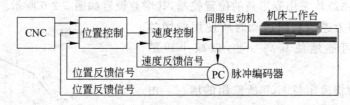

图 3-2-5 混合控制进给伺服系统

3.2.3 进给伺服系统的控制参数

对机床厂家来说,数控系统所配伺服单元是作为一个整体购买的,伺服单元本身即可完成电流环与速度环的控制,而位置环(即位置控制)则由数控装置来完成。电流环、速度环及位置环构成了所谓的三环系统。

在数控系统与机床配接的二次开发过程中,参数设置是非常重要的。常用的进给伺服控制参数介绍如下。

1. 一般参数的设定

(1) 倍频数与分辨率。通常进给轴分辨率由电动机编码器输出脉冲数、数控装置位置检测接口的倍频数以及传动机构共同决定，一般为 0.001mm、0.002mm、0.005mm、0.01mm 等。倍频数与所用传感器有关，如使用方波型光电编码器，可选择 1、2 或 4 倍频；如使用正弦波形光电编码器或光栅，则可选择 5、10 或 20 倍频。

(2) 正负向存储行程极限。数控系统可利用正负向存储行程极限，进行软件限位保护，因此有时也称为软极限。它通常设定在进给轴超程限位开关的内侧。应注意的是，存储行程极限是在机床坐标系中建立的，因此数控机床必须首先返回机床参考点，从而建立起机床坐标系后，它才有意义。

(3) 间隙与螺距误差。传动链的反转空程间隙值可作为参数在数控系统中设定，然后由数控系统自动进行补偿。全行程螺距误差则以误差表的方式输入数控系统，进行自动补偿。

(4) 快速移动速度与最大切削进给速度。数控系统自身可以达到的快速移动速度与最大切削速度是很高的，需要根据所配机床具体确定其值。

(5) 机床参考点的坐标值。数控系统是靠返回机床参考点来建立机床坐标系的，因此，须设定机床参考点在机床坐标系中的坐标值。

(6) 到位范围。由于运动过程中跟随误差的存在，通常轮廓的转接为圆角过渡。如指令为尖角过渡，则数控系统每执行完一个运动程序段，自动判别跟随误差是否小于到位范围，如不满足，即处于等待状态，直至跟随误差修正至小于到位范围才执行下一程序段。需要注意的是，如果伺服系统存在一定的死区，到位范围又设置得太小，则数控装置无法将跟随误差修正至小于到位范围，从而造成数控装置死机（即一直等待下去）。通常典型到位范围值为 $10\mu m$。

2. 位置控制的增益设定

增益是数控机床伺服系统的重要指标之一，它对稳态精度和动态精度都有很大的影响。现代数控系统均采用变增益的位置控制，其增益设置如图 3-2-6 所示。

(1) K_1 即为进给切削运动时所使用的增益值，一般要尽可能地使其高一些，以减小跟随误差。

(2) K_2 为快速定位 G00 所使用的增益。由于快速定位时不进行切削加工，为减小启动、制动时的加速度，从而减小对机床进给机构的冲击，可将位置增益减小为 K_2。K_2 一般为 K_1 的 50%～80%，图 3-2-6 中的 E_{max} 即为 G00 定位时所对应的跟随误差。

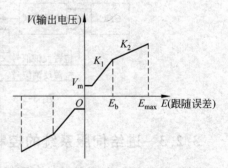

图 3-2-6　变增益位置控制增益设置

(3) E_b 为变增益转折点。一般应设定为比机床最高切削速度所对应的跟随误差略大一些。

(4) V_m 为最小模拟电压输出值。伺服单元存在一定的死区，即当模拟控制电压小于一定值后，伺服单元已无法感测到其值，电动机停止运动，这样就无法修正剩余的跟随误差。选择一定的最小输出电压则可克服这一现象。但应注意，如果 V_m 选择得过大，则可能在定位处出现严重的震荡现象。

3. 升降速参数

进给轴运动的速度变化可分为无升降速、直线升降速与指数升降速三种。其速度与加速度变化曲线如图 3-2-7 所示。

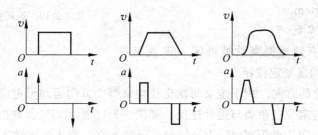

　(a) 无升降速处理　　(b) 直线升降速处理　　(c) 指数升降速处理

图 3-2-7　不同升降速处理对应的速度与加速度曲线

无升降速处理见图 3-2-7(a)，在速度变化瞬间，加速度为无穷大，这时会产生很大的机械冲击，因此通常不采用。而直线升降速处理的加速度限制在一定范围之内，见图 3-2-7(b)。指数升降速处理见图 3-2-7(c)，其加速度的变化无突变，速度变化更加平滑。因此后两种方法被大量采用。

(1) 直线升降速时间。用户根据负载惯量核算最大可达到的加速度，从而确定加速至最高速所需时间，如图 3-2-8 中的 P_1。

(2) 指数升降速时间。对指数升降速曲线须设置加减速总时间（见图 3-2-9 中 P_1）与加速度升降时间（见图 3-2-9 中 P_2）。

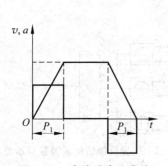

图 3-2-8　直线升降速曲线

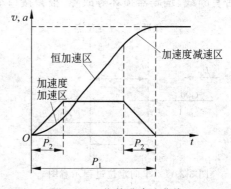

图 3-2-9　指数升降速曲线

4. 返回参考点参数

国内外不同数控系统返回参考点的动作有所不同，但都须经过快速寻找粗定位开关与低速寻找栅格零点 C 两个步骤。以 FANUC 0i 系统为例，其返回参考点动作如图 3-2-10 所示，需设定如下参数。

(1) 快速寻找粗定位开关方向与速度 F_a。由于粗定位开关通常安装于靠近丝杠的末端处,因此,须设定快速寻找粗定位开关方向与快速移动速度。

（2）低速寻找栅格零点 C 的速度 F_b。为确保机床参考零点的精度,数控系统均采用每转一个的寻找编码器零位电脉冲信号,并且寻找速度要低,例如 100mm/min。

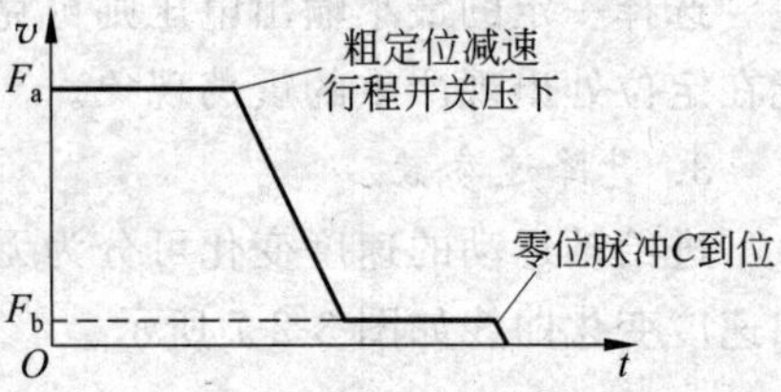

图 3-2-10　返回参考点动作

5. 单向定位参数

单向定位可有效地提高数控机床 G00 快速运动至该定位点的重复定位精度。

（1）单向定位的方向。用于定义每次定位均从哪个方向运动至定位点。

（2）接近点与定位点距离与运动速度。如图 3-2-11 所示,P_1 参数指明单向定位的方向,P_2 为接近点与定位点距离,P_3 为最终定位运动速度。当指令运动方向与 P_1 一致时,则首先运动至接近点（未达到定位点）,再以 P_3 速度运动至定位点;当指定运动方向与 P_1 相反时,则首先运动超过定位点至接近点,再反向以 P_3 速度运动至定位点。

6. 报警保护参数设定

（1）超速保护速度设定。通过对计数频率的判别,数控系统对超速运动提供报警保护功能。

（2）最大跟随误差报警。跟随误差作为位置控制过程中的一个重要数据,可用于较全面的判断位置控制是否处于正常状态。最大跟随误差的理论值为 $E_{max} = v_{max}/K$,式中 v_{max} 为最高进给速度,K 为位置开环增益。通常最大跟随误差报警参数设定为理论值的 1.5～2 倍。

（3）位置反馈断线报警。如设定该参数有效,则数控系统监视位置编码器的反馈线是否有断线、编码器损坏等故障,报警接口举例如图 3-2-12 所示。

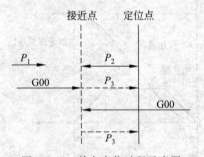

图 3-2-11　单向定位过程示意图

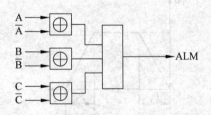

图 3-2-12　位置反馈断线报警接口示意图

正常工作时 ALM 为高电平。当有任意线断开时,其相应的异或门输出为低电平,从而使 ALM 变为低电平。

3.2.4　FANUC i 系列伺服驱动系统

1. βi 系列伺服电机和伺服系统

2000 年以后,FANUC 公司推出 i 系列伺服驱动器,CNC 和伺服驱动器之间采用总线结构连接,称之为 FSSB(FANUC SERIAL SERVO BUS,FANUC 串行伺服总线),反馈装置采用高分辨率的编码器,分辨率可达 100 万～3200 万/转,各伺服轴挂在 FSSB 总线上,实现总线控制结构。目前 FANUC 公司生产的伺服驱动有 αi、βi、αi-B 和 βi-B 等系列产品。

FANUC 0i/Mate C/D 系统配置 βi 系列伺服放大器和伺服电机。这一系列的伺服放大器有两类可供机床选配,独立伺服放大器 βiSV 可用于车床类或铣床类,集成主轴驱动和伺服驱动的伺服放大器 βiSVPM 则可用于加工中心类机床。图 3-2-13 为 βi 伺服系统组成示意图。图 3-2-14 为 βiSVPM 控制结构示意图。

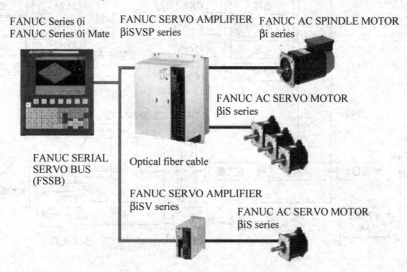

图 3-2-13　βi 系列伺服系统的组成

2. 基本控制接口

βi 系列伺服放大器的主电源采用 AC 三相 200V 供电,控制电源为 DC24V,允许的波动范围为±10%。图 3-2-15 所示为 βiSVPM 伺服接口布置图,为便于说明,各接口位置均标以数字。

(1) 电源接口

TB1:标号⑳处,是主电源输入端接口,接三相交流电源 200V,50/60Hz。

CZ2L、CZ2M、CZ2N:标号分别为㉑、㉒、㉓处,依次是连接 X、Y、Z 伺服电动机的动力线接口。

(2) 控制信号接口

CX3:标号③处,主接触器通/断控制,输出驱动能力为 AC250V/2A。

CX4:标号④处,为外部急停信号触点输入接口。

CXA2C:标号⑤处,接外部 24V 直流电源,用于给伺服系统提供控制电源。

COP10B:标号⑥处,驱动器 FSSB 总线,用于连接上一个 FSSB 从站或 CNC。

(3) 伺服电机编码器反馈信号接口

JF1、JF2、JF3:标号分别为⑧、⑨、⑩处,依次是 X、Y、Z 轴电机编码器反馈信号接口。

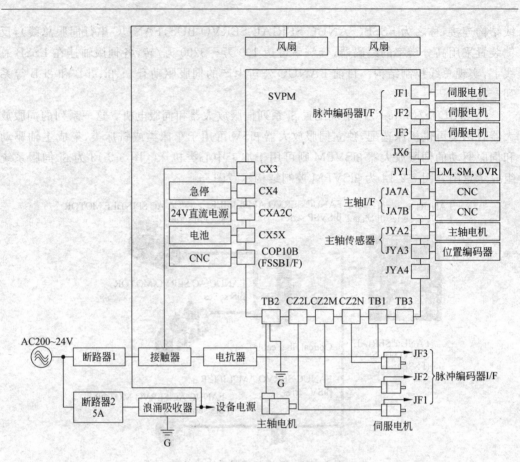

图 3-2-14　βi 系列伺服系统控制示意图

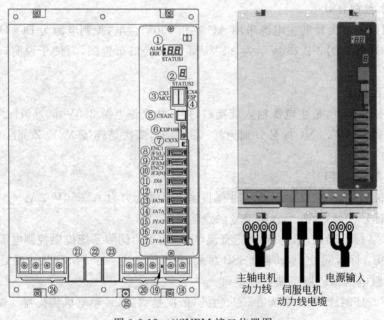

图 3-2-15　βiSVPM 接口位置图

3.2.5 FANUC 伺服系统参数的设置

FANUC 伺服系统的控制软件存储在控制系统的 FROM 存储器中,包括 FANUC 所有电机型号和规格的伺服数据。在将系统运用于某一机床时,需要从中选择该机床所配置电机规格对应的伺服参数,以实现电机与机床的匹配。因此,在伺服初次通电调试时,需要确定各伺服轴电机的规格,将相应的伺服数据写入数据存储器,以便之后系统能进行实时运算控制。这一过程称为"伺服参数初始化"。

图 3-2-16 所示为 FANUC 0i 系列伺服参数设置页面。其中参数依次说明如下。

```
     SERVO SETTING
                            X AXIS      Y AXIS
(1)  INITIAL SET BIT      00000000    00000000   ⇐ PRM 2000
(2)  MOTOR ID NO.               47          47   ⇐ PRM 2020
(3)  AMR                  00000000    00000000   ⇐ PRM 2001
(4)  CMR                         2           2   ⇐ PRM 1820
(5)  FEED GEAR N                 1           1   ⇐ PRM 2084
(6)           (N/M) M          125         125   ⇐ PRM 2085
(7)  DIRECTION SET             111         111   ⇐ PRM 2022
(8)  VELOCITY PULSE NO.        8192        8192  ⇐ PRM 2023
(9)  POSITION PULSE NO.       12500       12500  ⇐ PRM 2024
(10) REF. COUNTER             8000        8000   ⇐ PRM 1821
```

图 3-2-16 FANUC 0i 伺服参数设置页面

(1) 初始化位(INITIAL SET BIT):该参数的♯1 位用于设定是否进行数字伺服参数的初始化设定。

(2) 电机代码(MOTOR ID NO.):按照电机型号和规格从电机规格表中选择相应的电机代码。

(3) AMR 功能参数设定:该参数 FANUC 默认为 0。

(4) 指令倍乘比(CMR):使 CNC 指令脉冲与来自检测器脉冲的反馈当量匹配的常数。

(5)、(6) 柔性进给齿轮比:设定进给传动比。

(7) 电机回转方向(DIRECTION SET):通过该参数设定,改变电机旋转方向。

(8) 速度脉冲数(VELOCITY PULSE NO.)。

(9) 位置脉冲数(POSITION PULSE NO.)。

(10) 参考计数容量(REF. COUNTER):电机旋转一转所需的位置反馈脉冲数。

需要注意的是,数控机床安装调试时,机床必须处于急停状态。

3.2.6 任务实施:连接和调试 FANUC βi 进给伺服系统

本任务以配置 FANUC 0i-Mate-C 系统的 7125 加工中心为对象,进行进给系统的连接调试。在完成任务 3.1 中的相关连接后,按照电气原理图 3-2-17~图 3-2-21 所示,正确连接电缆线并检查无误后,给伺服系统通电,设置伺服参数。

所使用电气元件在表 3-1-5 的基础上,还需增加表 3-2-1 所列的电气元件。

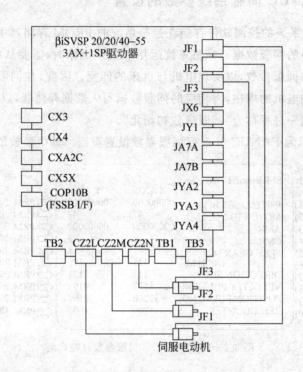

图 3-2-17 进给伺服系统电气连接原理图

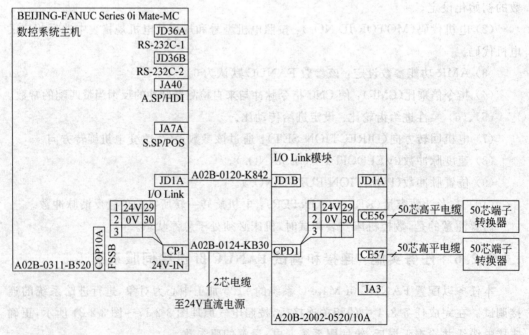

图 3-2-18 I/O Link 模块连接示意图

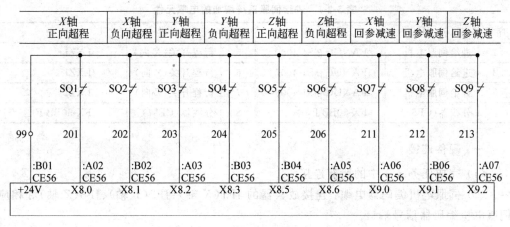

图 3-2-19　I/O 接口连接图（行程开关）

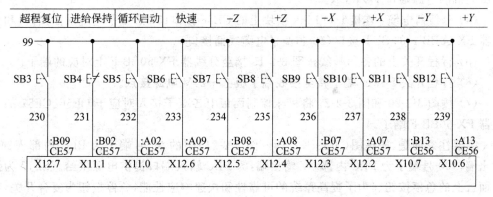

图 3-2-20　I/O 接口连接图（机床操作面板 1）

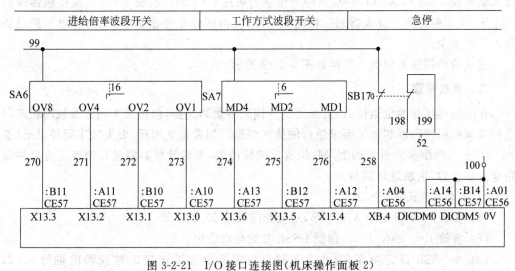

图 3-2-21　I/O 接口连接图（机床操作面板 2）

表 3-2-1　进给伺服系统增加的电气元件

序号	元　件	型　号	序号	元　件	型　号
1	进给伺服电机	FANUC βiS4-4000	5	行程开关（X 向）	LXZ1
2	进给伺服电机	FANUC βiS4-4000	6	行程开关（Y 向）	LXZ1
3	进给伺服电机	FANUC βiS4-4000	7	行程开关（Z 向）	LXZ1
4	分线器（CE56）	FX-50BB-F	8	分线器（CE57）	FX-50BB-F

一、硬件连接

（1）完成任务 3.1 中的所有连接。

（2）伺服电机编码器电缆：连接放大器的 JF1（X 轴）、JF2（Y 轴）、JF3（Z 轴）和相应伺服电机编码器信号端口。

（3）伺服电机电源电缆：连接放大器的 CZ2L（X 轴）、CZ2M（Y 轴）、CZ2N（Z 轴）和伺服电机的电源端口 POWER。

（4）分线器电缆：连接 I/O Link 模块上的 CE56 接口（50 芯偏平电缆线插接口）和分线器 FX-50BB-F 的 SET 接口（50 芯偏平电缆线插接口）。

（5）行程开关上的各信号线按图 3-2-19 接至分线器 FX-50BB-F 上对应的端子。

（6）行程开关 Power 端子接至接线端子板上＋24V 电源接点。

（7）按图 3-2-20 和图 3-2-21 将机床控制面板上各端子接入对应于 CE56、CE57 的分线器 FX-50BB-F 端子。

需要注意的是，原理图（见图 3-2-19～图 3-2-21）中的 99 号端子为 PLC 内部＋24V 输出端，100 号端子为 PLC 内部 0V 输出端，为 PLC 输入端口提供电源供给。SB17 为操作面板上的急停按钮。为了提高系统的可靠性和快速响应性能，急停按钮为复合开关，有两组触点，一组接至 PLC 的输入口 X8.4，主要用于系统内部急停报警显示；另一组直接接入驱动放大器的 CX4 口，一旦急停产生立刻通过 CX3 端口切断 KM2 交流接触器线圈的电压，从而断开驱动放大器的三相输入电源，使机床处于停止状态，从而有效保护设备和人员的安全。

完成后的伺服系统电气连接如图 3-2-22 所示。

二、参数设置

在系统连接并通电运行后，首先要进行伺服参数的调整，包括基本伺服参数的设定以及按机床的机械特性和加工要求进行的优化调整。如果是全闭环，要先按半闭环设定（参数 1815♯1，伺服参数画面的 N/M，位置反馈脉冲数，参考计数器容量），调整正常后再设定全闭环参数，重新进行调整。

1. 基本参数设定（FSSB）

（1）参数 1023 设定为 1、2、3 等，对应光缆接口 X、Y、Z 等。

（2）参数 1902 的位 1＝0，伺服 FSSB 参数自动设定。

（3）在 FSSB 设定画面（见图 3-2-23），指定各放大器连接的被控轴的轴号（1，2，3 等）。

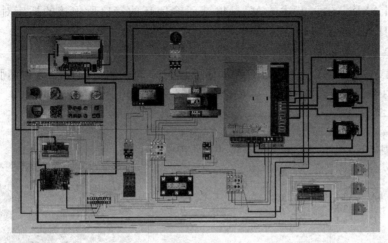

图 3-2-22　进给伺服系统电气连接图

$$\Big[\ \text{AMP}\ \Big]\Big[\ \text{AXIS}\ \Big]\Big[\text{MAINTE}\Big]\Big[\qquad\Big]\Big[\ (\text{OPRT})\ \Big]$$

图 3-2-23　FSSB 设定画面

（4）在 CUR 下面会显示放大器的电流（如 40A），如果没有显示，则检查伺服放大器是否有电或光缆是否正确连接。

（5）按［SETTING］软键（若显示警告信息，请重新设定）。相关显示如图 3-2-24 所示。

```
AMPLIFIER SETTING            O1000  N00001
NO.  AMP    SERIES   UNIT    CUR.  AXIS NAME
 1   A1-L     α      SVM-HV  40AL   1    X
 2   A1-M     α      SVM     12A    2    Y
 3   A2-L     β      SVM     40A    3    Z
 4   A3-L     α      SVM     20A    4    A
 5   A3-M     α      SVM     40A    5    B
 7   A4-L     α      SVU     240A   6    C


NO.  EXTRA  TYPE   PCB ID
 6   M1      A     0000 DETECTOR(8AXES)
 8   M2      B     12AB
>_
MDI **** *** ***              13:11:56
[ AMP ]  [ AXIS ]  [ MAINTE ] [        ] [(OPRT)]
```

图 3-2-24　伺服放大器设置

（6）先按［AMP］（放大器），再按［OPRT］，接着选择［SETTING］，如果正常设定，会出现 000 报警，关机再开机。

（7）在轴设定画面上，指定关于轴的信息，如分离型检测器接口单元的连接器号。

（8）按［SETTING］软键（若显示警告信息，重复上述步骤），此时，应关闭电源，然后开机，如果没有出现 5138 报警，则设定完成。显示如图 3-2-25 所示画面。

（9）按［AXIS］（轴），上述的 M1，M2 表示全闭环的接口所连接的插座对应的轴，比如：M1 的 JF101 连接 Y 轴位置反馈，则在上面的 Y 行的 M1 处设定为 1。

2. 伺服参数初始化设定

首先把 3111♯0 SVS 设定为 1 显示伺服设定和伺服调整画面。翻到伺服参数设定画面，如图 3-2-26 所示，设定以下各项参数（如果是全闭环，先按半闭环设定）。

```
AXIS SETTING                    O1000  N00001
AXIS  NAME AMP    M1 M2    1-DSF  Ca  TNDM
1      X    A1-L   0  0      0    0    1
2      Y    A1-M   1  0      1    0    0
3      Z    A2-L   0  0      0    1    0
4      A    A3-L   0  0      0    0    2
5      B    A3-M   0  0      0    0    0
6      C    A4-L   0  0      0    0    0

>_
MDI **** *** ***              13:11:56
[ AMP ][  AXIS  ][ MAINTE ][    ][(OPRT)]
```

图 3-2-25　轴设置完成画面

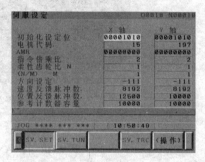

图 3-2-26　伺服参数设定画面

（1）第一项（初始化设定位 INITIAL SET BITS）设定为 0000000，第二项为电机代码（MORTOR ID NO.），按照电机型号和规格（电机型号 A06B-××××-B××× 中间 4 位），从电机代码表中查出；第三项不设定；第四项指令倍乘比 CMR＝2（车床的 X 轴为 1）。

（2）第五项柔性齿轮比 N/M 按以下公式计算：

$$\frac{N}{M} = \frac{\text{电机每转动 1 圈所需的位置脉冲数}}{100 \text{ 万}} \text{ 的约分数}$$

例如，直线运动轴，直接连接螺距 10mm/rev 的滚珠丝杠，检测单位为 $1\mu m$ 时电机每旋转一周（10mm）所需的脉冲数为 $10/0.001 = 10000$ 脉冲，则柔性齿轮比为

$$\frac{N}{M} = \frac{\text{柔性齿轮比分子}}{\text{柔性齿轮比分母}} = \frac{10000}{100 \text{ 万}} = \frac{1}{100}$$

（3）第六项方向设定即设置电机的旋转方向：标准设 111，如果需要设定相反的方向，则设－111。

（4）设置第七项速度反馈脉冲数为 8192，第八项位置反馈脉冲数为 12 500。

（5）设置第九项参考计数器容量：按电机每转所反馈回来的位置脉冲数（如果设定不合适，回零将不准）。如果回零减速挡块太短或位置不合适也会导致回零不准。

以上参数设定完成后，关断系统电源，重新开机，则伺服初始化设定完成，第一项参数的 ♯3 位自动变为"1"。

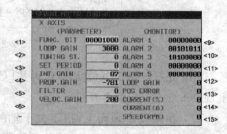

图 3-2-27　伺服调整画面

3. 伺服调整画面

图 3-2-27 所示为伺服调整画面，正确合理地调整这些参数可提高机床的进给系统的性能。

右侧的报警 ALARM1~ALARM5 在诊断页面中可以看到，如图 3-2-28 所示。

图 3-2-28　伺服调整画面中报警在诊断页面中的显示值

（1）设定时，首先将功能位 FANUC.BIT（PRM2003）的位 3（PI）设定为 1（冲床为 0），回路增益 LOOP GAIN（PRM 1825）设定为 3000，比例增益 INI.GAIN 和积分增益 PROP.GAIN 不要改，速度增益 VELOC.GAIN 从 200 增加，每加 100 后，用 JOG 移动坐标，看是否振动，或看伺服波形（见图 3-2-29）是否平滑。

注意：速度增益＝[负载惯量比（参数 2021）＋256]/256×100。负载惯量比表示电机的惯量和负载的惯量比，直接和具体的机床相关，因此一定要调整。

（2）伺服波形显示：设定参数 3112♯0=1（注意：调整完后，一定要还原为 0），关机再开。

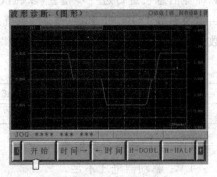

图 3-2-29　伺服波形

采样时间设定 5000，如果调整 X 轴，设定数据为 51，检查实际速度。如果在启动时，波形不光滑，则表示伺服增益不够，需要再提高。如果在中间的直线上有波动，则可能由于高增益引起的振动，这可通过设定参数 2066＝－10（增加伺服电流环 250μm）来改变，如果还有振动，可调整画面中的滤波器值（参数 2067）=2000 左右，再按上述步骤调整。

4. 伺服增益参数的自动调整

为了简化伺服调整过程，方便实现最佳的伺服调整效果，FANUC 公司将经验丰富的技术人员总结的高速、高精度参数集成到 FANUC 0i-D 系列数控系统，以改善零件加工的轮廓精度。伺服调整时，只要按压两次软键就可以完成所有相关参数的设定，如图 3-2-30

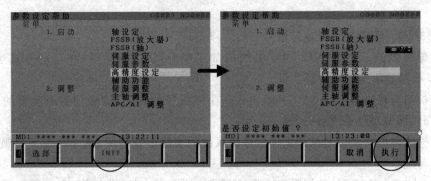

图 3-2-30　伺服增益参数的"一键调整"

所示,实现伺服参数"一键调整"。大部分数控机床按此设定都可以大幅度提高机床的加工精度。该操作给不熟悉高速高精度相关参数的调试人员带来了便利。

常见故障处理及诊断实例

一、FANUC 0i 系列伺服驱动装置的自诊断

FANUC 0i 系列伺服驱动装置内具有微处理器,除可完成对自身的自检工作外,在CNC 系统中还可对其进行检测和诊断。如可在 CRT 显示器上显示伺服数据或波形、故障信息、报警信号,还可以进行伺服系统的设定、调整以及动态诊断。

伺服单元面板上的状态指示灯、七段数码管可以显示伺服系统的当前状态和报警信息。通过 CNC 系统诊断参数,对各伺服轴的驱动报警以及位置编码器 A 相、B 相、零位脉冲等信息可进行进一步检查,以确认故障发生的部位与原因。如在系统的诊断页面中,当诊断参数 DGN203 Bit4＝1 时,系统出现伺服报警(ALM417)的原因,可以通过诊断参数 DGN200 进行检查,诊断参数 DGN200 的具体含义介绍如表 3-2-2 所示。

表　3-2-2

DGN200	Bit7	Bit6	Bit5	Bit4	Bit3	Bit2	Bit1	Bit0
信号名称	OVL	LV	OVC	HCAL	HVAL	DCAL	FBAL	OGAL

OVL：驱动器过载报警。

LV：驱动器电压不足。

OVC：驱动器过电流报警。

HCAL：驱动器电流异常报警。

HVAL：驱动器过电压报警。

DCAL：驱动器直流母线回路报警。

FBAL：驱动器断线报警。

OGAL：计数溢出报警。

二、伺服系统常见故障及诊断实例

1. 有关"伺服单元未准备好"的报警信息

伺服单元电源没有加载、本身出现故障等都会引起系统出现"NOT READY"报警信息。

例 3-2-1　驱动器无准备好信号。

故障现象：一台 FANUC 0M 系统的加工中心,机床启动后,在自动方式运行下,CRT 显示器显示 401 号报警。

分析与处理过程：FANUC 0M 出现 401 号报警的含义是"轴伺服驱动器的 VRDY信号断开,即驱动器未准备好"。

根据故障的含义以及机床上伺服进给系统的实际配置情况,维修时按下列顺序进行了检查与确认。

(1) 检查 L/M/N 轴的伺服驱动器,发现驱动器的状态指示灯 PRDY、VRDY 均不亮。

（2）检查伺服驱动器电源 AC100V、AC18V 均正常。

（3）测量驱动器控制板上的辅助控制电压，发现 $\pm 24V$、$\pm 15V$ 异常。

根据以上检查，可以初步确定故障与驱动器的控制电源有关。

仔细检查输入电源，发现 X 轴伺服驱动器上的输入电源熔断器电阻大于 $2M\Omega$，远远超出规定值。经更换熔断器后，再次测量直流辅助电压，$\pm 24V$、$\pm 15V$ 恢复正常，状态指示灯 PRDY、VRDY 均恢复正常，重新运行机床，401 号报警消失。

2. 有关"伺服系统异常"的报警信息

伺服系统自身出现故障，除了在系统 CRT 显示器上会显示报警文本信息外，往往在驱动器上也会有相应的指示灯或数码管显示，以提示报警。

例 3-2-2 FANUC α 伺服驱动器出现报警"8"的故障维修。

故障现象：采用 FANUC 0M 数控系统的立式加工中心，在加工过程中，CRT 显示器上出现 ALM414 报警，伺服驱动器上显示报警"8"。

故障分析：该机床采用的是 FANUC α 系列数字伺服驱动系统，通过查阅系统维修手册可知，系统 ALM414 报警的含义为"X 轴的数字伺服系统错误"，驱动器上显示"8"，表示 L 轴（在机床上为 X 轴）过电流。

根据报警显示内容，通过机床自诊断功能，检查诊断参数 DGN720，发现其第 4 位为"1"，即 X 轴出现过电流（HCAL）报警。

FANUC 数字伺服 X 轴产生 HCAL 报警的原因主要有以下几种。

（1）X 轴伺服电动机的电枢线产生错误。

（2）伺服驱动器内部的晶体管模块损坏。

（3）X 轴伺服电动机绕组内部短路。

（4）伺服驱动器的主板 PCB 损坏。

根据故障情况，由于发生故障前机床可以正常工作，故基本可以排除 X 轴伺服电动机连接错误的可能性。

处理过程：测量 X 轴伺服电动机的电枢绕组，发现三相绕组电阻相同，阻值在正常的范围内，故可以排除电动机绕组内部短路这个原因。

检查伺服驱动器内部的晶体管模块，用万用表测得电源输入端的相间电阻只有 6Ω，低于正常值。因此，可以初步判定驱动器内部晶体管模块损坏。

经仔细检查确认晶体管模块已经损坏；更换晶体管模块后，故障排除。

3. 有关"伺服超差"的报警信息

当伺服运动超过允许的误差范围时，数控系统就会产生位置误差过大报警，包括跟随误差、轮廓误差和定位误差等。引起这类故障的主要原因有：系统设定的允差范围过小、伺服系统增益设置不当、位置检测装置有污染、进给传动链累积误差大、主轴箱垂直运动时平衡装置不稳。

例 3-2-3 伺服驱动器故障引起跟随误差超差报警。

故障现象：某配套 SIEMENS PRIM 0S 系统、6RA26** 系列直流伺服驱动系统的数控滚齿机，开机后移动机床的 Z 轴，系统发生"ERR22 跟随误差超差"报警。

分析与处理过程：数控机床发生跟随误差超差报警，其实质是实际机床不能到达指令的位置。引起这一故障的原因通常是伺服系统故障或机床机械传动系统故障。

由于机床伺服进给系统为全闭环结构，无法通过脱开电动机与机械部分的连接进行试验，为了确认故障部位，所以在维修时首先在机床断电、松开夹紧机构的情况下，手动转动 Z 轴丝杠。未发现机械传动系统的异常，初步判定故障是由伺服系统或数控装置不良引起的。

为了进一步确定故障部位，维修时在系统接通的情况下，利用手轮少量移动 Z 轴（移动距离应控制在系统设定的最大允许跟随误差以内，防止出现跟随误差报警），测量 Z 轴直流驱动器的速度给定电压，经检查发现速度给定有电压输入，其大小与手轮移动的距离、方向有关。由此可以确认数控装置工作正常，故障是由于伺服驱动器的不良引起的。

检查驱动器发现，驱动器本身状态指示灯无报警，基本上可以排除驱动器主回路的故障。考虑到该机床 X、Z 轴驱动器型号相同，通过逐一交换驱动器的控制板，确认故障部位在 6RA26** 直流驱动器的 A2 板。

根据 SIEMENS 6RA26** 系列直流伺服驱动器的原理图，逐一检查、测量各级信号，最后确认故障原因是 A2 板上的集成电压比较器 N7（型号：LM348）不良引起的。更换后，机床恢复正常。

4. 过热类报警

当伺服放大器过热或伺服电机过热时，产生此类报警。当进给运动的负载过大、频繁正反向运动，以及进给传动润滑状态和过载检测电路不良时，都会引起过载报警。

例 3-2-4 配置 FANUC 0i 系统的机床出现过载报警[400]～[402]。

故障分析：伺服放大器侧具有过载检查的功能，过载信号是通过常闭（动断）开关传输的。当放大器的温度升高引起常闭开关动作时即产生报警。一般情况下，该常闭开关和变压器的过热常闭开关以及外置放电单元的过热常闭开关串联在一起。当过载检查信号的状态有效时，伺服系统通过 PWM 指令电缆通知给系统，如图 3-2-31 所示。

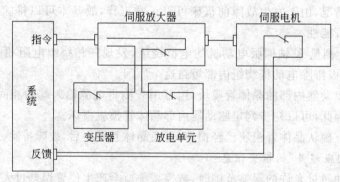

图 3-2-31 过载报警检测电路

伺服电机过载常闭开关用于检查伺服电机是否过热，当伺服电机过热时，该常闭开关动作产生报警，并通过电动机反馈电缆通知系统。

处理步骤：

（1）根据系统维修手册，查出产生报警的轴。

（2）检查伺服电机或伺服驱动器是否过热。

（3）如果伺服放大器、变压器、放电单元或伺服电机过热，按照先机械后电气的原则，检查故障是否是由于机械负载过大、切削量过大、加减速的频率过高等原因引起。

（4）如果伺服单元或者电动机不过热，检查外置型放电单元的过热信号线的连接是否可靠，各信号的接口是否正常，各过热开关能否正常动作。

例 3-2-5　FANUC ALM411、ALM414 报警故障维修。

故障现象：某配套 FANUC 0i 系统、αi 系列伺服驱动的立式数控铣床，在自动加工过程中突然出现 ALM411、ALM414 报警。

分析与处理过程：FANUC 0i 系统发生 ALM411 报警的含义是"移动过程中位置偏差过大"；ALM414 的含义是"数字伺服报警（Z—Axis DETECTION SYSTEM ERROR）"。

检查 Z 驱动器显示"8"，表明 Z 轴 IPM 报警，可能的原因是 Z 轴过电流、过热或 IPM 控制电压过低。利用系统诊断参数 DGN200 检查发现 DGN200 Bit5＝"1"，表明 Z 轴驱动器出现过电流报警。

根据以上诊断、检查，可以初步确认故障原因为 Z 轴过电流。考虑到机床的伺服进给系统为半闭环结构，维修时脱开了电动机与丝杠间的联轴器，手动转动丝杠，发现该轴运动十分困难，由此确认故障原因在机械部分。

进一步检查机床机械部分，发现 Z 导轨表面无润滑油，检查机床润滑系统的定量分油器，确认定量分油器不良。更换定量分油器后，通过手动润滑较长时间，保证 Z 导轨润滑良好后，再次开机试验，报警消失，机床恢复正常工作。

例 3-2-6　只可以少量移动且电动机发热的故障维修。

故障现象：一台配套 FANUC 0M 的二手数控铣床，采用 FANUC S 系列三轴一体型伺服驱动器，开机后，X、Y 轴工作正常，但手动移动 Z 轴，发现 Z 轴只可以在较小的范围内移动，但继续移动 Z 轴，系统出现伺服报警。

分析与处理过程：根据故障现象，检查机床实际工作情况，发现开机后 Z 轴可以少量移动，不久温度迅速上升，表面发烫。分析检查此类故障的步骤如图 3-2-32 所示。

具体分析和检查步骤如下：

分析引起以上故障的原因，可能是机床电气控制系统故障或机械传动系统的不良。为了确定故障部位，考虑到本机床采用的是半闭环结构，维修时首先松开了伺服电动机与丝杠的连接，并再次开机试验，发现故障现象不变，故确认报警是由于电气控制系统的不良引起的。

由于机床 Z 轴伺服电动机带有制动器，开机后测量制动器的输入电压正常，在系统、驱动器关机的情况下，对制动器单独加入电源进行试验，手动转动 Z 轴，发现制动器已松开，手动转电动机轴平稳、轻松，证明制动器工作良好。

为了进一步缩小故障部位，确认 Z 轴伺服电动机的工作情况，维修时利用同规格的 X 轴电动机在机床侧进行了互换试验，发现换上的电动机同样出现发热现象，且工作时的故障现象不变，从而排除了伺服电动机本身的原因。

为了确认驱动器的工作情况，维修时在驱动器侧，对 X、Z 轴的驱动器进行了互换试验，即将 X 轴驱动器与 Z 轴伺服电动机连接，Z 轴驱动器与 X 轴电动机连接。经试验发现故障转移到了 X 轴，Z 轴工作恢复正常。

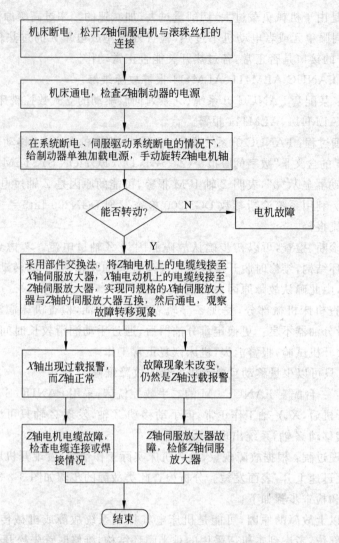

图 3-2-32　Z轴可以少量移动且电动机发热的故障诊断和检修流程

根据以上试验，可以确认以下几点。

（1）机床机械传动系统正常，制动器工作良好。

（2）数控系统工作正常。因为当 Z 轴驱动器带 X 轴电动机时，机床无报警。

（3）Z 轴伺服电动机工作正常。因为将它在机床侧与 X 轴电动机互换后，工作正常。

（4）Z 轴驱动器工作正常。因为通过 X 轴驱动器（无故障）在电柜侧互换，控制 Z 轴电动机后，同样发生故障。

综合以上判断，可以确认故障是由于 Z 轴伺服电动机的电缆连接引起的。

仔细检查伺服电动机的电缆连接，发现该机床在出厂时电动机的电枢线连接错误，即驱动器的 L/M/N 端子未与电动机插头的 A/B/C 连接端一一对应，相序存在错误；重新连接后故障消失，Z 轴可以正常工作。

5. 无报警类故障

通常在机床的振动、声响、爬行等不超过一定限度时,系统不会产生报警,回参考点不准、参数变化等系统也难以识别,但此时由于机床的运动特性发生变化,往往会造成加工零件的精度超差。出现这类故障时排查的难度较大,维修时只能根据出现故障前后的现象来分析判断。

随着自诊断技术的提高,在机床出现异常时,系统诊断功能提供的监控数据为故障判断提供了依据。此时,可以在系统的诊断页面查看这类信息,帮助维修。

例 3-2-7 自动加工过程中,机床出现暂停、过后又会自动运行的现象。

故障现象:一配置 FANUC 0i 的数控机床在自动加工过程中,经常出现偷停现象。特别是在 Z 轴移动后,出现偷停现象比较多。在出现此现象后,加工程序就不往下执行了,但可能几十秒后,加工程序又重新往下执行,有时又不行,机床就一直愣在那里没有发出任何的报警信息。

故障分析:在无任何报警信息的情况下,按 MDI 面板上的[SYSTEM]软键,再按[诊断]软键,调出系统的诊断功能画面,希望从中找到一点故障的线索。在对诊断功能画面进行查看时,发现诊断号 003 信号为 1,表明系统正在进行到位检测。于是查看诊断号为 300 的各伺服轴实时指令与实际位置偏差量,发现 Z 轴此项值为 50。定位的容许偏差值(到位宽度)是由参数 1826 设定的,只要各伺服轴实时指令与实际位置偏差量不超过参数 1826 中所设定的值,系统就认为伺服轴的定位完成,否则系统认为伺服轴的定位未完成,需要反复执行定位,加工程序也就无法往下执行。

检查这台机床的参数 1826 的值,发现参数设定 Z 轴的到位宽度值是 4,Z 轴的实际位置偏差量大于参数设定的到位宽度值,于是出现了此故障现象。

处理办法:参数 1825 是各轴的伺服环增益,与位置偏差量的关系为

$$位置偏差量 = \frac{进给速度}{60 \times 伺服环增益}$$

根据此公式,可以将 Z 轴的伺服环增益值适当减少,从而减少位置偏差量。在对参数 1825 进行适当的调整之后,Z 轴的位置偏差量减少为 1,即位置偏差量小于参数 1826 的设定值,故障排除。

知识拓展:FANUC 伺服系统高速高精度优化调整

伺服调整和优化分为两部分,即调整形状轮廓误差和抑制机械振动。

一、调整形状轮廓误差

1. 三环控制

数控系统的伺服控制多采用位置环、速度环及电流环三环控制(如图 3-2-33 所示),各环作用如下。

(1)位置环。接收数控单元(NC)的移动指令脉冲(Mcmd)与位置反馈脉冲比较运算,准确控制机床定位。

(2)速度环。接收位置环传入的速度指令(Vcmd),进行加减控制,抑制振荡。积分项(PK1V/S)对应参数 2043,在伺服画面中为 INT. GAIN 项;比例项(PK2V)对应参数

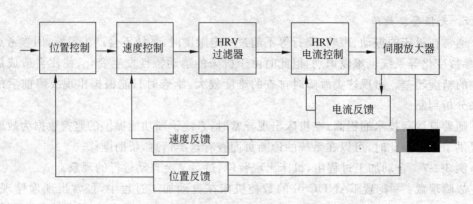

图 3-2-33　FANUC 伺服控制原理框图

2044,在伺服画面中为 PROP. GAIN 项。

（3）电流环。通过转矩指令（Tcmd）并根据实际负载的电流反馈状态对放大器实施脉宽调制（PWM）,输出转矩随负载转矩的变大而变大,反之亦然。

速度环和粗糙有关,位置环和轮廓形状有关,即调试或加工过程中出现问题,排除机械原因外,若从伺服控制的角度解决问题,粗糙度不良应调整速度环的参数;若出现轮廓形状误差变大,则应重点调整位置环。

2. 速度环参数调整

速度环中最关键的参数是负载惯量比。在伺服调整画面中,负载惯量比以速度增益（VELOC GAIN）形式出现。无负载时,负载惯量比为 0,因此速度增益为 100;负载与电机惯量相同时,负载惯量设为 256,这种状态称为惯量匹配,此时速度增益为 200。速度增益应尽量设高一些,一般设为 200。通过增大速度增益,可提高伺服刚性和伺服响应性,解决振动和粗糙不良等问题,但是过大的设定值会引起机床振动。

3. 位置环参数调整

位置环和轮廓精度有关,实际中加工一个圆,伺服调整软件 SERVO GUIDE 通过测圆修正形状轮廓误差。在位置环中调整形状轮廓误差时,涉及以下一些调整。

（1）前馈的调整。从数控系统发出指令到伺服系统驱动电机运动,这个过程会有一个滞后。伺服系统的滞后产生形状误差,圆弧切削时的实际机械位置与程序指令存在差异,前馈的功能就是减小形状误差,即电机先于指令动起来,使电机有一个提前运动量,以克服伺服系统的滞后。前馈的调整主要是调整前馈参数（FALPH）,0i 系统中对应参数是 2068,取值范围 9000～10000。AIAPC 精细加工、AICC 精密轮廓控制加工中对应参数 2092。每次调整值以 200 递增。

（2）各轴插补后切削进给的加减速时间常数的调整。如果值选取小,轴启动时加速度会急剧变化,容易出现冲击。取值范围一般从 24 开始设定,单位是 ms,每次以 8 个单位递增,如 32、40 等。普通加工情况下,0i 系统对应参数 1622,0i 系统的 AICC、AIAPC 中调整参数 1768。

（3）各轴伺服环增益的调整。在伺服调整画面中显示为 LOOP GAIN（位置环增益,取值范围为 3000～5000,单位为 $0.01s^{-1}$）,该参数很重要,环路增益越大,则位置控制的响应越快,形状误差变小,但如果过大,系统将不稳定,产生振动。

(4)反向间隙加速功能的调整。在机械系统中,如果反向间隙及摩擦很大,会造成电机反向时滞后,在圆弧切削时产生象限突起,即加工圆时在 0°、90°、180°、270°四处产生突起,除做反向间隙补偿外,还可使用反向间隙加速功能。相关参数如下:反向间隙加速功能有效,参数 2003 的♯3(第三位)均设为 1。反向间隙加速量,参数是 2048,设定值范围为 50～400,一般设为 100。反向间隙加速时间,参数是 2071,一般设为 20。

二、抑制机械振动

需要根据系统是全闭环还是半闭环分别处理,半闭环的位置检测信号来自伺服电机的编码器,全闭环的位置检测信号来自光栅尺或磁尺。

1. 系统半闭环时抑制振动的方法

(1)调整 $250\mu s$ 加速度功能。加速度反馈功能是用软件对电机的速度反馈信号微分而得到加速度,再将该值乘以加速度反馈增益以补偿转矩指令,抑制速度环的振荡。实际是估算机械负载,将估算值加到反馈中。适用情况:①电机与机械负载弹性连接。②机械惯量比电机惯量大。0i 系统对应参数是 2066,设定值-1～20。

(2)使用 HRV 滤波器(最常用)。使用 HRV 滤波器可抑制某种频域的振动,即过滤掉某些特定频率的振动。FANUC 0i 系列伺服控制器采用 HRV1～HRV4 高响应矢量控制技术,提高了伺服控制的刚性和跟踪精度,适合高精度轮廓加工。HRV1、HRV2、HRV3、HRV4 电流环响应速度依次越来越快。

HRV 滤波器中涉及的相关参数:①中心频率,产生振动时频率的中心部分。0i 系统对应参数是 2113。②带宽,振动时频率的范围,常设为 20。振动的中心频率和带宽必须要通过某种方法(如使用 SERVO GUIDE 软件或频率计等)检测出来。③阻尼值,对振动幅度抑制的程度,0i 系统对应参数是 2359,阻尼值常设为 5%或 10%,取值越小,抑制幅度越大。

2. 系统全闭环时抑制振动的方法

当电机与机床之间的转矩变化和间隙等较大时,如蜗轮蜗杆传动中,机床速度与电机速度在加减速时将会产生很大差异。可采用机械速度反馈功能,提前估算机床速度,加入速度控制中,以稳定整个位置环的功能。

课后思考与任务

(1)完成系统连接,为何开机后屏幕上显示"Emergency push button SW or..."?

(2)如何进行进给伺服的初始化设定?

(3)数控系统是如何实现位置控制的?

(4)简述进给伺服系统硬件连接的要点。

(5)查阅资料,了解 FANUC αi 系列伺服系统,并撰写报告,分析其与 βi 系列伺服系统的异同点。

任务 3.3　主轴伺服系统的连接调试与维修

◆ 学习目标

　　(1) 熟悉主轴电机的工作特性；

　　(2) 了解主轴变速机构的工作原理和目的；

　　(3) 掌握主轴准停装置的实现原理；

　　(4) 掌握 FANUC 0i 系统主轴信号的两种输出形式和连接方式；

　　(5) 掌握主轴装置故障诊断的常用方法。

◆ 任务说明

　　随着数控技术的不断发展，传统的主轴驱动已不能满足要求，现代数控机床对主传动提出了更高的要求。

　　(1) 较宽的调速范围。数控机床主传动要有较宽的调速范围，以保证加工时选用合理的切削用量，从而获得最佳的生产率、加工精度和表面质量。特别对多道工序自动换刀的数控机床——数控加工中心，为适应各种刀具、工序和各种材料的要求，对主轴的调速范围要求更高。

　　(2) 进行无级调速。主轴变速分为有级变速、无级变速和分段无级变速三种形式，其中有级变速仅用于经济型数控机床，大多数数控机床均采用无级变速或分段无级变速。

　　数控机床主轴的变速是依指令自动进行的，要求能在较宽的转速范围内进行无级调速，并减少中间传递环节，简化主轴箱。目前主轴驱动装置的调速范围已达 1∶100，这对中小型数控机床已经够用了。对于中型以上的数控机床，如要求主轴调速范围超过 1∶100，则需通过齿轮调速的方法解决。

　　(3) 恒功率范围要宽。要求主轴在整个范围内均能提供切削所需功率，并尽可能在整个速度范围内提供主轴电动机的最大功率，即恒功率范围要宽。由于主轴电动机的限制，其在低速段均为恒转矩输出，为满足数控机床低速强力切削的需要，常采用分段无级变速的方法，即在低速段采用机械减速装置，以提高输出转矩。

　　(4) 加减速时间短。要求主轴在正、反向转动时均可进行自动加减速控制，即要求具有四象限驱动能力，并且加减速时间短。

　　(5) 高精度的准停控制。为满足加工中心自动换刀(ATC)以及某些加工工艺的需要，要求主轴能够在系统的控制下实现高精度的准确停位。

　　(6) C 轴的控制功能。在车削中心上，还要求主轴具有旋转轴进给控制功能，即(C 轴)功能。

　　本任务以 FANUC 0i-Mate C 加工中心系统为对象，完成主轴系统的硬件连接和参数调试。

◆ **必备知识**

3.3.1 主轴电动机特性曲线

典型主轴电动机工作特性曲线如图 3-3-1 所示。

由曲线可见，在基速 n_0 以下属于恒转矩调速，可用改变电枢电压方法来实现。其调速基本公式为

$$n_0 = \frac{U - I_a R}{C_e \Phi} \qquad (3\text{-}3\text{-}1)$$

$$\Phi = K I_f$$

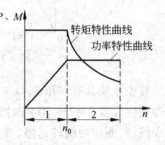

图 3-3-1 主轴电动机工作特性曲线

式中，U 为施加在电枢上的电压；I_a 为电枢上的电流；R 为电枢的电阻；C_e 为与电机结构有关的常数；Φ 为励磁电路产生磁通；I_f 为励磁电路的电流。

基速 n_0 以下调速时，励磁电流 I_f 不变，从而磁通 Φ 等于常数，改变电枢电压 U 调速，其输出的最大转矩 M_{max} 取决于电枢电流最大值 I_{max}（$M_{max} = C_M \Phi I_{max}$，其中，$C_M$ 为与电机结构有关的常数；Φ 为励磁电路产生磁通；I_{max} 为电枢中流过的最大电流），而对一台主轴电动机来说，最大电流为恒定，因此所能输出的最大转矩是恒定的，而输出功率随转速升高而增加，因此基速 n_0 以下称为恒转矩调速。

基速 n_0 以上采用弱磁升速的方法调速，即采用调节激磁电流 I_f 的方法，其输出的最大功率 P_{max}（$P_{max} = M_{max} \cdot n$，其中，$P_{max}$ 为输出的最大功率；M_{max} 为最大转矩；n 为电机转速），在弱磁升速中，I_f 减小 K 倍，相应的转数增加 K 倍，电机所输出最大转矩则因为磁通 Φ 的减小而减小 K 倍，所能输出的最大功率保持不变，因此称为恒功率调速。

目前，市面上应用最普遍的是鼠笼式交流异步电机，该电机具有功率大、过载能力强等特点。图 3-3-2 所示为 FANUC αi 系列主轴电机分解图。从图中可以看出主轴电机是鼠笼式交流异步电机，电机带光电脉冲编码器和一转信号，可实现主轴准停和旋转轴进给。

图 3-3-2 FANUC αi 系列主轴电机分解图

3.3.2 主轴的分段无级调速及控制

1. 分段无级调速

数控机床常采用 1～4 挡齿轮变速与无级调速相结合的方式，即分段无级变速，来同时满足低速转矩和最高主轴转速的要求。图 3-3-3 所示为采用与不采用齿轮减速，主轴的输出特性比较图。一般来说，数控系统均提供 4 挡变速功能，而数控机床通常使用两挡即可满足要求。

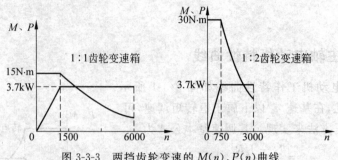

图 3-3-3　两挡齿轮变速的 $M(n)$、$P(n)$曲线

数控系统具有使用 M41～M44 代码进行齿轮自动变速的功能。首先需要在数控系统参数区设置 M41～M44 四挡对应的最高主轴转速，这样数控系统会根据当前给出的 S 指令值，判断应处的转速挡，并自动输出相应的 M41～M44 指令，传递给机床的可编程控制器（PLC），经过逻辑处理输出控制更换相应的齿轮挡，主轴电机旋转速度所对应的模拟电压则由数控装置输出。例如 M41 对应的主轴最高转速为 1000r/min，M42 对应的主轴电动机最高转速为 3500r/min，如图 3-3-4 所示。

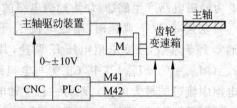

图 3-3-4　主轴分段无级变速结构示意图

当 S 指令在 0～1000r/min 范围时，M41 对应的齿轮应啮合，S 指令在 1001～3500r/min 范围时，M42 对应的齿轮应啮合。不同机床主轴变速所用的方式不同，控制的具体实现可由可编程控制器来完成。目前常采用电磁离合器来带动不同齿轮的啮合。显然，该例中 M42 对应的齿轮传动比为 1∶1，而 M41 对应的传动比为 1∶3.5，此时主轴输出的最大转矩为主轴电动机最大输出力矩的 3.5 倍。

对变速时出现的顶齿现象，现代数控系统均采用在变速时，由数控系统控制主轴电机低速转动或振动的方法来实现齿轮的顺利啮合。变速时主轴电机低速转动或振动的速度可在数控系统参数区中设定。

2. 自动变速控制

自动变速动作时序如图 3-3-5 所示。

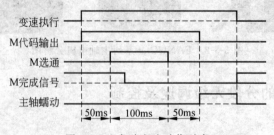

图 3-3-5　自动变速动作时序

（1）当数控系统读到有挡的变化 S 指令时，则输出相应的 M 代码（M41、M42、M43、M44），代码由 BCD 码输出还是由二进制输出可由数控系统的参数确定，输出信号送至可

编程控制器。

（2）50ms后，CNC发出M选通信号Mstrobe，指示可编程控制器可以读取并执行M代码，选通信号持续100ms。之所以50ms后读取是为了让M代码稳定，保证读取的数据正确。

（3）可编程控制器接收到Mstrobe信号后，立即使M完成信号为无效，告诉数控系统M代码正在执行。

（4）可编程控制器开始对M代码进行译码，并执行相应的变速控制逻辑。

（5）M代码输出200ms后，数控系统根据参数设置输出一定的主轴摆动量，从而使主轴慢速转动或振动，以解决齿轮顶齿的问题。

（6）可编程控制器完成变速后，置M信号有效，并告诉数控系统变速工作已经完成。

（7）数控系统根据参数设置的每挡主轴最高转速，自动输出新的模拟电压，使主轴转速为给定的S值。

3.3.3 主轴准停控制

主轴准停功能又称主轴定位功能（spindle specified position stop），即当主轴停止时，控制其停于固定位置，这是自动换刀所必须具备的功能。在自动换刀的镗铣加工中心上，切削的转矩通常是通过刀杆的端面键来传递的。这就要求主轴具有准确定位于圆周上特定角度的功能，如图3-3-6所示。当加工阶梯孔或精镗孔后退刀时，为防止刀具与小阶梯孔碰撞或拉毛已精加工的孔表面，必须先让刀，再退刀，而要让刀，刀具必须具有准停功能，如图3-3-7所示。

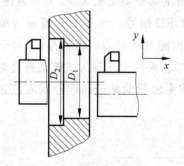
图3-3-6 主轴准停镗背孔示意图

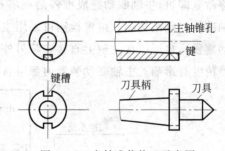
图3-3-7 主轴准停换刀示意图

主轴准停功能分为机械准停和电气准停。

1. 机械准停控制

机械方式采用机械凸轮机构或光电盘方式进行粗定位，然后有一个液动或气动的定位销插入主轴上的销孔或销槽实现精确定位，完成换刀后定位销退出，主轴才开始旋转。采用这种传统方法定位，结构复杂，在早期数控机床上使用较多。

2. 电气准停控制

现代数控机床采用电气方式定位较多。目前电气准停通常有以下三种方式。

（1）磁传感器主轴准停。磁传感器主轴准停控制由主轴驱动自身完成。在主轴上安装一个磁发体与主轴一起旋转,在距离磁发体旋转外轨迹 1～2mm 处固定一个磁传感器,它经过放大器并与主轴控制单元相连接,当执行 M19 执行主轴定向时,数控系统只需发出主轴准停启动命令,主轴驱动完成准停操作后,主轴便可停止在调整好的位置上,此时磁传感器向数控装置发出回答信号,表示完成准停操作。其基本结构如图 3-3-8 所示。磁发体与磁传感器在主轴上的位置如图 3-3-9 所示。

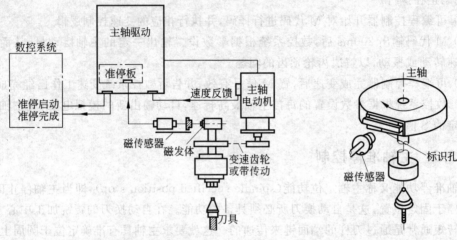

图 3-3-8　磁传感器准停控制系统构成　　　　图 3-3-9　磁发体与磁传感器
　　　　　　　　　　　　　　　　　　　　　　　　　　　在主轴上的位置

（2）编码器主轴准停。编码器主轴准停功能也由主轴驱动完成,CNC 只需发出 ORT 准停命令即可,主轴驱动完成准停后回答准停完成 ORE 信号。图 3-3-10 所示为编码器主轴准停控制结构图。位置检测可采用主轴电动机内部安装的编码器信号(来自于主轴驱动装置),也可以在主轴上直接安装另外一个编码器。采用前一种方式传动链会对主轴准停精度有影响。主轴驱动装置内部可自动转换,使主轴驱动处于速度控制或位置控制

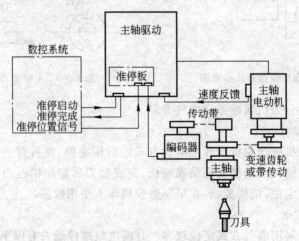

图 3-3-10　编码器主轴准停控制结构图

状态。准停角度可在 CNC 系统中由参数设定,这一点与磁传感器主轴准停不同,磁传感器主轴准停的角度无法随意设定,要想调整准停位置,只有调整磁发体与磁传感器的相对位置。编码器准停控制时序图如图 3-3-11 所示。

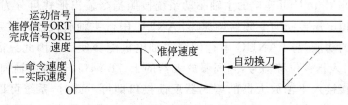

图 3-3-11　编码器准停控制时序图

（3）数控系统准停。这种准停控制方式是由数控系统完成的。采用这种控制方式需注意以下两个问题。

① 数控系统须具有主轴闭环控制功能。此时应合理设置主轴位置增益,使主轴既能实现高精度定位,又保持一定的刚度。

② 采用电动机轴端编码器信号反馈给数控装置,这时主轴传动链精度可能对准停精度产生影响。

数控系统控制主轴准停的原理与进给位置控制的原理非常相似,如图 3-3-12 所示。

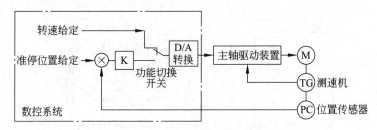

图 3-3-12　数控系统控制主轴准停结构

采用数控系统控制主轴准停时,准停的角度由数控系统内部设定,因此准停位置设定方便,容易调整。准停步骤如下:数控系统执行 M19 或 M19 S** 时,首先将 M19 指令信号送至可编程控制器,可编程控制器经译码送出控制信号使主轴驱动进入伺服状态,同时数控系统控制主轴电机降速并寻找零位脉冲 C,然后进入位置闭环控制状态。如执行 M19,无 S 指令,则主轴定位于相对于零位脉冲 C 的某一默认位置(可由数控系统设定)。如执行 M19 S**,则主轴定位于指令位置,也就是相对零位脉冲 S** 的角度位置。

例如:

```
M03   S1000      ;主轴以 1000r/min 正转
M19              ;主轴准停于默认位置
M19   S100       ;主轴准停在 100°处
      S1000      ;主轴再次以 1000r/min 速度正转
M19   S200       ;主轴准停至 200°处
```

3.3.4 FANUC 主轴伺服的连接

1. 串行主轴信号连接

FANUC 0i-Mate C 可连接的主轴驱动系统按照指令输出形式可分为 FANUC 串行主轴驱动和模拟电压控制的变频器调速。FANUC 串行主轴放大器为数字伺服,具有位置和速度处理的功能,与 FANUC 串行伺服主轴电机配套使用。因此只需从 CNC 主板(JA7A 端口)引入指令位移信号,到伺服放大器的 JA7B 端口,串行主轴伺服电机的位置和速度反馈直接接入主轴放大器的编码器反馈接口即可。此时,系统可以实现 Cs 轴控制,通常用于数控车削中心、加工中心等,特点是可以实现高精度的位置控制。图 3-3-13 所示为 FANUC 0i-Mate C 串行主轴连接示意图,图 3-3-14 所示为 FANUC 0i-Mate C 串行主轴连接电缆触点定义。

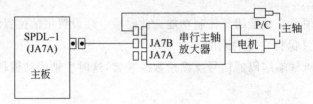

图 3-3-13   FANUC 0i-Mate C 串行主轴连接

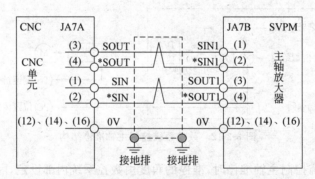

图 3-3-14   FANUC 0i-Mate C 串行主轴连接电缆触点定义

FANUC 串行主轴的工作过程主要是通过下述过程实现的:CNC 侧输出主轴速度指令(M03/M04 S×××),通过接口 JA41 将数据以串行数据方式传送给主轴驱动单元,但同时主轴伺服还要受控于外围的 PLC 信号,如 I/O 信号,这些 I/O 信号最终控制主轴的启、停。这些外围的信号提高了主轴的安全性和外围接口的可控性。其中任何一个环节出现问题,都可能导致主轴停止旋转。但这些信号首先是在系统内部处理后,再通过 JA41 与主轴放大器通信。

2. 主轴伺服信号接口位置

βiSVPM 有关主轴控制的接口位置如图 3-2-15 所示。

TB2:标号㉔处,为主轴电机动力线接线端子。

JA7A、JA7B:标号⑬和⑭处,分别为主轴串行信号输入和输出接口。

JYA3:标号⑯处,为主轴位置编码器信号接口。

3.3.5 主轴状态监控

为了方便监控主轴的运行状态,FANUC 0i-Mate C 系统还提供了详尽的"主轴监控"画面,如图 3-3-15 所示。

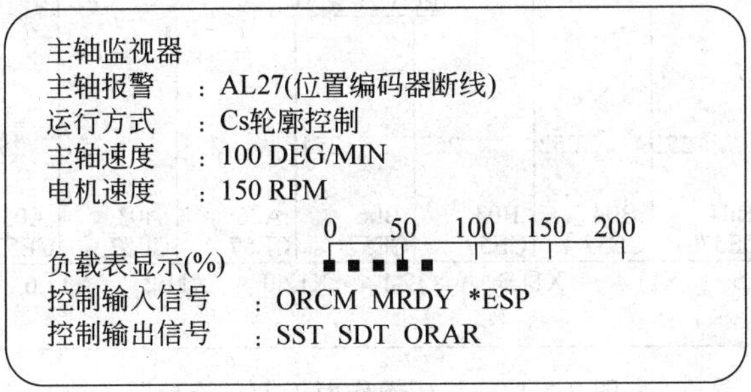

```
主轴监视器
主轴报警    : AL27(位置编码器断线)
运行方式    : Cs轮廓控制
主轴速度    : 100 DEG/MIN
电机速度    : 150 RPM

               0   50  100  150  200
负载表显示(%)   ■■■■■
控制输入信号  : ORCM MRDY *ESP
控制输出信号  : SST SDT ORAR
```

图 3-3-15 主轴监控画面

从该画面中可以实时检测:主轴的实际转速(主轴电机和机械主轴间的齿轮变速)、主轴电机的实际转速、柱状负载显示、输入输出信号状态。主轴监控画面最后两行可以分别显示主轴的输入、输出信号状态,特别是 PMC 与 CNC 之间的信号输入、输出,只要这些信号状态为"ON",即可在此画面中显示出来,显示出的输入输出信号最多为 10 个。通过该画面,可以方便、实时地诊断出主轴控制信号接口的状态。

3.3.6 任务实施:连接和调试 FANUC βi 主轴伺服系统

本任务以 FANUC 0i-Mate C 为例,按系统电气原理图 3-3-16～图 3-3-18,正确进行主轴驱动系统以及相关控制信号的电气连接,所使用电气元器件如表 3-3-1 所示。

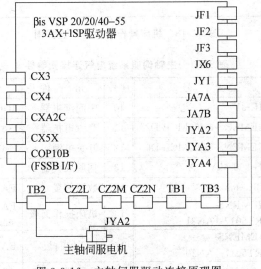

图 3-3-16 主轴伺服驱动连接原理图

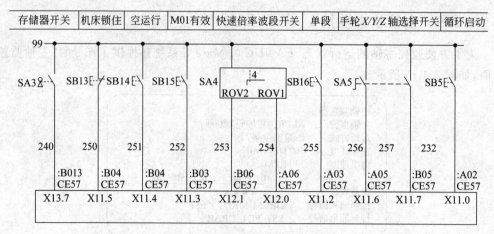

图 3-3-17　机床操作面板 I/O 连接图

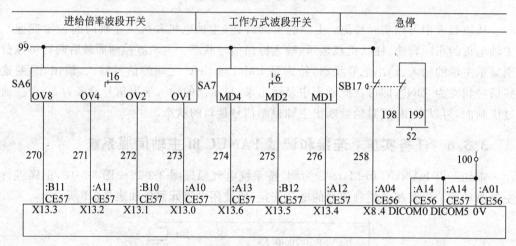

图 3-3-18　机床操作面板 I/O 连接图

表 3-3-1　主轴伺服系统电气连接元器件

序号	元　件	型　号	序号	元　件	型　号
1	电源总开关	HR-31	10	中间继电器	IDEC-RU2S-D24
2	空气开关	SIEMENS-5sj63MCB-D25	11	交流电抗器	A81L-0001-0155
3	空气开关	SIEMENS-5sj62MCB-D6	12	开关电源	S-150-24
4	伺服变压器	SG-200-4kV·A	13	伺服放大器	FANUC βiSV-20
5	控制变压器	JBK3-630-630V·A	14	数控装置	FANUC 0i-Mate MC-H
6	交流接触器	SIEMENS-3RT5017-1AN21	15	机床操作面板	FANUC 0i-Mate MC-sunrise-BAM
7	交流接触器	SIEMENS-3RT5017-1AN20	16	I/O 控制板	FANUC-ME-1
8	主轴伺服电机	βi 3/6000	17	分线器 CE57	FX-50BB-F
9	分线器 CE56	FX-50BB-F			

一、硬件连接

（1）完成任务 3.1 中所有连接。

（2）从伺服放大器 FANUC βiSV-20 的 TB2 端口引出三相 AC200 交流电至主轴电机电源输入端。

（3）主轴电机内置脉冲编码器反馈电缆接到伺服放大器 FANUC βiSV-20 的 JYA2 端口。

（4）分线器 CE56、CE57 电缆连接至 I/O Link 上对应接口。

（5）按图 3-3-17 和图 3-3-18 所示，将机床操作面板上对应端子接至 CE56 和 CE57。

完成后的主轴电气连接图如图 3-3-19 所示。

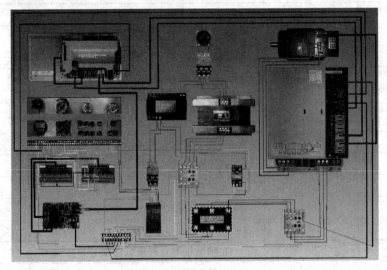

图 3-3-19　FANUC 0i-Mate C 7125 加工中心主轴电气连接图

二、参数设置

当 FANUC 0i-Mate C 连接串行主轴驱动装置时，主轴的控制参数可由 CNC 设定。

1. 串行主轴参数

串行主轴控制参数（PRM No. 4000～4508）包括了主轴电机匹配参数。主轴驱动装置可以根据电机的特性自动确定所需要的控制与调节参数（如电压、电流、转速、PWM 载频等），以实现驱动装置与电机之间的最佳匹配及系统的最优控制。电机匹配参数由生产厂家通过试验与测试得到，并被事先保存在主轴驱动装置的存储器中，通过串行主轴的初始化操作，便可以使电机匹配参数自动生效。

2. FANUC 0i-Mate C XH7125 串行主轴参数设置过程

在急停状态下，首先在 4133♯ 参数中输入电机代码，把 4019♯7 设定为"1"，进行自动初始化。断电再上电后，系统会自动加载部分电机参数，如果在参数手册上查不到代码，则输入最接近的电机代码，初始化后根据机床具体情况，再根据主轴电机参数说明书将反馈装置参数、齿轮换挡参数、主轴速度箝制参数、主轴准停参数进行手动调整。修改后主轴初始化结束。设定相关的电机速度（3741♯）参数，在 MDI 画面输入"M03 S100"

检查电机的运行情况是否正常。不使用串行主轴时设定 3701#1 ISI 为"1"，以屏蔽串行主轴，否则设定为"0"。

注意：如果在 PMC 中"机床准备好"MRDY 信号没有置"1"，则参数 4001#0 设为 0。

其他参数，包括运行速度、到位宽度、加减速时间常数、运行/停止时的位置偏差、和显示有关的参数等，参照表 3-3-2 设定。

表 3-3-2   主要调整参数

参数号	符号	意 义	0i-Mate
3701#1	ISI	使用串行主轴	○
3701#4	SS2	用第二串行主轴	○
3705#0	ESF	S 和 SF 的输出	○
3705#1	GST	SOR 信号用于换挡/定向	
3705#2	SGB	换挡方法 A,B	
3705#4	EVS	S 和 SF 的输出	○
3706#4	GTT	主轴速度挡数（T/M 型）	
3706#6/#7	CWM/TCW	M03/M04 的极性	○
3708#0	SAR	检查主轴速度到达信号	○
3708#1	SAT	螺纹切削开始检查 SAR	○
3730	—	主轴模拟输出的增益调整	○
3731	—	主轴模拟输出时电压偏移的补偿	○
3732	—	定向/换挡的主轴速度	○
3735	—	主轴电机的允许最低速度	
3736	—	主轴电机的允许最低速度	
3740	—	检查 SAR 的延时时间	
3741	—	第一挡主轴最高速度	○
3742	—	第二挡主轴最高速度	○
3743	—	第三挡主轴最高速度	○
3744	—	第四挡主轴最高速度	○
3751	—	第一至第二挡的切换速度	
3752	—	第二至第三挡的切换速度	
3771	—	G96 的最低主轴速度	○
3772	—	最高主轴速度	○
4019#7	—	主轴电机初始化	○
4133	—	主轴电机代码	○

3. 串行主轴初始化操作步骤

在没有进行主轴引导前，LCD 上出现 750 号、751 号报警。主轴正确配置后报警号才会消除，操作步骤如下。

（1）接通 CNC 与驱动装置的电源，解除 CNC 参数的写入保护。

（2）在 PRM4133 中设定主轴电机代码，告知 CNC 实际机床所使用的电机参数，如 βi 3/6000 的代码为 300，如图 3-3-20 所示。

（3）设定 PRM 4019♯7＝1，进行串行主轴的自动初始化。

（4）CNC 断电，重新上电，参数初始化生效，此时 4019♯7 复位为 0。

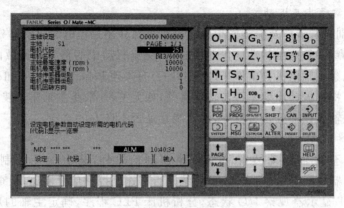

图 3-3-20　主轴参数设置画面

常见故障处理及诊断实例

一、主轴伺服系统的故障形式

当主轴伺服系统发生故障时，通常有三种表现形式：一是在 CRT 显示器或操作面板上显示报警信息或报警内容；二是在主轴驱动装置上用警报灯数码管显示主轴驱动装置的故障；三是主轴工作不正常，但无任何报警信息。主轴伺服系统有下列常见的故障。

1. 外界干扰

由于受电磁干扰，或因屏蔽和接地措施不良，主轴转速指令信号或反馈信号受到干扰，使主轴驱动出现随机和无规律性的波动。判别有无干扰的方法是：当主轴转速指令为 0 时，主轴仍往复转动，通过调整零速平衡和漂移补偿也不能消除故障。

2. 过载

切削用量过大，频繁正、反转等均可引起过载报警。具体表现为主轴电机过热、主轴驱动控制显示过电流报警等。

3. 主轴定位抖动

无论采用哪种主轴准停控制方式，准停均要经过减速过程。如减速或增益等参数设置不当，均可引起定位抖动。

4. 主轴转速与进给不匹配

当进行螺纹切削或用每转进给指令切削时，会出现停止进给，主轴仍继续运转的故障。要执行每转进给的指令，主轴必须有每转一个脉冲的反馈信号，一般情况下是主轴编码器有问题。可以用下列方法来确定：CRT 显示器画面有报警显示；通过 CRT 显示器调用机床数据或 I/O 状态，观察编码器的信号状态；用每分钟进给指令代替每转进给来执行程序,观察故障是否消失。

5. 转速偏离指令值

当主轴转速超过技术要求所规定的范围时,要考虑:电机过载;CNC系统输出的主轴转速模拟量(通常为 $0 \sim \pm 10V$)没有达到与转速指令对应的值;测速装置有故障或速度反馈信号断线;主轴驱动装置故障。

6. 主轴异常噪声及振动

首先要区别异常噪声及振动发生在主轴机械部分还是在电气驱动部分。若在减速过程中发生此故障,一般是由驱动装置造成的,如交流驱动中的再生回路故障;在恒转速时产生,可通过观察主轴电机自由停车过程中是否有噪声和振动来区别,如存在,则主轴机械部分有问题;检查振动周期是否与转速有关,如无关,一般是主轴驱动装置未调整好,如有关,应检查主轴机械部分是否良好,测速装置是否不良。

7. 主轴电机不转

CNC系统至主轴驱动装置除了转速控制信号外,还有使能控制信号,一般为DC +24V继电器线圈电压。检查CNC系统是否有速度控制信号输出;检查使能信号是否接通;通过CRT显示器观察I/O状态,分析机床PLC程序,确定主轴的启动条件,如润滑、冷却等是否满足;轴驱动装置有无故障;电动机有无故障。

二、主轴伺服系统故障诊断实例

例 3-3-1 主轴不转故障维修。

故障现象：一台配置FANUC 0i-Mate D 的立式加工中心,机床主轴在自动及MDI方式下均不旋转,CRT显示器上无报警信息,主轴伺服单元上也无报警。

故障分析：遇到这类故障,应首先查找控制主轴旋转的内部继电器。

(1) 根据机床CRT显示器上显示的梯形图并参照使用说明书,主轴正转输入地址为X4.3。根据X4.3依次查找,梯形图如图3-3-21所示。由于Y48.2为主轴正转输出继电器地址,因此判断G229.5为主轴正转输出的内部继电器。根据故障现象,初步判断故障原因应是主轴旋转的条件未满足。

(2) 依据梯形图查找发现G120.5无输入,进一步查找发现定位销插入信号X22.4有输入。该机床采用定位销进行主轴定向,如图3-3-22所示。

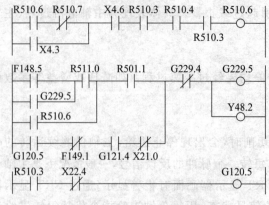

图 3-3-21 主轴旋转控制梯形图

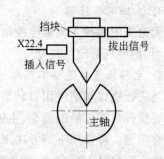

图 3-3-22 主轴定向结构示意图

（3）用手旋转主轴可以转动，表明定位销并未插入。

（4）拆开主轴箱发现，定位销上的挡块松动。在进行主轴定向时，定位销拔出，信号接通后接着消失，挡块滑到插入位置，因此机床未出现报警，但定位销插入时主轴无法旋转。处理办法：调整挡块位置并固定，机床故障消失。

知识拓展：连接与调试 FANUC 数控系统的模拟主轴

FANUC 数控系统的主轴控制主要有串行主轴控制和模拟主轴控制两类。串行主轴控制是指数控系统输出串行数据控制主轴，主轴通常由伺服驱动器控制的伺服电机驱动。模拟主轴控制是指数控系统输出 0～10V 的模拟电压控制主轴，主轴由调速器控制的主轴电机驱动（常用的调速器是变频器，主轴电机是三相异步电动机），以实现数控机床主轴的启停、正反转以及调速控制。模拟主轴系统的结构如图 3-3-23 所示。模拟主轴控制经济实用、调试方便，在中低档的数控机床中广泛使用。

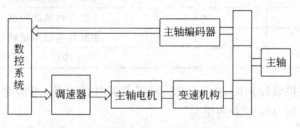

图 3-3-23 模拟主轴系统结构示意图

1. 模拟主轴系统的组成

FANUC 数控系统的模拟主轴控制系统的电气原理图如图 3-3-24 所示。其中，FANUC 0i-C 数控系统的 JA40 接口输出 0～10 V 模拟电压；三菱 E700 变频器的 2、5 端子接收 JA40 接口输出的模拟电压信号，STF（正转）、STR（反转）控制端子接收 JD1A 接口输出的转向信号；主轴编码器 PG 的反馈信号则输入 JA7A 接口。

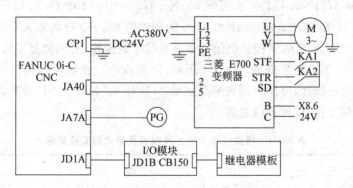

图 3-3-24 模拟主轴控制电气原理图

2. 模拟主轴的调试

从系统组成的角度，数控机床模拟主轴的调试包括 CNC 中有关主轴的参数与信号的调试，以及变频器本身的参数与信号的调试。调试的目的是保证数控系统能够根据指令发出正确的模拟电压信号，经过变频器调速后驱动主轴正常运行。

（1）CNC 调试

CNC 调试时，主要是根据不同的控制要求，设置一些参数，将控制要求反映到主轴转速的模拟量输出上，使之与控制要求一一对应。以配置 FANUC 数控系统的某数控车床模拟主轴控制为例，CNC 的转速指令输出最大值对应的模拟量电压为 10 V，主轴挡位 1～3 对应的最高转速分别为 1000r/min、2000r/min、4000 r/min，CNC 上设定的主轴参数如表 3-3-3 所示。

表 3-3-3　CNC 相关主轴参数

参数号	设置值	设 置 说 明
3701#1	1	0：带串行主轴；1：模拟主轴控制
3741	1000	主轴 1 挡最高转速
3742	2000	主轴 2 挡最高转速
3743	4000	主轴 3 挡最高转速
3706#7	1	主轴转速模拟量输出极性设定
3706#6	0	0：正；01：负；10/11：正负

当主轴采用模拟量输出时，由于温度、元器件特性的变化，可能会导致实际主轴转速和编程指令转速之间存在较大的误差。

这类偏差包括零点漂移和增益偏差，零点漂移是指编程指令转速为 0 时，CNC 输出的模拟量电压≠0V；增益偏差是指编程指令转速为最大值时，CNC 输出的模拟量电压≠10V。在表 3-3-3 的参数设定完毕后，可以通过参数 3731 和 3730 进行调整。调整的方法和步骤是：①测量 CNC 输出的模拟量电压。进入 MDI 方式，输入"M03 S0"指令，用万用表测得变频器 2、5 端子上的电压为－0.15V；再输入"M03 S4000"指令，测得 2、5 端子上的电压为 10V，将数据记录在表 3-3-4 中；②计算参数 3731 和 3730 的调整值。根据公式，计算调整值 No. 3731＝0.151 00×2^{16}＝98；No. 3730＝10/[10－（－0.15）]×1000＝985；③设定参数 3731 和 3730。将 3731 和 3730 的调整值 98,985 分别输入 CNC 系统并使之生效；④验证 CNC 输出的模拟量电压。重复步骤①的操作，分别测量 0 转速和最高转速时的模拟量电压，测得的数据如表 3-3-4 所示，调整成功。在测量模拟量电压时，需要注意 2、5 端子的正负极性，万用表的表笔是红对 2，黑对 5。另外，CNC 参数设置完成后，注意做好数据备份工作，以便不时之需。

表 3-3-4　增益偏差与零点漂移设置前后的实验数据

电压　　　　　　　　转速	S0	Smax
参数 3731 和 3730 调整前的 U25	－0.15V	10V
参数 3731 和 3730 调整后的 U25	0V	10V

（2）变频器调试

变频器调试时，需要将 CNC 输入的模拟量转换为主轴电动机的实际转速。变频器需要进行速度控制系统的速度和电流等调节器参数、电流、功率、上下限频率、加减速时间等的设定与调整，从而使得主轴的实际输出转速与来自 CNC 的模拟量保持一一对应的关系。以三菱 E700 变频器为例，变频器主要参数的设定如表 3-3-5 所示。对于其他品牌的通用变频器，设置内容大体相同。

表 3-3-5　变频器相关参数

参数代号	参数名称	设置值	设置说明
Pr.73	模拟电压量输入选择	0	0：0～10V 模拟量；1：0～5V 模拟量
Pr.9	电子过电流保护	6.4	根据主轴电动机铭牌上的额定电流设定，单位为 A
Pr.80	电机容量	2.2	根据主轴电动机铭牌上的额定功率设定，单位为 kW
Pr.79	运行模式选择	2	0：外部/PU 切换模式； 1：PU 运行模式固定； 2：外部运行模式固定（CNC 控制变频器）
Pr.1	上限频率	60	根据主轴最高最低转速参数以及主轴电动机的额定参数共同设定（范围为 0～120Hz）
Pr.2	下限频率	0	
Pr.3	基准频率	50	根据主轴电动机的额定频率设定，单位为 Hz
Pr.7	加速时间	5	根据主轴需要的动态响应与稳定性设定，单位为 s
Pr.8	减速时间	5	
Pr.178	STF 端子功能选择	60	STF 端子信号 ON 时为正转；STR 端子信号 ON 时为反转
Pr.179	STR 端子功能选择	61	

3. 模拟主轴的运行

完成上述调试后，首先进入 FANUC 0i-C 数控系统 MDI 方式，在程序界面输入"M03 S1000;"指令，主轴电动机以 1000r/min 的转速正转；输入"M04 S1000;"指令，主轴电动机以 1000r/min 的转速反转；输入"M05;"指令，主轴电动机停止运行。然后进入手动方式，按下操作面板区的"主轴正转"、"主轴反转"和"主轴停止"按钮，主轴均能正确动作。

注意：FANUC 数控系统进行主轴运行调试时，必须先在 MDI 方式下运行，通过 S 指令给定 CNC 一个转速后，才能在手动方式下运行。

课后思考与任务

（1）试述数控机床主轴准停的方式。

（2）FANUC 0i 系统串行主轴与模拟主轴连接有何不同？

（3）主轴电机与进给伺服电机有何不同？

（4）如何进行串行主轴参数初始化设置？

（5）若希望主轴准停角度为 30°，试设置主轴准停参数。

任务 3.4　数控机床辅助功能的装调和维修

◆ 学习目标

（1）熟悉 PLC 与外围线路之间的关系；

（2）能利用系统 PLC 功能诊断外围故障。

◆ 任务说明

在数控机床中，除了对各坐标轴的位置进行连续控制外，还需要对诸如主轴正、反转启动和停止、刀库及换刀机械手控制、工件夹紧松开、工作台交换、气液压、冷却和润滑等辅助动作进行顺序控制。顺序控制的信息主要是 I/O 信号，如控制开关、行程开关、压力开关和温度开关等输入元件，继电器、接触器和电磁阀等输出元件；同时还包括主轴驱动和进给伺服驱动的使能控制以及机床报警处理等。现代数控机床均采用可编程逻辑控制器（PLC）来实现上述功能。

本任务以 FANUC 0i-Matc C7125 加工中心圆盘刀库换刀为例，学习换刀动作执行过程，借此理解机床 I/O 电路的作用和调试要求，最终达到能够检查和排除机床外围故障的目的。

◆ 必备知识

3.4.1　数控机床的 PLC 功能

1. 数控机床 PLC 的作用

PLC 程序用来控制数控机床的顺序动作。常见的顺序程序形式有：语句表、梯形图和流程图三类。梯形图因其形式直观、近似于电气原理图的特点而为多数数控系统采用。

数控机床的控制可分为两大部分：一部分是坐标轴运动的位置控制，由系统的 NC 来完成，另一部分是数控机床辅助设备的控制，由 PLC 来实现。在数控机床运行过程中，PLC 根据 CNC 内部标志以及机床的各控制开关、检测元件、运行部件的状态，按照程序设定的控制逻辑对诸如刀库运动、换刀机构、切削液等的运行进行控制，同时还包括主轴驱动和进给伺服驱动的使能控制和机床报警处理等。

在讨论 PLC、CNC 和机床各机械部件、机床辅助装置、强电线路之间的关系时，常把数控机床分为"NC 侧"和"MT 侧"（即机床侧）两大部分。"NC 侧"包括 CNC 系统的硬件和软件以及与 CNC 系统连接的外围设备；"MT 侧"包括机床机械部分及其液压、气压、冷却、润滑、排屑等辅助装置，机床操作面板，继电器线路，机床强电线路等。PLC 处于 CNC 和 MT 之间，对 NC 侧和 MT 侧的输入、输出信号进行处理。三者之间信号关系如图 3-4-1 所示。

MT 侧顺序控制的最终对象随数控机床的类型、结构、辅助装置等的不同而有很大差别。机床机构越复杂，辅助装置越多，最终受控对象也越多。一般来说，最终受控对象的

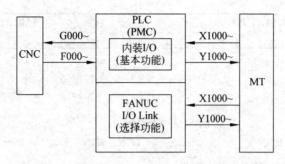

图 3-4-1 PLC 与 CNC 及 MT 信号之间的关系

数量和顺序控制程序的复杂程度从低到高依次为 CNC 车床、CNC 铣床、加工中心、FMC 和 FMS。

2. 数控机床 PLC 的分类

数控机床中的 PLC 通常有两种形式：一种称为内装式，另一种称为独立式。

内装式 PLC 又称集成式 PLC，采用这种方式的数控系统，在设计之初就将 NC 和 PLC 结合起来考虑，NC 和 PLC 之间的信号传递是在内部总线的基础上进行的，因而有较高的交换速度和较宽的信息通道。NC 和 PLC 可以共用一个 CPU，也可以是单独的 CPU。这种结构从软硬件整体上考虑，PLC 和 NC 之间没有多余的导线连接，增加了系统的可靠性，而且 NC 和 PLC 之间易实现许多高级功能，PLC 中的信息也能通过 CNC 的显示器显示，这种方式对于系统的使用具有较大的优势。高档次的数控系统一般采用这种形式的 PLC。

独立式 PLC 又称外装式 PLC，它独立于 NC 装置，具有独立完成控制的功能。在采用这种应用方式时，用户可根据自己的特点，选用不同的 PLC 专业厂商的产品，并且可以更为方便地对控制规模进行调整。

3. PLC 和外部信息的交换

相对于 PLC，机床和 CNC 侧的信息都是外部信息。CNC 系统、PLC 及机床本体之间通过接口来传递信息和实现控制。在机床发生故障时，接口的状态信息，可以帮助判断故障发生在系统内部还是在 PLC 或机床侧。

PLC、CNC 和机床三者之间的信息交换包括以下四部分。

（1）机床至 PLC。机床侧的开关量信号通过 I/O 单元接口输入至 PLC 中，除极少数信号外，绝大多数信号的含义及所占用 PLC 的地址均可由 PLC 程序设计者自行定义，如在 FANUC 0i-Mate C 数控系统中，机床侧的某一开关信号通过 I/O 端子板输入至 I/O 模块中，设该开关信号用 X0.2 来定义，则在系统的 PLC 信号状态页面中（PLC SIGNAL STATUS），通过观察 X0 的第 2 位是"·"或"1"来获知该开关信号是否有效，如图 3-4-2 所示。

（2）PLC 至机床。PLC 控制机床的信号通过 PLC 的开关量输出接口送到机床侧，所有开关量输出信号的含义及所占用 PLC 的地址均可由 PLC 程序设计者自行定义。如在 FANUC 0i-Mate C 数控系统中，机床侧某电磁阀的动作由 PLC 的输出信号来控制，设该信号用 Y1.4 来定义，该信号通过 I/O 模块和 I/O 端子板输出至中间继电器线圈，继电器

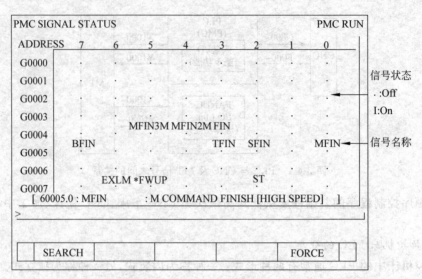

图 3-4-2　FANUC 0i-Mate C 系统 I/O 接口状态显示页面

的触点又使电磁阀的线圈得电,从而控制电磁阀的动作。同样,Y1.4 信号可在 PLC SIGNAL STATUS 页面下,通过观察 Y1 的第 5 位为"0"或"1"来获知该输出信号是否有效。

(3) CNC 至 PLC。CNC 送至 PLC 的信息可由 CNC 直接送入 PLC 的寄存器中,所有 CNC 送至 PLC 的信号含义和地址(开关量地址或寄存器地址)均由 CNC 厂家确定,PLC 编程者只可使用,不可改变和增删。如数控指令的 M、S、T 功能,通过 CNC 译码后直接送入 PLC 相应的寄存器中。

(4) PLC 至 CNC。PLC 送至 CNC 的信息也由开关量信号或寄存器完成,所有 PLC 送至 CNC 的信号地址与含义由 CNC 厂家确定,PLC 编程者只可使用,不可改变和增删。

4. FANUC 系统 PLC 及其接口信号

(1) PLC 的分类及接口信号的地址标识。根据系统的功能与结构,FANUC 系统可分为不带内部 PMC 与带内部 PMC 两种形式。

不带内部 PMC 的数控系统的 I/O 信号特点是:不论系统功能、I/O 单元如何,各输入、输出信号的作用和地址总是固定不变的。如对于 FANUC FS0 系统,输入 X016.5 总是 X 轴参考点减速信号(∗DECX);输出 Y048.0 总是 X 轴参考点到达信号等。

在带内部 PMC 的数控系统中,根据所选用的系统,内部 PMC 类型、I/O 单元的不同,其信号的数量也有所不同。除少量输入、输出信号的作用和地址固定不变外,大部分输入、输出信号的作用和意义,在不同的机床上有不同的含义,维修时必须参照机床的电气原理图与 PLC 程序进行检查。

在 FANUC 系统中,PMC 处理的信号有来自外部和 CNC 的输入信号以及经过逻辑运算后输出给 CNC 或外部的输出信号。根据信号的作用部位和作用方向,FANUC 系统的 PMC 将信号分为 4 种。这些信号都有各自确定的地址,其性质以地址的首字母加以区分。另外,PMC 内部用到一些寄存器,用于保存数据或信号。

FANUC 系统中 PMC 信号地址的定义如表 3-4-1 所示。

表 3-4-1 FANUC PMC 各类信号地址标识及其用途

字母	信号的种类及用途
X	由机床向 PMC 的输入信号（MT→PMC） 有一些地址的信号意义由 FANUC 软件定义，用于专门的用途
Y	由 PMC 向机床的输出信号（PMC→MT） 由 PMC 输出至机床使机床强电动作的信号
F	由 NC 向 PMC 的输入信号（NC→PMC） 信号的意义由 FANUC 系统软件定义。其中的一些信号是反映 CNC 运行状态的标志，表明 CNC 正处于某一状态，如， AL(F001.0)：报警状态 MV(F102)：进给轴移动中 CNC 将这些信号输出给 PMC 进行处理
G	由 PMC 向 NC 的输出信号（PMC→NC）。 信号的意义由 FANUC 系统软件定义。其中有些是启动 CNC 的一个根据机床的实际动作设计好的机床的强电控制功能子程序，如：急停(G8.4)，工作方式选择(G43.0～G43.2) 另外一些信号是 PMC 通知 CNC，使 CNC 改变或执行某一种运行，如 FIN(G4.3) 是 PMC 通知 CNC 辅助功能 M 或换刀功能 T 已经结束执行。CNC 接收到该信号后即可启动下个加工程序段的执行
R	内部继电器，可任意使用
D	数据存储器，如存储刀具表、主轴速度的各挡速度表
K	保持型存储器的数据，其内容由后备电池维持，有几个存储单元已被 PMC 系统使用
T	定时器，存储定时器时间
C	计数器，存储计数器的预置值和计数值
A	显示信息，存储信息字符

（2）常用接口信号及其地址。对于带 PMC 的 FANUC 系统，有些输入、输出地址是固定不变的。下面以 FANUC 0i 为例介绍一些数控机床中常用的重要的接口信号，如图 3-4-3 所示。

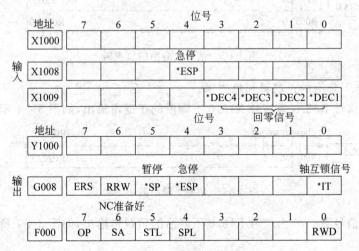

图 3-4-3 FANUC 0i PMC 常用 I/O 接口信号

①＊ESP：急停信号,低电平有效。分外部急停信号和系统内部急停信号。输入地址 X1008.4 用于 PMC 接收外部急停信号,而一旦系统内部出现故障,PMC 会通过地址 G08.4 将内部急停信号传送给 CNC,两类急停信号皆通过 PMC 程序处理,实现机床的安全保护。

②＊DEC1~＊DEC4：各轴回零减速信号,信号为低电平有效。其中 1~4 分别表示 X、Y、Z、W 轴。

③＊SP：进给暂停信号,低电平有效。在自动运行过程中,一旦该信号有效,系统进入暂停状态。

④ MA(F001.7)：NC 准备完毕信号。

⑤ SA：伺服准备完毕信号。

⑥ AL(F001.0)：NC 报警信号。

⑦＊IT：所有机床轴锁定信号,低电平有效。一旦该信号有效,所有机床轴将禁止移动。

接口信号表中,各信号名称前的“＊”代表该信号为低电平有效。

(3)常用 PMC 逻辑。这些程序由基本指令组成,在各种类型的 PMC 程序中都能使用,也是各机床中常用到的一些信号的逻辑处理。

① 取信号上升沿的正逻辑和负逻辑。

正逻辑：信号 R30.2 为信号 X13.0 上升沿的正逻辑输出,如图 3-4-4 所示。

图 3-4-4　信号上升沿的正逻辑

负逻辑：信号 R31.0 为信号 X14.0 上升沿的负逻辑输出,如图 3-4-5 所示。

图 3-4-5　信号上升沿的负逻辑

② 取信号下降沿的正逻辑和负逻辑。

正逻辑：信号 R32.0 为信号 X15.0 下降沿的正逻辑输出,如图 3-4-6 所示。

图 3-4-6　信号下降沿的正逻辑

负逻辑：信号 R33.0 为信号 X16.0 下降沿的负逻辑输出,如图 3-4-7 所示。

图 3-4-7　信号下降沿的负逻辑

③ 信号触发接通/关断逻辑。信号 Y12.0 在每次接通信号 X17.0 时交替接通和关断,如图 3-4-8 所示。

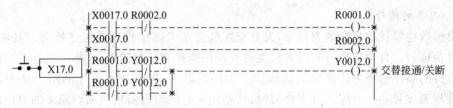

图 3-4-8　信号交替接通/关断逻辑

5. 零件加工程序的执行和 PMC 程序的执行两者之间的关系

若机床操作者通过操作面板发送请求要求 CNC 实现某一操作,例如按下"启动自动加工程序"按钮,通过输入接口电路,该按钮信号进入 PMC,并经程序处理,利用地址 G7.2(启动自动循环功能),使 CNC 立即执行"自动循环"功能子程序。CNC 在运行该功能子程序的过程中向 PMC 输出 F0.5 信号,表明 CNC 此时处于自动运行加工程序状态。

如果 CNC 在执行加工程序时,发现程序段中有 M、T 等指令,即将该指令译码后以 F 字母开头的信号地址送往 PMC,例如:M 代码,送到地址 F10～F13。经 PMC 程序处理(译码,顺序和互锁)后,再经某一 Y 字母开头的地址送到强电柜,由执行元件(继电器等)执行所需的控制动作。PMC 在执行 M、T 等指令时必须向 CNC 返回一个完成信号 FIN。CNC 接收到该信号后,才可读取下一条加工程序段,然后执行。如 CNC 在执行程序段"G1 G90 X100 M03 S1000"时,进给轴移动到 X100 位置后,CNC 还要等待 PMC 返回一个完成信号"FIN",以表明 PMC 已经执行完 M03(主轴正转)的动作。

3.4.2　刀具自动交换控制

加工中心的换刀方式一般有两种:机械手换刀和刀库换刀。前者换刀装置由刀库和机械手组成,由刀库选刀,再由机械手完成换刀动作,这是加工中心普遍采用的形式。多采用链式刀库,容量较大,适用于中型和大型加工中心,如图 3-4-9 所示。后者的换刀是通过刀库和主轴箱的配合动作来完成的,一般是把盘式刀库设置在主轴箱可以运动到的位置,或整个刀库能移动到主轴箱可以到达的位置,刀库中刀具的存放位置方向与主轴装刀方向一致。换刀时,主轴运动到刀库上的换刀位置,由主轴直接取走或放回刀具。这类刀库多用于采用 40 号以下刀柄的中小型加工中心,如图 3-4-10 所示。

图 3-4-9　机械手换刀　　　　　　　图 3-4-10　刀库换刀

1. 刀具的选择

根据数控装置发出的换刀指令，刀具交换装置从刀库中挑选各工序所需刀具的操作称为自动选刀。自动选择刀具的方法主要有顺序选择和任意选择（又称随机换刀）方式。

刀具的顺序选择方式是将刀具按加工工序的顺序，依次放入刀库的每一个刀座内。刀具号与刀座号一一对应。每次换刀时，已经使用过的刀具需要放回到原来的刀座内。

任意选择方式是刀库上的刀具与主轴上的刀具直接交换，即随机任意选刀换刀。此方式中，主轴上换上的新刀号及还回刀库中的刀具号，均在系统 PLC 内部相应的存储单元记忆，不论刀具放在哪个地址，都始终能跟踪记忆，因此，刀库中的刀具号可以与刀座号不同。如图 3-4-11(a)所示刀库，有 8 个刀座，其中的刀具和刀座编码方式如图 3-4-11(a)所示。在系统中建立的与其对应的刀具表如图 3-4-11(b)所示，刀具表中各单元地址的编号与刀库刀座的编号对应，每个单元地址中存放的内容就是对应刀座中所插入的刀具号，刀具表首地址 TAB 单元固定存放主轴上当前刀具的刀号。

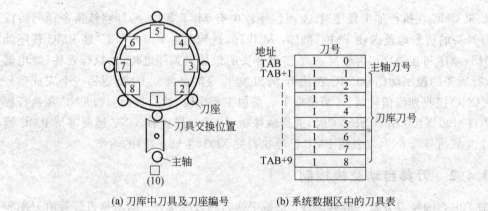

(a) 刀库中刀具及刀座编号　　　(b) 系统数据区中的刀具表

图 3-4-11　随机选刀、换刀

在选择刀具时，以圆盘式刀库为例，刀库可以沿两个方向旋转。为了缩短选刀时间，不管是顺序选刀方式还是随机选刀方式，在接到 T 指令（选刀指令）后，刀库均按最短路径原则所确定的旋转方向转动到目标位置。

2. 刀具的识别

虽然刀具在刀库中可任意存放，但因 PLC 内部设置的刀号数据表始终与刀具在刀库中的实际位置相对应，所以对刀具的识别，实质上转变为对刀套位置的识别。刀库旋转，每个刀座通过换刀位置时,安装在此处的开关或传感器可以产生一个脉冲信号送至PLC,作为计数脉冲。在PLC内部设置一个刀座位置计数器,当刀库正转时,每转过一个刀位,产生的脉冲信号即使该计数器递增计数;反之,则使计数器递减计数。以图3-4-11所示的8位刀库为例,计数器中的数值始终在1~8之间循环,计数器中的当前值即指示换刀位置处的刀座号。

当系统接收到选刀指令(T指令)后,PLC在刀号数据表中进行数据检索,找到T指令中给定的刀具号在表中的表序号。该表序号即是新刀具在刀库中的位置,也就是刀库旋转的目标位置。刀库以最短路径方向旋转,当检测到刀库当前位置与目标位置一致时,刀库即停转并定位,等待换刀。

3. 刀具交换及刀号数据表的修改

在随机换刀方式中,当结束前一工序需要更换新刀具时,数控系统发出自动换刀指令M06,控制机床主轴准停,机械手执行换刀动作,将主轴上用过的旧刀与刀库中选好的新刀进行交换。与此同时,在PLC内部,还需通过软件及时修改刀号数据表,使相应单元的刀号与交换后的刀号相对应,修改刀号表的流程如图3-4-12所示。

4. 换刀过程中与主轴相关的动作及控制

(1)主轴的准停。主轴的准停是加工中心的特殊要求。在机床进行自动换刀过程中,由于刀具装在主轴上,切削时切削转矩不可能仅靠锥孔的摩擦力来传递,因此在主轴前端设置一个凸键,刀具装入主轴时,刀柄上的键槽须与凸键对准。当主轴停转进行刀具交换时,主轴需停在一个固定不变的位置上,这样,换刀机械手在交换刀具时,能保证刀库中刀柄上的键槽对正主轴端面上的定位键。

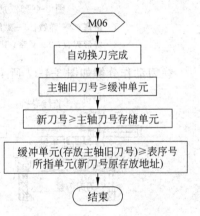

图 3-4-12 刀号数据表的修改

主轴的准停控制有机械式和电气式两种方式,而电气式又分磁传感器和编码器两种控制方式。电气方式的主轴准停控制,就是利用装在主轴上的磁性传感器或编码器作为检测元件,通过它们输出的信号,使主轴准确地停在规定的位置上。由于精度高、调整方便,目前数控机床准停多采用编码器控制方式。

(2)刀具的夹紧和放松。在换刀装置夹持住主轴中的刀柄时,系统控制气缸活塞推动拉杆来压缩蝶形弹簧,使夹头张开,夹头与刀柄上的拉钉脱离,使刀具放松。当主轴中换入新的刀具后,气缸活塞后退,使蝶形弹簧恢复,从而夹紧刀具。图3-4-13中所示的12、13部分分别为刀具放松检测开关和刀具夹紧检测开关,用于自动换刀过程中刀具放松和夹紧步骤的信号反馈。系统只有接收到相应的反馈信号,换刀动作才能按步骤正常进行。

5. 圆盘式简易刀库换刀流程

采用圆盘式简易刀库的数控机床,换刀时利用主轴箱本身的运动将刀具插入主轴。这种方式一般采用顺序选刀方式,其结构较为简单,但在刀库选刀的过程中机床处于等待的时间较长。

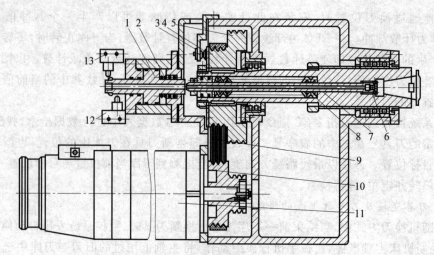

图 3-4-13　加工中心主轴的准停和刀具夹紧机构

1—活塞；2—弹簧；3—磁传感器；4—永久磁铁；5—带轮；6—钢球；7—拉杆；

8—蝶形弹簧；9—V 带；10—带轮；11—电机；12、13—限位开关

换刀动作分解如图 3-4-14 所示，该例中的换刀采用气动方式，具体说明如下。

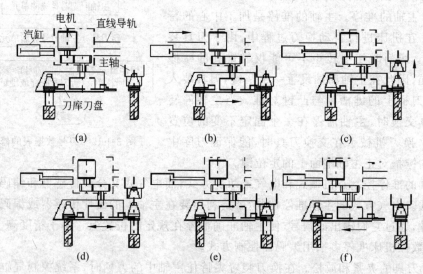

图 3-4-14　刀库移动—主轴升降式换刀过程

（1）主轴箱移动到换刀位置，同时完成主轴准停。

（2）分度：由低速力矩电机驱动，通过槽轮机构实现刀库刀盘的分度运动，将刀盘上接受刀具的空刀座转到换刀所需的预定位置，如图 3-4-14（a）所示。

（3）接刀：刀库气缸活塞杆推出，将刀盘接受刀具的空刀座送至主轴下方并卡住刀柄定位槽，如图 3-4-14（b）所示。

（4）卸刀：主轴松刀，铣头上移至第一参考点，刀具留在空刀座内，如图 3-4-14（c）所示。

（5）再分度：再次通过分度运动，将刀盘上选定的刀具转到主轴正下方，如图 3-4-14（d）所示。

（6）装刀：铣头下移，主轴夹刀，刀库气缸活塞杆缩回，刀盘复位，完成换刀动作，如图 3-4-14(e)、图 3-4-14(f)所示。

6．自动换刀装置的电气控制

图 3-4-15 所示为圆盘式简易刀库换刀控制的直流、交流控制回路，表 3-4-2 为输入信号所用检测开关的作用说明，检测开关位置如图 3-4-16 所示，图 3-4-17 为换刀控制的 PLC 输入/输出信号分布。

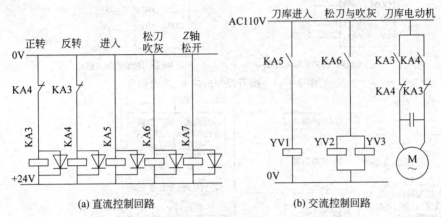

(a) 直流控制回路　　　　　　　　(b) 交流控制回路

图 3-4-15　换刀控制的直流、交流控制回路

表 3-4-2　输入信号所用的检测元件

元件代号	元件名称	作　　用
SQ5	行程开关	刀库圆盘旋转时，每转到一个刀位凸轮会压下该开关
SQ6	行程开关	刀库进入位置检测
SQ7	行程开关	刀库退出位置检测
SQ8	行程开关	气缸活塞位置检测，用于确认刀具夹紧
SQ9	行程开关	气缸活塞位置检测，用于确认刀具已经放松
SQ10	行程开关	此处为换刀位置检测。换刀时 Z 轴移动到此位置

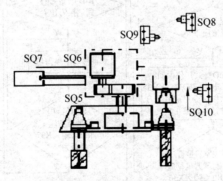

图 3-4-16　圆盘式简易自动换刀控制中检测开关位置示意图

当系统接收到 M06 指令时，电路中各电气元件状态变化流程如图 3-4-18 所示。

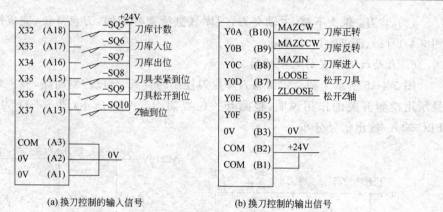

(a) 换刀控制的输入信号　　　　　(b) 换刀控制的输出信号

图 3-4-17　换刀控制的输入、输出信号

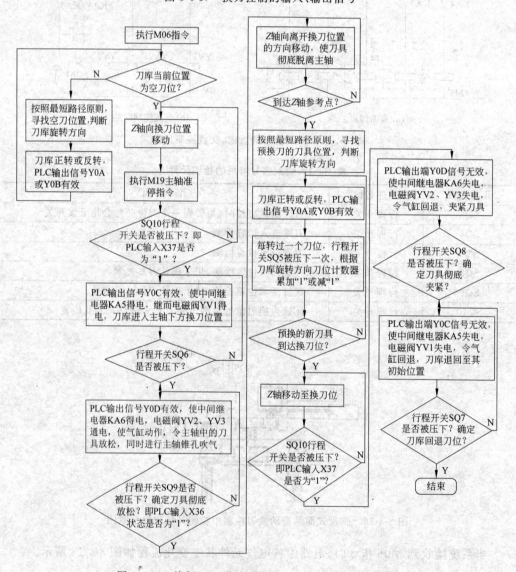

图 3-4-18　执行 M06 指令时各电气元件状态变化过程图

3.4.3 I/O单元模块输入/输出的连接

I/O单元的信号连接是PMC程序与外部电路连接的桥梁。FANUC各种类型I/O单元模块的输入输出信号连接方式基本相同。输入/输出的连接方式有两种,按电流的流动方向分为源型输入/输出和漏型输入/输出。使用哪种连接方式由输入/输出的公共端DICOM/DOCOM决定。常用I/O单元模块输入信号连接方式见图3-4-19。作为漏型输入接口使用时,将DICOM端子与0V端子相连,如图3-4-19(a)所示,其中+24V也可由外部电源供给。作为源型输入接口使用时,将DICOM端子与+24V端子相连,如图3-4-19(b)所示。分线盘等I/O单元模块可选择一组8位信号连接成漏型或源型。原则上建议采用漏型输入,即+24V开关量输入(高电平有效),避免信号端接地的误动作。

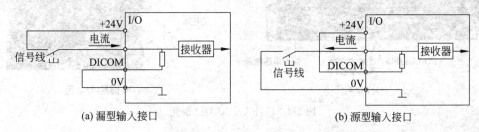

图3-4-19 I/O单元模块输入信号类型

I/O单元模块常用输出信号类型如图3-4-20所示。当PMC接通输出信号(Y)时,印制电路板内的驱动器动作,输出端子变为0V,因为电流是流入印制电路板的,所以称为漏型输出接口,如图3-4-20(a)所示。作为源型输出接口使用时,将驱动符的电源接在印制电路板的DOCOM上,如图3-4-20(b)所示,因为电流是从印制电路板上流出,所以称为源型(source type)。分线盘等I/O单元模块输出方式可选择全部采用源型或漏型输出,为安全起见,推荐使用源型输出,即+24V输出,同时在连接时注意续流二极管的极性,以免造成输出短路。

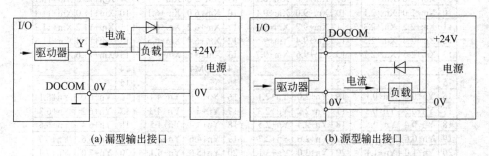

图3-4-20 I/O单元模块输出信号类型

FANUC 0i-C/D的I/O单元模块,如图3-4-21(a)所示,是一种通用型输入/输出单元,其单元带有外壳,采用4个50芯插座连接方式。4个50芯插座分别为CB104、CB105、CB106、CB107。若输入点有96点,则每个50芯插座中包含24点,这些输入点被分为3字节;若输出点数为64,则每个50芯插座中包含16点,这些输出点被分为2字节。

4 个 50 芯插座规格和插针 PMC 地址如图 3-4-22(a)所示。其中,A、B 代表 50 芯插座中的 A 列和 B 列插针,序号代表插针在对应列中的位置。如 A03 代表 A 列的第 3 根插针。列表中以"X"、"Y"为标示的地址分别表示某个位置的插针信号代表的输入信号和输出信号在 PMC 中的地址。对于地址 $Xm+4.0$,既可以选择源型,也可以选漏型,通过连接 24V 或 0V 来选择。COM4 必须被连接到 24V 或 0V,不能悬空。从安全角度来讲,推荐使用漏型信号。

简易型 I/O 板如图 3-4-21(b)所示,有两个 50 芯插座,分别为 CE56、CE57,可连接 48/32 点通用 I/O 信号,每个插座规格参数如图 3-4-22(b)所示。

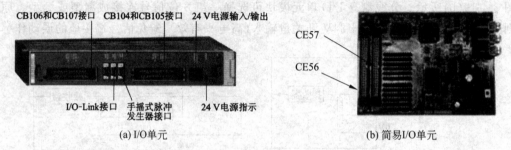

CB106和CB107接口　CB104和CB105接口　24 V电源输入/输出

I/O-Link接口　手摇式脉冲发生器接口　24 V电源指示

(a) I/O单元　　　　　　　　　　(b) 简易I/O单元

图 3-4-21　FANUC I/O 单元

CB104 HIROSE 50PIN			CB105 HIROSE 50PIN			CB106 HIROSE 50PIN			CB107 HIROSE 50PIN		
	A	B		A	B		A	B		A	B
01	0V	+24V	01	0V	+24V	01	0V	+24V	01	0V	+24V
02	Xm+0.0	Xm+0.1	02	Xm+3.0	Xm+3.1	02	Xm+4.0	Xm+4.1	02	Xm+7.0	Xm+7.1
03	Xm+0.2	Xm+0.3	03	Xm+3.2	Xm+3.3	03	Xm+4.2	Xm+4.3	03	Xm+7.2	Xm+7.3
04	Xm+0.4	Xm+0.5	04	Xm+3.4	Xm+3.5	04	Xm+4.4	Xm+4.5	04	Xm+7.4	Xm+7.5
05	Xm+0.6	Xm+0.7	05	Xm+3.6	Xm+3.7	05	Xm+4.6	Xm+4.7	05	Xm+7.6	Xm+7.7
06	Xm+1.0	Xm+1.1	06	Xm+8.0	Xm+8.1	06	Xm+5.0	Xm+5.1	06	Xm+10.0	Xm+10.1
07	Xm+1.2	Xm+1.3	07	Xm+8.2	Xm+8.3	07	Xm+5.2	Xm+5.3	07	Xm+10.2	Xm+10.3
08	Xm+1.4	Xm+1.5	08	Xm+8.4	Xm+8.5	08	Xm+5.4	Xm+5.5	08	Xm+10.4	Xm+10.5
09	Xm+1.6	Xm+1.7	09	Xm+8.6	Xm+8.7	09	Xm+5.6	Xm+5.7	09	Xm+10.6	Xm+10.7
10	Xm+2.0	Xm+2.1	10	Xm+9.0	Xm+9.1	10	Xm+6.0	Xm+6.1	10	Xm+11.0	Xm+11.1
11	Xm+2.2	Xm+2.3	11	Xm+9.2	Xm+9.3	11	Xm+6.2	Xm+6.3	11	Xm+11.2	Xm+11.3
12	Xm+2.4	Xm+2.5	12	Xm+9.4	Xm+9.5	12	Xm+6.4	Xm+6.5	12	Xm+11.4	Xm+11.5
13	Xm+2.6	Xm+2.7	13	Xm+9.6	Xm+9.7	13	Xm+6.6	Xm+6.7	13	Xm+11.6	Xm+11.7
14			14			14	COM4		14		
15			15			15			15		
16	Yn+0.0	Yn+0.1	16	Yn+2.0	Yn+2.1	16	Yn+4.0	Yn+4.1	16	Yn+6.0	Yn+6.1
17	Yn+0.2	Yn+0.3	17	Yn+2.2	Yn+2.3	17	Yn+4.2	Yn+4.3	17	Yn+6.2	Yn+6.3
18	Yn+0.4	Yn+0.5	18	Yn+2.4	Yn+2.5	18	Yn+4.4	Yn+4.5	18	Yn+6.4	Yn+6.5
19	Yn+0.6	Yn+0.7	19	Yn+2.6	Yn+2.7	19	Yn+4.6	Yn+4.7	19	Yn+6.6	Yn+6.7
20	Yn+1.0	Yn+1.1	20	Yn+3.0	Yn+3.1	20	Yn+5.0	Yn+5.1	20	Yn+7.0	Yn+7.1
21	Yn+1.2	Yn+1.3	21	Yn+3.2	Yn+3.3	21	Yn+5.2	Yn+5.3	21	Yn+7.2	Yn+7.3
22	Yn+1.4	Yn+1.5	22	Yn+3.4	Yn+3.5	22	Yn+5.4	Yn+5.5	22	Yn+7.4	Yn+7.5
23	Yn+1.6	Yn+1.7	23	Yn+3.6	Yn+3.7	23	Yn+5.6	Yn+5.7	23	Yn+7.6	Yn+7.7
24	DOCOM	DOCOM	24	DOCOM	DOCOM	24	DOCOM	DOCOM	24	DOCOM	DOCOM
25	DOCOM	DOCOM	25	DOCOM	DOCOM	25	DOCOM	DOCOM	25	DOCOM	DOCOM

(a) I/O单元插座

图 3-4-22　I/O 单元插座规格及插针地址

CE56			CE57		
	A	B		A	B
01	0V	+24V	01	0V	+24V
02	Xm+0.0	Xm+0.1	02	Xm+3.0	Xm+3.1
03	Xm+0.2	Xm+0.3	03	Xm+3.2	Xm+3.3
04	Xm+0.4	Xm+0.5	04	Xm+3.4	Xm+3.5
05	Xm+0.6	Xm+0.7	05	Xm+3.6	Xm+3.7
06	Xm+1.0	Xm+1.1	06	Xm+4.0	Xm+4.1
07	Xm+1.2	Xm+1.3	07	Xm+4.2	Xm+4.3
08	Xm+1.4	Xm+1.5	08	Xm+4.4	Xm+4.5
09	Xm+1.6	Xm+1.7	09	Xm+4.6	Xm+4.7
10	Xm+2.0	Xm+2.1	10	Xm+5.0	Xm+5.1
11	Xm+2.2	Xm+2.3	11	Xm+5.2	Xm+5.3
12	Xm+2.4	Xm+2.5	12	Xm+5.4	Xm+5.5
13	Xm+2.6	Xm+2.7	13	Xm+5.6	Xm+5.7
14	DICOM0		14		DICOM5
15			15		
16	Yn+0.0	Yn+0.1	16	Yn+2.0	Yn+2.1
17	Yn+0.2	Yn+0.3	17	Yn+2.2	Yn+2.3
18	Yn+0.4	Yn+0.5	18	Yn+2.4	Yn+2.5
19	Yn+0.6	Yn+0.7	19	Yn+2.6	Yn+2.7
20	Yn+1.0	Yn+1.1	20	Yn+3.0	Yn+3.1
21	Yn+1.2	Yn+1.3	21	Yn+3.2	Yn+3.3
22	Yn+1.4	Yn+1.5	22	Yn+3.4	Yn+3.5
23	Yn+1.6	Yn+1.7	23	Yn+3.6	Yn+3.7
24	DOCOM	DOCOM	24	DOCOM	DOCOM
25	DOCOM	DOCOM	25	DOCOM	DOCOM

(b) 简易型I/O单元插座

图 3-4-22（续）

3.4.4 任务实施：连接和调试圆盘式简易刀库

本任务以 FANUC 0i-Mate C7125 加工中心为例，进行圆盘式刀库换刀控制系统的电气连接和功能调试，系统电气原理如图 3-4-23～图 3-4-26 所示。

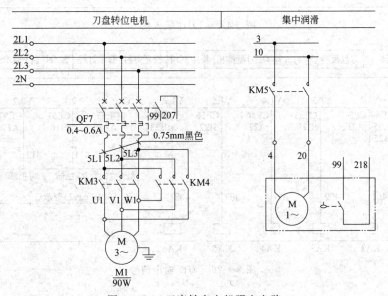

图 3-4-23 刀库转盘电机强电电路

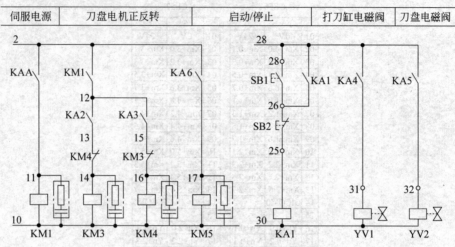

图 3-4-24　刀库转盘电机正反转控制电路

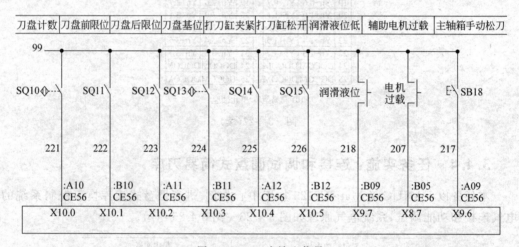

图 3-4-25　刀库输入信号

刀盘正转		刀盘反转	打刀缸松刀	刀盘推出	集中润滑	警示灯红	警示灯绿	警示灯黄	警示灯蜂鸣
DOCOM	Y1.2	Y1.3	Y1.4	Y1.5	Y1.7	Y2.0	Y2.1	Y2.2	Y2.3
CE56 CE57 :A25 :A25 :B25 :B25	CE56 :A21	CE56 :B21	CE56 :A22	CE56 :B22	CE56 :B23	CE57 :A16	CE57 :B16	CE57 :A17	CE57 :B17
						410	411	412	413

红色线　绿色线　黄色线　橙色线

TL-50LLI/cgy23警示灯　　　黑色线

	401	402	406	407	408				
29 30	KA2	KA3	KA4	KA5	KA6				

图 3-4-26　刀库输出信号

所使用电气元件如表 3-4-3 所示。

表 3-4-3　圆盘式换刀控制电路所需电气元件

序号	元　件	型　号	序号	元　件	型　号
1	电源总开关	HR-31	11	中间继电器	IDEC-RU2S-D24
2	空气开关	SIEMENS-5sj63MCB-D25	12	交流电抗器	A81L-0001-0155
3	空气开关	SIEMENS-5sj62MCB-D6	13	开关电源	S-150-24
4	伺服变压器	SG-200-4kV·A	14	伺服放大器	FANUC βiSV-20
5	控制变压器	JBK3-630-630V·A	15	数控装置	FANUC 0i-Mate MC-H
6	交流接触器	SIEMENS-3RT5017-1AN21	16	机床操作面板	FANUC 0i-Mate MC-sunrise-BAM
7	交流接触器	SIEMENS-3RT5017-1AN20	17	I/O 控制板	FANUC-ME-1
8	交流接触器	SIEMENS-3RT5017-1AN22	18	空气开关	SIEMENS-3vu1340-1ME00
9	气阀	4v210-88	19	刀库系统	Magazine-mill
10	打刀缸	SY-45	20	手动换刀按钮	AH165-SF

一、硬件连接

（1）完成任务 3.3 所有连接。

（2）按图 3-4-23 完成刀盘转位电机强电电路连接，其中线号 2L1、2L2、2L3 为三相 380A·V 输入，线号 3、10 为经机床变压器输出的单相 220V；线号 99 与 PLC 内部＋24V 供电端子相连，经润滑泵液面检测开关后，线号 218 为滑润油液位检测 PLC 输入信号；207 为刀盘转位电机过载报警 PLC 输入信号；KM5 为控制集中润滑泵的交流接触器，KA6 为控制 KM5 交流接触器线圈的中间继电器。

（3）按图 3-4-24 完成刀盘转位电机正反转控制电路连接，KM3 与 KM4 为刀盘转位电机正反转控制交流接触器，KA2 和 KA3 为控制 KM3 和 KM4 交流接触器线圈的中间继电器。

（4）按图 3-4-25 和图 3-4-26 完成刀库 I/O 信号连接，其中线号 29、30 为经开关电源后获得的＋24V 电源与 0V 基准电压，作为 PLC 输出端的外部供电电源。

完成连接后的刀库换刀系统控制电路图如 3-4-27 所示。

二、主轴定向的调试

主轴定向调整方法如下。

（1）在 MDI 方式下执行 G91G49G30Z0M19，使主轴准停。

（2）按下急停按钮，手动将圆盘刀库逐渐靠近主轴。

（3）用手转动主轴，将主轴上的刀具驱动槽与刀库上驱动块对齐。

（4）依次按[SYSTEM]软键→[诊断]软键，输入 445，按[SEARCH]软键，显示诊断画面。

（5）将诊断数据 DGN No.445 的值赋予参数 PRM4077（主轴定向角度偏置）。

（6）将刀库移回退出，装上主轴端面键。

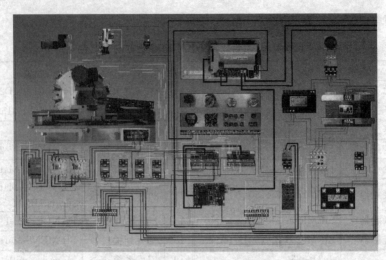

图 3-4-27   刀库换刀控制电路连接图

常见故障处理及诊断实例

数控机床外围辅助设备由 PLC 进行控制，设备的实施状态也由 PLC 来实现监控，因此，外围故障通常与系统的 PLC 紧密相关。

一、PLC 和外围线路的关系

在数控机床中，PLC 是机床与 CNC 之间信号传递的桥梁，而外围线路则是起到将机床侧的信号与 PLC 信号进行转换的作用。机床侧的手动操作信号和状态检测信号通过外围线路才能传递给 PLC，作为 PLC 的输入信号；同样，PLC 的输出信号也需要经过外围线路的转换才能实现对外部设备动作的控制。图 3-4-28 中，PLC 输出的冷泵启动信号

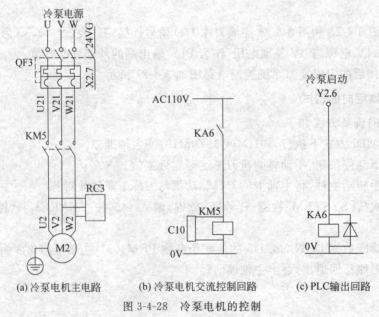

(a) 冷泵电机主电路   (b) 冷泵电机交流控制回路   (c) PLC 输出回路

图 3-4-28   冷泵电机的控制

Y2.6需要通过中间继电器KA6来控制接触器KM5,从而启动冷泵电机。

与PLC相关的外围线路中,每一路信号都有一个PLC地址与其对应。因此,根据这一特点,可以充分利用PLC功能进行外围线路故障的诊断。

二、数控机床PLC相关故障的特点及表现形式

1. 数控机床PLC相关故障的特点

PLC在数控机床上起到连接NC与机床的桥梁作用,一方面,它不仅接受NC的控制指令,还要根据机床侧的控制信号,在内部顺序程序的控制下,给机床侧发出控制指令,控制电磁阀、继电器、指示灯,并将状态信号发送到NC;另一方面,在大量的开关信号处理过程中,任何一个信号不到位,任何一个执行元件不动作,都会使机床出现故障。在数控机床的维修过程中,这类故障占有较大的比例。

大多数有关PLC的故障是外围接口信号故障。原先正常使用的数控机床出现故障后,一般不应该怀疑其PLC程序的正确性。数控系统在运行时有专门的程序对PLC实施监控和诊断,一旦PLC出现存储错误、硬件错误,系统都会发出相应的报警。所以,如果机床出现外围故障,通常问题出在PLC相关接口的外部强电回路,或是PLC的I/O硬件端口。例如在维修时,如果通过诊断,确认PLC程序有输出,而PLC的物理接口没有输出,则可判断为I/O硬件接口电路故障。

2. 数控机床PLC故障的表现形式

设计良好的PLC具有较为完善的报警功能。与数控系统故障报警不同,数控机床的外围故障报警是由机床生产厂家根据机床的结构和类型而设计,不同结构类型和不同厂家的机床会有不同的外围故障报警系统。

当数控机床出现PLC方面的故障时,一般有以下三种表现形式:通过指示灯或报警文本显示故障报警;有故障显示,但不反映故障的真正原因;没有任何提示。对于后两种情况,可根据PLC的梯形图和输入、输出状态信息来分析和判断故障的原因,这种方法是解决数控机床外围故障的基本方法。

三、数控机床PLC相关故障诊断的步骤

1. 确认PLC的运行状态

当故障产生时,首先应确认PLC的运行状态。

有些数控系统可以通过系统面板直接编辑PLC程序。但在编辑状态,PLC是不能执行程序的,因此也就没有输出。对此类系统,一定要确保将PLC设定为自动启动状态,否则给机床通电后,PLC不会运行,所有的外部动作都不会执行。

2. 定位不正常输出的原因

在PLC正常运行情况下,分析与PLC相关故障时,应先定位不正常输出的原因。例如,机床进给停止是因为PLC向系统发出了进给保持的信号;机床润滑报警是因为PLC输出了润滑监控的状态;换刀中止,是某一动作的执行元件没有接到PLC的输出信号。定位不正常的原因即是故障查找的开始,这一点需要维修人员掌握PLC接口指示,掌握数控机床的一些顺序动作的时序关系。

3. 查找故障点

确定产生异常的原因后,从PLC输出点开始检查,检查系统对应该动作的PLC端口

是否有输出信号，如果有但没有执行，则通过电气原理图，检查强电部分相关电路；如果PLC没有输出，则检查PLC程序，查看使之输出需满足的条件。

四、数控机床PLC故障诊断方法及实例

1. 根据报警号诊断故障

数控机床的PLC程序属于机床厂家的二次开发，即厂家根据机床的功能和特点，编制相应的动作顺序以及报警文本，对控制过程进行监控。当出现异常情况，系统会发出相应的报警信息，便于用户排除故障。因此，在维修过程中，要充分利用这些信息。

例3-4-1　"1010空气压力异常"报警故障诊断。

故障现象：在自动运行状态下进行加工生产时，显示器屏幕上突然出现"1010空气压力异常"报警。

技术准备：查阅该机床维修手册，得知"1010空气压力异常"报警发生的原因是进入机床的压缩空气压力未能达到机床的要求（压缩空气压力不得低于0.4MPa），手册给出的故障排除建议是保证供给的机床压缩空气压力不得低于0.4MPa。

故障分析：

（1）根据手册，建议检查压缩空气的压力，发现压力监测表上的压力为0.5MPa，在机床要求的范围内。

（2）查阅电气图纸得知，压缩空气压力是由一只压力开关（地址是X2.3）进行检测的，当压力在机床允许的范围内时（0.4～0.6MPa），压力开关的触点闭合，状态为"1"；当压力低于0.4MPa时，压力开关的触点便断开，状态为"0"，该状态输入到PMC中进行逻辑判定处理后，认为不能满足机床正常运行，便在屏幕上报出错误代码和报警信息。

（3）压缩空气的压力正常，而屏幕出现压力异常报警，初步判断可能是压力检测开关出现问题。

故障处理：检查压缩空气的压力检测开关，发现其触点被卡死，导致触点一直处于断开状态。更换检测开关，重新给机床通电并运行，故障排除。

2. 根据动作顺序诊断故障

数控机床上刀具及托盘等装置的自动交换动作，都是按一定的顺序来完成的。因此，观察机械装置的运动过程，比较故障时和正常时的动作情况，就可发现疑点，诊断出故障原因。

例3-4-2　加工中心换刀故障诊断。

故障现象：加工中心在换刀过程中，换刀臂平移至位置C时，无拔刀动作。

故障分析：图3-4-29是某立式加工中心自动换刀控制示意图。ATC工作的起始动作状态是：主轴保持要交换的旧刀具，换刀臂在B

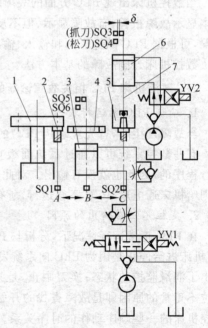

图3-4-29　自动换刀控制示意图

1—刀库；2—刀具；3—换刀臂升降油缸；
4—换刀臂；5—主轴；6—主轴油缸；7—拉杆

位置,之后换刀臂在上部位置,刀库已将要交换的新刀具定位。自动换刀的动作顺序为:换刀臂左移($B{\to}A$)→换刀臂下降(从刀库拔刀)→换刀臂右移($A{\to}B$)→换刀臂上升→换刀臂右移($B{\to}C$,抓住主轴中的刀具)→主轴液压缸下降(松刀)→换刀臂下降(从主轴拔刀)→换刀臂旋转$180°$(两刀具交换位置)→换刀臂上升(抓刀)→换刀臂左移($C{\to}B$)→刀库转动(找出旧刀具位置)→换刀臂左移($B{\to}A$,返回旧刀具给刀库)→换刀臂右移($A{\to}B$)→刀库转动(寻找下把刀具)。

根据换刀的工作原理,换刀臂平移至 C 位置时,无拔刀动作,引起故障的原因可能如下。

(1) 换刀臂到达 C 处的位置检测开关 SQ2 无信号,使松刀电磁阀 YV2 未激励,因此主轴仍处于抓刀状态,导致换刀臂不能下移。

(2) 松刀到位检测的接近开关 SQ4 无信号,则表明刀具未彻底放松,换刀臂升降电磁阀 YV1 状态不变,导致换刀臂不下降。

(3) 控制刀臂升降的 YV1 电磁阀有故障,接收信号后不能动作。

(4) 经检查发现,松刀到位检测开关 SQ4 未发信号。对 SQ4 作进一步检查,发现其感应间隙过大,导致刀具彻底放松后,接近开关也无信号输出,从而造成动作障碍。

3. 根据控制对象的工作原理诊断故障

数控机床的 PLC 程序是按照控制对象的工作原理设计的,通过对控制对象工作原理的分析,结合 PLC 的 I/O 状态是诊断故障很有效的方法。

例 3-4-3 数控车床"液压系统压力异常"报警故障。

故障现象:一台配备 FANUC 0T 系统的某数控车床,当用脚踏尾座开关,使套筒顶尖顶紧工件时,系统产生"液压系统压力异常"报警。

故障分析:根据报警信息,查阅尾架套筒相关的电气原理图,如图 3-4-30 所示。进入系统"PLC 输入信号状态"显示页面,在踩下脚踏开关后,检查与套筒相关的 PLC 输入信号,发现脚踏向前开关输入 X0.42 的状态为"1";脚踏尾座转换开关输入 X17.3 的状态为"1";液位开关输入 X17.6 为"1",说明润滑油供给正常。调出 PLC 输出信号显示页面,当脚踏向前开关时,输出 Y49.0 为"1",同时,电磁阀 YV4.1 也得电,这说明 PLC 输入、输出状态均正常。

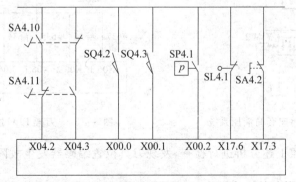

图 3-4-30　尾座套筒的 PLC 输入开关

图 3-4-31 是尾座套筒液压系统。当电磁 YV4.1 通电后,液压油经减压阀、节流阀和被控单向阀进入尾座套筒液压缸,使其向前顶紧工件,因管道内压力上升,压力继电器常开触点接通。松开脚踏开关后,电磁换向阀处于中间位置,油路停止供油。由于液控单向阀的作用,尾座套筒向前时的油压得到保持,该油压使压力继电器常开触点继续保持接通状态,则系统 PLC 输入信号 X00.2 应为"1"。但是检查系统 PLC 输入信号 X00.2,发现其状态为"0",说明压力继电器有问题。经检查,压力继电器 SP4.1 触点开关损坏,油压到达信号无法建立,造成 PLC 对应输入点信号状态为"0",系统认为尾座套筒未顶紧而产生报警。

故障处理:更换新的压力继电器,调整压力触点,使其在向前脚踏开关动作后接通并保持到压力取消。

例 3-4-4　数控车床刀架不能定位故障。

故障现象:一台配备 FANUC 0T 系统的数控车床,产生刀架奇偶报警,奇数位刀能定位而偶数位刀不能定位。

故障分析:图 3-4-32 所示为刀架的 PLC 控制信号。在机床侧输入 PLC 信号中,刀架位置编码有 5 根信号线,这是一个二进制 8421 编码,它们对应 PLC 的输入信号为 X06.0,X06.1,X06.2,X06.3 和 X06.4。在刀架的转位过程中,这 5 个信号根据刀架的变化而进行不同的组合,从而输出刀架的奇偶位置信号。若刀具位置 #634 线信号恒为"1",则不管其余三根线的信号如何变化,数据结果肯定为奇数,不可能为偶数。所以,根据故障现象可知,造成奇数位刀能定位、偶数位刀不能定位的原因可能是 #634 信号恒为"1"。

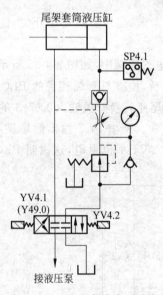

图 3-4-31　尾座套筒液压系统

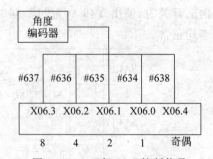

图 3-4-32　刀架 PLC 控制信号

故障处理:按照上述分析进行检查,发现刀具位置编码器发生故障。更换编码器,故障排除。

4. 根据 PLC 的 I/O 状态诊断故障

在数控机床中,输入、输出信号的传递,一般要通过 PLC 的 I/O 接口来实现,因此一些故障会在 PLC 的 I/O 接口通道上反映出来。数控机床的这个特点为故障诊断提供了方便。如果不是数控系统硬件故障，可以不必查看梯形图和有关电路图，而是通过查询 PLC 的 I/O 接口状态，就可找出故障原因，因此熟悉控制对象的 PLC 的 I/O 正常状态，有利于快速判断故障原因。

例 3-4-5 数控机床防护门关不上而造成不能进行自动加工的故障。

故障现象：某数控机床出现防护门关不上，自动加工不能进行的故障，而且无故障显示。

故障分析：关闭防护门是由气缸来完成的，而气缸的动作则由 PLC 输出 Q2.0 控制电磁阀 YV2.0 来实现。检查 Q2.0 的状态，其状态为"1"，但电磁阀 YV2.0 却没有得电，对照原理图发现，PLC 输出 Q2.0 是通过中间继电器 KA2.0 来控制电磁阀 YV2.0 的，检查 PLC 的 Q2.0 输出至电磁阀 YV2 之间的线路和器件状态，可以发现，中间继电器损坏，由此引起故障。

另外一种简单实用的方法，就是将数控机床的输入、输出状态列表，通过比较正常状态和故障状态时各信号的状态，就能迅速诊断出故障部位。表 3-4-4 所示为某数控机床的 PLC 输入、输出状态。

表 3-4-4 PLC 输入、输出状态

接 口		本项状态	通常状态	本项状态内容
输入	I0.0	0	1	急停，急停常闭触点断
	I3.1	1	0	主轴冷却油压过高，压力继电器 SP92 闭合
	I15.7	0	1	分度工作台限位开关 SQ12 断
输出	Q0.0	1	1	液压开，继电器 KA11 吸合
	Q0.4	1	1	分度台无制动，抱闸线圈 YB15 得电
	Q0.7	1	0	分度台旋转，继电器 KA43 吸合
	Q5.5	1	0	机械手向下，电磁阀 YV24 得电
	Q11.7	1	0	刀库旋转，继电器 KA35 吸合

例 3-4-6 机床不能启动，但无报警信号。

故障现象：数控机床不能启动，但屏幕或面板无任何报警信号。

故障分析：这种情况大多是由于机床侧的准备工作没有完成，如润滑准备、冷却准备等。根据表 3-4-4，查阅与 PLC 有关的输入、输出接口，发现 I3.1 为"1"，其余均正常。从接口表看，I3.1 正常状态为"0"，检查压力开关 SP92，发现滤油阀脏使管路堵塞，造成油压增高。

处理办法：清洗滤油阀，疏通管路。

5. 通过 PLC 梯形图诊断故障

根据 PLC 的梯形图来分析和诊断故障是解决数控机床外围故障的基本方法。采用这种方法诊断机床故障时，首先应该了解机床的工作原理、动作顺序和连锁关系，然后利用 PLC 系统的自诊断功能或通过机外编程器，根据 PLC 梯形图查看相关的输入、输出及标志位的状态，以确定故障原因。

例 3-4-7　回转工作台不分度故障。

故障现象：一台配备 SINUMRIK810 数控系统的加工中心，出现分度工作台不分度的故障且无报警。

故障分析：工作台分度时，首先将分度的齿条与齿轮啮合，这个动作是靠液压装置来完成的，由 PLC 输出 Q1.4 控制电磁阀 YV14 来执行，PLC 梯形图如图 3-4-33 所示。通过数控系统的自诊断功能中的［STATUS PLC］（PLC 状态）软键，实时查看 Q1.4 的状态，发现其状态为"0"，查看 PLC 梯形图可知，F123.0 状态为"0"，导致 Q1.4 状态为"0"；按梯形图继续逐个检查，发现 F105.2 为

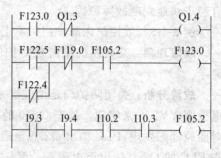

图 3-4-33　分度工作台 PLC 梯形图

"0"导致 F123.0 也为"0"，根据梯形图可知，I9.3，I9.4，I10.2 和 I10.3 为 4 个接近开关的检测信号，用以检测齿条和齿轮是否啮合。工作台分度时，这 4 个接近开关都应该有信号，即 I9.3，I9.4，I10.2 和 I10.3 应闭合。查看［STATUS PLC］中的输入信号，发现 I10.2 为"0"，从而导致 F105.2 为"0"。

处理方法：检查机械传动部分和机械传动开关是否有故障。

6. 动态跟踪梯形图诊断故障

现代数控系统多数带有梯形图实时监控功能，调出梯形图监视画面，可以看到输入/输出点的状态和梯形图执行的动态过程，可以在线监控程序的运行。但是，某些信号在梯形图内部处理的时间很短，其状态可能在瞬间就发生了变化，通过查看 I/O 及标志位状态无法实现跟踪，此时需要通过 PLC 动态跟踪这些信号，实时观察 I/O 及标志位状态的瞬间变化，根据 PLC 的动作原理做出诊断。有些系统如 FANUC 0i 系列系统，提供 PLC 信号的跟踪功能（TRACE），可检查信号变化的履历，记录信号连续变化的状态，特别对一些偶发性的、特殊故障的查找、定位起着重要的作用。在 FANUC 0i 系统中，用功能键［SYSTEM］切换屏幕，依次按［PMC］软键→［PMCDGN］→［TRACE］即可进入信号跟踪屏幕。

例 3-4-8　自动加工中心中 NC 程序偶尔无故停止故障。

故障现象：某国产加工中心使用的是 FANUC 0i 系统。在自动加工过程中，NC 程序偶尔无故停止，工件端托盘已装夹好的夹爪自动打开（不正常现象），CNC 状态栏显示"MEM STOP***"，此时无任何报警信息，检查诊断画面，并未发现异常，按 NC 启动便可继续加工。

故障分析：经观察，CNC 都是在执行 M06（换刀）时停止的，主要动作是 ATC 手臂旋转和主轴（液压）松开/拉紧刀具。

根据故障现象，结合机床换刀动作原理，怀疑 CNC 无故停止是由于加工区侧的工件托盘卡爪出现问题。工件托盘卡爪的夹紧和放松由 PLC 通过输出地址 Y25.1 控制。使用梯形图实时显示功能，追查置 PLC 输出 Y25.1 为"1"的条件。经查，怀疑与加工区侧的托盘夹紧检测压力开关（信号输入地址为 X1007.4）有关。

使用"TRACE"信号跟踪功能,在自动加工过程中,监视 X1007.4 的变化情况。当 NC 再次在执行 M06 换刀指令停止时,在"TRACE"屏幕上,跟踪到 X1007.4 的一个采样周期从原来的状态"1"跳转为"0",再变回"1",从而确认该压力开关有问题。通过分析梯形图得知,在主轴松开/夹紧刀具时,液压系统压力有所波动(在合理的波动范围内),造成该压力开关动作,造成工件未夹紧的假象,以致造成在自动加工过程中,NC 程序偶尔无故停止。

故障处理:调整此开关动作压力,但故障依旧,于是将此开关更换,故障排除。

综上所述,PLC 故障诊断的要点是:

(1) 要了解数控机床各部分检测开关的安装位置。如加工中心的刀库,机械手和回转工作台,数控车床的旋转刀架和尾架,机床的气、液压系统中的限位开关、接近开关和压力开关等,要清楚检测开关作为 PLC 输入信号的标志。

(2) 要了解执行机构的动作顺序。如液压缸、气缸的电磁换向阀等,要清楚对应的 PLC 输出信号标志。

知识拓展 1：机械手刀库的自动换刀

机械手换刀的机械结构随机床布局不同而异。目前在数控机床上用得最多的是回转式单臂双爪机械手,多采用随机换刀方式。下面以单臂双爪机械手平行布置的加工中心为例,介绍换刀的动作过程。

1. 机械手换刀流程

(1) 主轴端:主轴箱回到最高处(Z 坐标零点),同时实现"主轴准停",即主轴停止回转并准确停止在一个固定不变的角度方位上,保证主轴端面的键也在一个固定的方位,使刀柄上的键槽能恰好对正主轴上的端面键,如图 3-4-34(a)所示。

刀库端:刀库旋转选刀,将要更换刀号的新刀具转至换刀工作位置。然后,刀库刀套作 90°的翻转,将刀具翻转至与主轴平行的角度方位,如图 3-4-34(b)所示。

(2) 机械手分别抓住主轴上和刀库上的刀具,气缸推动卡爪松开主轴上的刀柄拉钉,然后进行主轴吹气,如图 3-4-34(c)所示。

(3) 活塞杆推动机械手伸出,从主轴和刀库上取出刀具,如图 3-4-34(d)所示。

(4) 机械手回转 180°,交换刀具位置,如图 3-3-34(e)所示。

(5) 将更换后的刀具装入主轴和刀库,主轴气缸缩回,卡爪卡紧刀柄上的拉钉,如图 3-4-34(f)所示。

(6) 机械手放开主轴和刀库上的刀具后复位,如图 3-4-34(g)所示。刀库的刀套再作 90°的翻转,将刀具翻转至与刀库中刀具平行的角度方位,如图 3-4-34(h)所示。

(7) 系统根据位置检测开关的信号发出"换刀完毕"信号,主轴自由,机床可以开始加工或作其他程序动作。

2. 换刀过程中常用到的位置检测开关的作用

在采用机械手换刀方式中,常用到的位置检测开关有:用于检测刀库中刀套位置的水平位置检测开关和刀套垂直位置检测开关;用于检测机械手位置的原始位置检测开关

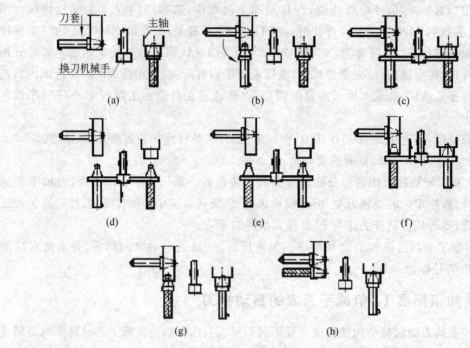

图 3-4-34　平行布置机械手的换刀过程分解

和扣刀位置检测开关；主轴刀具夹紧和放松位置检测开关，以及用于检测 Z 轴是否到达换刀位置的 Z 轴位置检测开关。

📖 知识拓展 2：电气安全控制回路

　　安全控制系统必须提供一种高度可靠的安全保护手段，最大限度地避免机器的不安全状态、保护生产装置和人身安全，防止恶性事故的发生，减少损失。它能在开车、停车、出现工艺扰动以及正常维护操作期间对机器设备提供安全保护。一旦机器设备本身出现危险，或由于人为原因而导致危险时，系统应立即做出反应并输出正确信号，使机器安全停车，以阻止危险的发生或事故的扩散。

　　一套安全控制系统，由安全输入信号（即安全功能，如紧急停止信号、安全门信号等）、安全控制模块（如安全继电器、安全 PLC）和被控输出元件（如主接触器、阀等）三部分组成。

　　要使设备达到相应的安全等级就离不开必要的安全元件和安全线路，常见的安全元件有急停按钮、双手按钮、安全门开关、安全光栅等。这些元件通过线路（一般是双回路）连接到安全控制的核心，此核心不是普通的 PLC，因为它不具备安全功能。

　　具有安全要求的机器中，普通的继电器或者 PLC 被广泛地作为控制模块，对安全功能进行监控。从表面看来，这样的机器在一定条件下也能够保证安全性。但是，当普通的继电器和 PLC 由于自身缺陷或外界原因导致功能失效时（如触点熔焊、电气短路、处理器紊乱等故障），就会丢失安全保护功能，引发事故。

而对于安全控制模块,由于其采用冗余、多样的结构,加上自我检测和监控、可靠电气元件、反馈回路等安全措施,保证在器件本身缺陷或外部故障的情况下,依然能够保证安全功能,并且可以及时检测出故障,从而最大限度保证了整个安全控制系统的正常运行,保护了人和机器的安全。

电气安全控制的方式大致分为以下几种。

(1) 用普通继电器搭建有自锁和互锁功能的双回路线路。这种是最原始的安全控制方式,具有较低的安全等级。其优点是成本低廉,缺点是维护和改造十分复杂,无法监控。

(2) 使用安全继电器搭建安全回路。20 世纪随着安全继电器的出现,已经越来越多地应用于各种工业设备中。通常用于控制单一安全功能或小型安全控制系统。其安全输出通常为继电器触点输出或晶体管输出。无论采用何种形式的输出结构,安全继电器都能够保证至少有 2 个通道输出的控制,在一个输出通道出现故障的情况下,另外一个冗余的通道依然能够保证安全继电器的安全功能,并及时检测出故障通道。常见的安全继电器品牌有皮尔兹、施迈赛等,现在西门子、欧姆龙等系统集成商也相继推出了自己的安全继电器产品。此控制方式成本适中,能达到较高的安全等级,但如果安全元件多,线路依然会比较复杂,不适于大型生产线的安全控制。

(3) 使用安全 PLC 进行安全控制。安全可编程控制器的 CPU 采用冗余的多处理器结构。各个处理器之间相互监控,一旦出现不一致,立刻使控制器处于安全状态,并且发出报警信息;同时,安全可编程控制器对内部的 RAM、EPROM、输入输出寄存器等元件进行实时监控,并且采用特殊的测试脉冲对输入信号和被控输出元件进行检测。一旦出现任何安全隐患,控制器立刻切换至安全保护状态。安全总线系统适用于大型、离散式的安全控制系统,其原理是在现有工业现场总线的基础上,采用了一系列的时间检测、地址检测、连接检测和 CRC 冗余校验等措施,达到高的安全等级。安全 PLC 是 20 世纪末出现的产品,它的优点是可编程性能强大,使用安全总线能实现很高要求的安全控制,但成本较高。

(4) 使用可编程安全继电器进行安全控制。可编程安全继电器是近年推出的安全产品,它介于安全 PLC 和安全继电器之间,既具有一定的可编程性,价格也不是很高。安全继电器是一个多功能、可自由配置的模块化安全系统。与其他普通安全继电器不同,可编程安全继电器的安全电路可在个人电脑上使用图形配置工具轻松生成。通过基础模块上的 RS-232 接口可以直接向可编程安全继电器写入程序。

课后思考与任务

(1) 数控机床 PLC 有哪些控制对象?

(2) 数控机床 PLC 的输入开关有哪些形式?

(3) 数控机床 PLC 故障可用哪些方法来诊断?

(4) 简述 PLC 在数控机床的作用。

调整数控机床整机性能

◆ **知识点**

(1) 整机联调的工作内容、方法和步骤；
(2) 机床精度的检测标准以及检测方法；
(3) 计算机与机床通信的基本知识。

◆ **技能要求**

(1) 能正确调整机床限位并进行参数设置；
(2) 能正确使用常规仪表测量机床几何精度；
(3) 能正确检测和补偿机械反向间隙；
(4) 能正确进行机床数据的备份和恢复。

任务 4.1　设置数控机床的限位和参考点

◆ **学习目标**

(1) 能够正确设置数控机床硬限位和软限位；
(2) 能够进行数控机床回参考点功能的调试。

◆ **任务说明**

　　为了保障机床运行安全，机床的坐标轴通常设置有软件限位(存储行程检查)和硬件限位(安装行程开关)两道保护"防线"。限位问题是数控机床常见故障之一，因此硬限位的调试和软限位的设置对于数控机床的正常运行有着重要的意义。

回参考点是为确立数控机床的基准点而进行的操作。参考点即机床坐标系的原点，是机床上一个固定的点。配置增量式编码器的数控机床，在断电后，控制系统不会记忆各坐标轴位置。再次接通电源后，必须让机床各轴回到参考点上，才能重新建立机床坐标系，螺距误差补偿等功能也才能生效。

在更换、拆卸电机或编码器后，因参考点位置可能发生偏移，需要重新设定参考点位置。

本任务主要是通过训练，学会正确调整数控机床软件限位、硬件限位、参考点位置。

◆ 必备知识

4.1.1 数控机床的行程保护与设定

坐标轴的行程保护有两种：自动进行存储行程检查的软件限位保护和通过安装行程开关实现的硬件限位保护。

1. 软件限位保护

软件限位是 CNC 根据实际位置或指令位置值，自动判断坐标轴是否超程的功能，它通过设定 CNC 参数实现，在完成回参考点操作、建立机床坐标系后生效。各轴正向软限位值可在参数 PRM 1320 中设定，负向软限位值可在 PRM 1321 中设定。

2. 硬件限位保护

如果 CNC 无法正确检测机床坐标轴的实时位置，即使当前已经超出软件限位位置，机床坐标轴仍会继续移动。为避免机械部件受损，坐标轴对应的行程限位开关会向数控系统发出超程信号，迫使机床坐标轴立即停止移动。这种采用行程开关的限位方式称为硬件限位。硬件限位保护功能分为超极限急停和硬件限位两种，前者需要将行程开关信号与急停信号串联，通过紧急分断强电安全电路，直接关闭驱动器电源，实现紧急停机；后者可通过 PMC 程序向 CNC 输入行程限位信号 $*+Ln$、$*-Ln$，停止指定轴的制定方向运动，并在 CNC 上显示报警。

图 4-1-1 所示为数控车床 TK1640 的外部急停控制电路。当机床限位开关未压下，处于非急停状态时，KA2 继电器线圈通电，其触点吸合，并且在伺服未报警、主轴未报警时，PLC 输出点 Y00 发出伺服强电允许信号，KA3 继电器线圈通电，从而令 KA1 继电器线圈通电，其触点吸合，使交流控制回路中的 KM1 交流接触器线圈通电，使其触点吸合，从而接通伺服驱动装置的电源。一旦限位行程开关被压下，KA2 线圈电路即被切断，令机床进入紧急停止状态。

超极限保护、硬件限位、软件限位的相对位置应按图 4-1-2 设定。图中 SQ1 和 SQ2 为机床 X 轴正负方向的硬件限位开关，SQ3 为 X 轴正向返回参考点的减速开关。需要注意的是软件限位的位置不能超过硬件限位的位置，否则软件限位的功能不会起到作用，设置的软件限位参数也就失去意义。

4.1.2 位置检测装置

数控机床位置检测装置的作用是检测运动部件位移并将信号反馈至数控系统，与系

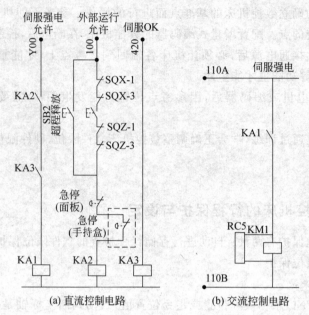

图 4-1-1　TK1640 的外部急停控制电路

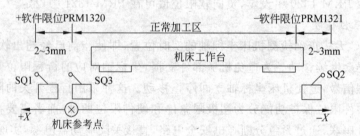

图 4-1-2　坐标轴的软件限位、硬件限位的相对位置

统发出的指令进行比较，若有偏差，则经过放大后控制执行部件向消除误差的方向运动，直至偏差为零。

根据不同的工作条件和测量要求，位置检测方法有不同的分类。按测量基点类型，可分为增量式、绝对式；按检测方式，可分为直接式和间接式；按检测元件运动方式，可分为直线型和回转型。

增量式测量只测量位移增量，每移动一个测量单位就发出一个测量信号；绝对式测量方式中，被测量的任意一点位置均以固定的零点作基准，每一个被测点都有相应的测量值；直接测量是将测量装置直接安装在执行部件上，间接测量则是将测量装置安装在滚珠丝杠或驱动电机轴上，通过测量转动件的角位移来间接测量执行部件的直线位移。直线型检测用来检测运动部件的直线位移量，回转型检测用于检测回转部件的转动位移量。

目前，数控机床上常用的光电脉冲编码器是一种将机械转角变为电脉冲的回转式脉冲发生器。

（1）增量型编码器

工作原理：由一个中心有轴的光电码盘，其上有环形通、暗的刻线，由光电发射和接收器件读取,获得四组正弦波信号组合成 A、B、C、D,每个正弦波相差 90°相位(相对于一个周波为 360°),将 C、D 信号反向,叠加在 A、B 两相上,可增强稳定信号;另每转输出一个 Z 相脉冲以代表零位参考位。

由于 A、B 两相相差 90°,可通过比较 A 相在前还是 B 相在前,以判别编码器的正转与反转,通过零位脉冲,可获得编码器的零位参考位。

分辨率:以编码器每旋转 360°能提供多少的通或暗刻线称为分辨率,也称为解析分度,或直接称为多少线。一般在每转 5~10 000 线。

信号输出:信号输出有正弦波(电流或电压)、方波(TTL、HTL)、集电极开路(PNP、NPN)、推拉式多种形式,其中 TTL 为长线差分驱动(对称 A,A−;B,B−;Z,Z−),HTL 也称推拉式、推挽式输出,编码器的信号接收设备接口应与编码器对应。

信号连接:编码器的脉冲信号一般连接计数器。如单相连接,用于单方向计数,单方向测速。A、B 两相连接,用于正反向计数、判断正反向和测速。A、B、Z 三相连接,用于带参考位修正的位置测量。A、A−,B、B−,Z、Z−差分式连接,可实现较远距离信号传输,信号传输距离可达 150m。对于 HTL 推挽式信号输出的编码器,信号传输距离可达 300m。

增量式编码器的问题:增量型编码器存在零点累计误差,抗干扰较差,接收设备的停机需断电记忆,开机应找零或参考位等问题,这些问题如选用绝对型编码器可以解决。

(2)绝对式脉冲编码器

与增量式脉冲编码器不同,绝对式编码器是通过读取编码盘上的图案确定轴的位置。码盘的读取方式有接触式、光电式和电磁式等几种。最常用的是光电式编码器。

光电绝对式编码器光码盘上有许多道光通道刻线,每道刻线依次以 2 线、4 线、8 线、16 线……编排。这样,在编码器的每一个位置,通过读取每道刻线的通、暗,获得一组从 2^0 到 2^{n-1} 次方的唯一的二进制编码(格雷码),这就称为 n 位绝对式编码器。当绝对式编码器轴旋转器时,有与位置一一对应的代码输出,从代码大小的变更即可判别正反方向和所处的位置,而无须判向电路。它有一个绝对零位代码,当停电或关机后再开机重新测量时,仍可准确地读出停电或关机位置的代码,并准确地找到零位代码。绝对式编码器每一个位置绝对唯一、抗干扰能力强、无须掉电记忆,目前已经广泛地应用于各种工业系统中的角度、长度测量和定位控制。

FANUC 伺服电动机内装的编码器是一种光电编码器。图 4-1-3 所示为 FANUC 编码器 A64 的实物图。在 FANUC 的伺服系统中,编码器和伺服电动机同轴相连,兼具速度检测和位置检测功能,其检测信号实时反馈给数控系统,通过电流环、速度环和位置环控制,保证电动机的高精度同步定位。

FANUC 的绝对式编码器从结构上看应属于增量式编码器,其内部先通过电子细分,在电路上增加了多位二进制的位置寄存器,再由电池(6V)提供工作电源,使得机械零点一直存在,而非每个位置有一一对应的代

图 4-1-3 FANUC 编码器 A64 实物

码,是一种伪绝对式编码器。

4.1.3　回参考点操作方法及注意事项

在配置 FANUC 系统的数控机床上,手动回参考点可按如下步骤进行。

(1) 选择 ZRN(zero return)工作方式或按 Home 键,选择回参考点方式。

(2) 按住对应坐标轴的移动键,如按＋X 键,＋Y 键或＋Z 键,持续按住直到回参考点,整个过程结束。

要注意的是,在回参考点之前,机床轴所在位置离参考点的距离不能太近,应保证伺服电动机转动两转以上,如大于 20mm,以免不能正常返回参考点。如靠得过近,则可以在手动方式下,将坐标轴移至其有效行程的中间位置。

4.1.4　手动回参考点方式工作时序(有挡块方式回参考点)

FANUC 系统回参考点采用栅格回零方法,通过软件和硬件电路共同完成回零控制,零点位置取决于电动机一转信号(零脉冲信号)的位置。

机床工作台下面装有梯形挡块(CAM),回参考点时其撞击行程开关,通过 PLC 让系统粗略测定其参考位置,然后再由数控系统中的各参数结合反馈系统信号,使坐标轴精确定位。以配置日本 FANUC 0i-A 数控系统、采用增量式脉冲编码器作为检测元件的数控机床为例,其回参考点工作过程可分成四个阶段,如图 4-1-4 所示,其中 PCZ 为物理栅格即电动机一转信号(图 4-1-5),GRID 为电气栅格信号,其间隔为参考计数容量的值。

(1) 指定轴先以参数 PRM1424 设置的快速进给速度向参考点方向移动,见图 4-1-4 中的①。

(2) 当参考点减速挡块压下参考点减速开关时,减速开关向系统 PMC 发送减速信号,伺服电动机立即减速,之后以参数 PRM1425 设置的参考点接近速度继续向前移动,见图 4-1-4 中的②。

(3) 当参考点减速开关被释放后,数控系统检测到编码器或光栅发出的一转信号或第一个电气栅格信号时,停止轴的移动,并将该位置设置为参考点。

(4) 若实际参考点位置与要求的位置存在偏差,只要偏差值在一个栅格范围内,可以通过设置栅格偏移参数(PRM1850)微调参考点位置。如果栅格偏移参数值不为零,则坐标轴继续低速再前移一个偏移量(参数 PRM1850 设置)而停止,所在位置即为调整后的参考点位置。此时,CNC 输出参考点到达信号,并在机床坐标显示页面中显示对应轴的当前坐标值为"0"。

从图 4-1-4 中可以知道,FANUC 系统实现回参考点操作须满足下面几个条件。

(1) 回参考点(ZRN)方式有效：对应 PMC 地址 G43.7＝1,同时 G43.0(MD1)和 G43.2(MD4)同时为 1。

(2) 对应轴的进给(＋J/－Jx)有效：对应 PMC 地址 G100～G102 为 1。

（3）对应减速开关触发(＊DEC)：对应 PMC 地址 X9.0～X9.3 或 G196.0～G196.3 的状态从"1"到"0"再到"1"。

（4）栅格信号被读入，找到参考点。

（5）参考点建立，CNC 向 PMC 发出完成信号 ZPn 及 ZPFn，相应的 PMC 地址 F094 和 F120 置1。

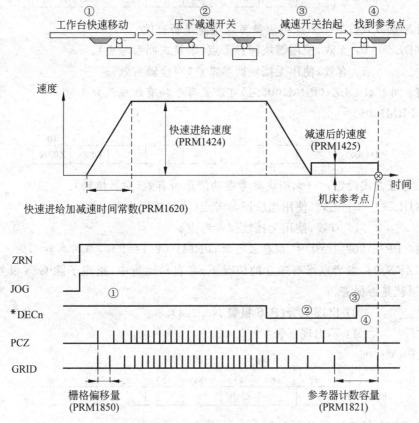

图 4-1-4 回参考点动作原理

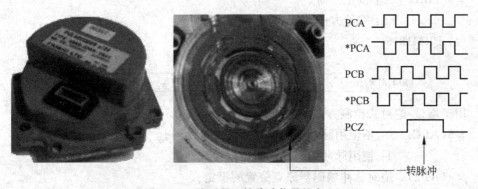

图 4-1-5 编码器一转脉冲信号的产生

4.1.5　回参考点主要相关参数及诊断数据

1. 回参考点相关参数

(1) PRM1002

	#7	#6	#5	#4	#3	#2	#1	#0
PRM1002							DLZ	

回参考点方式设置——无挡块参考点功能是否有效。

♯1(DLZ)　0：无效,使用挡块回参考点(增量式回参考点)。

　　　　　1：有效,使用无挡块回参考点(对全轴有效)。

注意：用参数 DLZx(PRM1005.1)可设置每个轴有效或无效。

(2) PRM1005

	#7	#6	#5	#4	#3	#2	#1	#0
PRM1005							DLZx	ZRNx

回参考点方式设置——无挡块参考点功能是否有效(对具体轴)。

♯1(DLZx)　0：无效,使用挡块回参考点(增量式回参考点)。

　　　　　1：有效,使用无挡块回参考点。

注意：PRM1002.1＝0 时,该参数有效,PRM1002.1＝1 时,与该参数无关。

♯2(ZRNx)　参考点没有建立的情况下,在自动运行中,指定了除 G28 以外的移动指令时,系统是否报警。

　　　　　　　0：出现报警(P/S 报警 No.224)。

　　　　　　　1：不出现报警。

(3) PRM1006

	#7	#6	#5	#4	#3	#2	#1	#0
PRM1006			ZMIx					

用于设定各轴返回参考点方向。

♯5(ZMIx)　0：按正方向。

　　　　　1：按负方向。

(4) PRM1815

	#7	#6	#5	#4	#3	#2	#1	#0
PRM1815			APC	APZ			OPT	

用于增量/绝对式检测方式的选择。

♯5(APC)　0：不使用脉冲编码器作为位置检测器。

　　　　　1：使用脉冲编码器作为位置检测器。

♯4(APZ)　绝对脉冲编码器原点位置的设定。

　　　　　0：没有建立。

　　　　　1：已建立(原点建立后自动变为1)。

注意：使用串行 α 脉冲编码器时，进行机床初调或更换绝对位置检测器后，此参数必须先设定为 0，用手动操作使轴移动电动机转 1 转以上的距离，在该位置先切断 CNC 电源，然后再接通，APZ 便从 0 变为 1（使伺服电动机转 1 转以上是为了脉冲编码器能产生 1 转信号），以后靠电池记忆数据。

♯1(OPT)　0：使用内装式脉冲编码器进行位置检测。

　　　　　 1：使用分离式编码器、直线尺进行位置检测。

（5）PRM1428

快速运行倍率为 100% 时，PRM1428 用于设定各轴回参考点的快进速度，或采用手动快进速度 PRM1424。设置该参数可以提高回参考点效率。

（6）PRM1425

PRM1425 用于设定各轴返回参考点时脱离减速开关后各轴的速度，以便精确寻找零标志脉冲。

注意：该速度值一般设为 300~500mm/min。若设置过高，易使回参考点轴超程，过低则易产生回参考点失败报警（90♯）。

（7）PRM1821

PRM1821 用于设定参考计数器容量。其作用是计数器计数每达到参数设定值，系统便会产生一个栅格信号。

参考计数器容量设定值是指电机转 1 转所需的（位置反馈）脉冲数，所以可按下面公式设置：

$$参考计数器件容量 = \frac{栅格间隔}{检测单位}$$

其中栅格间隔为电动机 1 转对应机床的移动量，检测单位为 1 个脉冲对应机床的移动量。

如栅格间隔为 10mm/转，检测单位为 0.001mm/脉冲，所需的位置脉冲数为 10 000 脉冲/转，则参考计数器容量为 10 000 脉冲。

注意：由于"参考点基准脉冲"是由栅格指定的，而栅格由参考计数器容量决定，因此，如果参考计数器容量设置错误，将导致回参考点不准。

（8）PRM1850

PRM1850 用于设定参考点偏移量。该参数用于参考点位置的微调。

注意：该设置值不能超过参考计数器容量。

如果此参数被设置，则回参考点的基准栅格为经该参数偏移后的物理栅格脉冲或光电编码器中一转信号。

2. 回参考点诊断相关信号及数据

（1）回参考点减速信号，CNC 系统输入信号，通常有固定地址，其标识符为 X。

X9.0：X 轴回参考点减速信号（*DECX）。

X9.1：Y 轴回参考点减速信号（*DECY）。

X9.2：Z 轴回参考点减速信号（*DECZ）。

由于减速信号为低电平有效信号，因此减速开关接常闭触点。当行程开关撞上挡块时,触动开关,减速信号由状态"1"变为"0";当行程开关脱离挡块时,开关被释放,减速信号状态由"0"变为"1"。当机床不能回参考点时,可以检测这些信号。

(2) 回参考点完成信号,地址标识符为F。

F94.0:X 轴回参考点完成信号(ZPX)。

F94.1:Y 轴回参考点完成信号(ZPY)。

F94.2:Z 轴回参考点完成信号(ZPZ)。

(3) 参考计数器。

DGN No.304:用于设定各轴参考计数器的实际值。

如果设置了栅格偏移量,则参考计数器内的值也自动被设定为和栅格偏移量相等。

(4) 减速开关释放后到第 1 栅格点的距离。

DGN No.302:各轴从减速信号结束至第一栅格点的距离。

由于减速开关动作时有偏差,如果减速挡块位置距离栅格位置太近或离参考点太近,减速开关被释放时,会出现参考点不准确现象。将减速挡块置于两个栅格中间(螺距的一半),可以避免该现象发生。通常,调整减速挡块的位置,以改变诊断号 302 中的值,使其等于参数 1821 设定值的一半,可以排除回参考点不稳定的故障。

4.1.6　整机连续试运行

连续运行是靠机床执行工件加工程序来完成。因此,在各单项功能如主轴功能、进给轴运动、自动换刀装置、各类手动操作及辅助功能都调试结束后,需要将所有动作连贯起来完成。

数控机床安装调试完毕后,要求整机在带一定负载条件下经过一段时间的自动运行,较全面地检查机床功能及工件可靠性。运行时间一般采用每天运行 8h,连续运行 2～3d;或者每天运行 24h,连续运行 1～2d。这个过程称为安装后的试运行,又称考机。

考机程序中应包括:数控系统主要功能的使用(如各坐标方向的运动、直线插补和圆弧插补等),自动更换取用刀库中 2/3 的刀具,主轴的最高、最低及常用的转速,快速和常用的进给速度,工作台面的自动交换,主要 M 指令的使用及宏程序、测量程序等。

试运行时,机床刀库上应插满刀柄,刀柄重量应接近规定重量;交换工作台面上应加上负载。在试运行中,除操作失误引起的故障外,不允许机床有故障出现,否则表示机床的安装调试存在问题。

4.1.7　任务实施:设置数控机床行程限位和参考点

一、修改系统软限位参数

在调试硬件限位保护功能以前需要取消软限位。按照项目 3 任务 1 中系统参数设定和修改方法,将相应轴的正向行程限位参数 1320 修改为最大值 99 999 999,负向限位参数 1321 设置为最小值-99 999 999。注意,硬件限位保护功能调试完毕、回参考点功能正常以后,应立即恢复参数 PRM1320 和 PRM1321。

二、调试硬件限位功能

1. 验证超程限位保护功能

在 JOG 方式下，以较低的速度沿正、反向移动坐标轴，同时手动按下与坐标轴移动方向对应的超程保护开关，观察指定坐标轴是否会立即停止，以验证限位保护作用的可靠性。

2. 调整限位挡块位置

在限位保护功能调试正常后，用慢速进行超程试验，以验证超程限位挡块和行程开关间的接触是否符合要求，并能正确进行超程保护。

将各轴正、负向限位挡块调整到接近最大有效行程处，在手动工作方式下，分别点动各坐标轴，仔细观察各轴上的限位挡块能否压到限位开关。若到位后压不到限位开关，应立即停止点动操作，重新调整限位挡块的位置；若压到限位开关，坐标轴能够立即停止运动，同时操作界面上出现限位报警信息，说明限位挡块位置正确。这时，一直按住操作面板上的"超程释放"按钮，以反方向手动移动该轴，直至限位开关被释放，即可退出超程限位状态。松开"超程解除"按钮，若显示屏的运行状态栏"运行正常"取代了"出错"，表示机床恢复正常。调整完 X 轴、Z 轴正、负限位开关后，应以手动方式将工作台移回中间位置。

三、设置与调整参考点位置

1. 执行回参考点操作

无特殊说明，返回参考点的方向一般为坐标正方向，具体操作步骤如下。

（1）选择 ZRN 方式或按 Home 键，选择回参考点方式，软键操作界面的工作方式状态栏内应显示"回零"或"REF"。

（2）选择对应坐标轴，如按+X 键，+Y 键或+Z 键，持续按住直到整个回参考点过程结束。

在执行过程中，观察坐标轴是否执行回参考点动作，是否有"快—慢—停"的过程。到达参考点后，坐标轴应停止，软键界面上的该坐标轴的坐标值显示值应为"0"。

要注意的是，在回参考点之前，机床轴所在位置离参考点不能太近，应保证伺服电动机转动两转以上，如大于 20mm。如靠得过近，则可以在 JOG 方式下，按−X 键、−Y 键或−Z 键将坐标轴移至中间位置。

2. 调整减速挡块位置

减速挡块的调整是参考点设置中很关键的一步，挡块位置的变化就能引起参考点位置的变化。调整方法和注意点如下。

（1）在 JOG 方式下移动坐标轴。当离减速开关 2mm 处停下，观察挡块能否压到减速开关，若能压下，行程开关的触杆高度变化是否在 4mm±0.5mm 之内。

（2）调整挡块时查看诊断参数 DGN 302，其值应约为丝杆螺距的一半，否则，应重新调整挡块位置。调整过程中可能会涉及硬件限位点的调整等。

3. 设置回参考点速度

在回参考点方式下，各坐标轴触碰减速开关前的运行速度可通过参数 PRM1428 设置。为提高回参考点效率，通常将该参数值设置为快速进给 G0 时的速度，如

2200mm/min。

回参考点过程中，减速开关被释放后，各轴寻找零标志脉冲的速度由参数 PRM1425 确定。一般将该速度值设置为 300～500mm/min。否则，设置值过高易超程，过低则易产生回参考点失败报警（90♯）。

四、设定软件限位

参考点位置设定完毕，执行完返回参考点操作后，设置软件限位参数。按照如图 4-1-2所示的软件限位和硬件限位的相对位置关系设置软件限位参数。举例如下。

PRM1320：各轴正向软限位值 X 1000　Y 10000　Z 1000（单位：μm）

PRM1321：各轴负向软限位值 X−601 000　Y−451 000　Z−521 000（单位：μm）

注意：参数 PRM1320 的设定值小于参数 PRM1321 的设定值时，设定的行程为无限大。

五、调整硬件限位点

各轴的行程范围确定后，须调整各轴的正、负向硬件限位点。调试时，用手动方式，以低速使对应轴在相应的参考点及负向最大行程点后方 2～3mm 处发生紧急停止。如没有发生紧急停止，须调整挡块位置直至产生紧停报警，观察其位置是否在满足机床的行程要求，否则需要重新调试。

六、三轴联动运行调试

现代数控机床通过控制多轴联动实现零件空间轮廓，所以多轴联动控制的效果是影响零件加工质量的主要因素之一。在整机联调时，首先应尽可能减小各个坐标轴的跟随误差，并在相同工况下保持多轴同时运动时的跟随误差一致性，以提高多轴联动的控制效果，从而提高加工零件的圆角、拐角处的轮廓精度。

坐标轴的位置跟随误差是坐标轴指令位置与实际位置间的差值，在数控机床上，它亦反映了系统的动态跟随精度与静态定位精度。坐标轴运动期间，跟随误差不断变化，它由运动轴加速时的零值逐步增大到某一稳态植，成为稳态误差；减速停止时，跟随误差逐步减小到零。

通常，通过调整坐标轴的位置增益、速度增益等伺服参数，可调整该坐标轴的跟随误差，提高加工零件的轮廓精度。设置的位置增益参数值越大，坐标轴刚度越高，相同位置指令下，坐标轴的跟随性能越佳，位置滞后量越小。但是，位置增益值过大，会引起坐标伺服轴振荡或超调。

FANUC 0i 系统中用于显示坐标轴位置跟随误差的参数为：X 轴位置跟随误差 DGN 800；Y 轴位置跟随误差 DGN 801；Z 轴位置跟随误差 DGN 802；4 轴位置跟随误差 DGN 803。实际调试时，首先通过编程使机床所有轴以相同的速度和位移往复运动，观察运动过程中各轴的跟随误差变化，然后通过调整相应的参数，使各轴跟随误差基本一致。

七、整机性能检查及空运行测试

逐步完成以上设置和调整后，进行手动回参考点操作，检验数控机床住运动、进给运动、辅助运动的有效性和正确性，然后进行整机联调，调整联动轴的跟随误差，并进行连续运转测试，观察机床是否有异常现象，以检验整机的可靠性。连续运行的加工程序应包括以下功能。

（1）主轴转动应有包括最低、中间及最高转速在内的 5 种以上速度的正转、反转及停止等运行状态。

（2）各坐标轴运动应有最低、中间、最高进给速度及快速移动状态，进给移动范围应接近全行程，快速移动距离应在各坐标轴全行程的 1/2 以上。

（3）一般自动加工所用的一些功能和代码要尽量用到。

（4）自动换刀应至少交换刀库中 2/3 以上的刀号，而且都要装上重量在中等以上的刀柄进行实际交换。

（5）数控机床有特殊功能的则必须使用，如测量功能、APC 交换和用户宏程序等。

在完成连续运转测试后，整机调试即可进入机床精度检验环节。

注意：无论是在精度检验还是零件加工过程中，因超程产生急停报警后，须重回参考点，这样才能保证加工位置的准确。

常见故障处理及诊断实例

一、硬限位报警解除办法

1. 利用"超程释放"按钮

有些数控机床，为方便解除超程报警，在其操作面板上设有"超程释放"按钮。此时可按如下方式操作：选择机床工作方式为手动方式，如"点动"（JOG）或"手轮"（HANDLE）方式，选择需移动的报警轴如 X 轴，然后，同时按下面板上"超程释放"按钮开关和反向运行按钮开关"－X"，使报警轴反方向移动，直至硬件限位开关恢复原状态，然后按下系统复位键 RESET 使系统复位，机床硬限位超程报警便可解除。

2. 采用线路短接法

若数控机床没有设置"超程释放"按钮，除在机床断电情况下采取手动方法退出外，还可采取等效短接线路的措施，即用导线将引起超程报警的限位开关触点短接，强制满足条件，再用手动方法将报警轴反方向移出硬限位位置。采用此方法解除报警后，务必记得拆除短接导线，恢复该轴硬限位保护功能。

二、软限位报警解除办法

软限位是通过设定系统参数来实现的。当机床完成返回参考点操作后，无论手动还是编程运行伺服轴，一旦轴位置超出软限位参数设定的行程范围，该轴运行即刻停止，同时产生系统软限位超程报警，500 号为正向软件超程报警，501 号为负向软件超程报警。这时，在手动方式下，将报警轴反方向移离报警位置处，然后按下系统复位键 RESET 使系统复位，机床软限位超程报警便可解除。另外，若在机床通电时不希望系统进行软限位检测，可同时按下系统 MDI 键盘的 P 和 CAN，然后给机床上电。

课后思考与任务

（1）数控机床为什么要回参考点？什么样的数控机床可以不用每次开机回参考点？

（2）简述 FANUC-0i 加工中心回参考点的工作过程。试述减速开关的作用。

(3) 编码器在回参考点中的作用是什么?

(4) 哪些原因可能导致回参考点失败?

任务 4.2 检测和调整数控机床几何精度

◆ 学习目标

(1) 了解数控机床的安装要求;

(2) 认识数控机床精度检测常用的工具并能正确使用;

(3) 了解常见 ISO 标准、GB 标准常见的数控机床几何精度检测项目及要求;

(4) 能够正确检查数控机床典型几何精度项目。

◆ 任务说明

数控机床几何精度综合反映了机床各关键部件及其组装后的几何形状误差。定位精度是坐标轴在 CNC 装置控制下达到的位置精度,它取决于数控系统及机械传动误差的大小。工作精度又称切削精度,它是由几何精度、定位精度、材料、刀具切削条件等各种因素影响而形成的综合精度。

机床的几何精度是机床在不运动(如主轴不转,工作台不移动)或运动速度较低时的精度。如床身导轨的直线度、工作台面的平面度、主轴的回转精度、刀架溜板移动方向与主轴轴线的平行度等。在数控机床上加工零件,是由刀具和工件之间的相对运动轨迹决定的,而刀具和工件是由机床的执行件直接带动的,所以机床的几何精度是保证加工精度最基本的条件。

数控机床几何精度检测的主要内容包括直线运动的平行度、垂直度;回转运动的轴向及径向跳动;主轴与工作台的位置精度等。

本任务以数控车床和加工中心为对象,进行几项典型几何精度项目的检查。每项几何精度的具体测量方法可按《金属切削机床精度检测通则》(JB2674—1982)、《数控卧式车床精度》(JB4369—1986)、《加工中心检验条件》(JB/T8771.1-7—1998)等有关标准的要求进行,也可按机床出厂时的几何精度检测项目要求进行。

◆ 必备知识

4.2.1 数控机床安装水平的调整

安装水平调整的目的是取得机床的静态稳定性,是机床的几何精度检验和工作精度检验的前提条件。在数控机床安装就位,经全面通电试验、各项功能正常运转后,即可调整机床床身的水平。

在机床摆放粗调的基础上,用地脚螺栓、垫铁对机床床身的水平进行精调,要求水平仪读数不超过 0.02/1000mm。找正水平后移动机床上的立柱、工作台等部件,观察各坐标全行程范围内机床水平的变化情况。机床安装水平的调整主要以调整垫铁为主。

1．安装水平检验要求

（1）机床应以床身导轨作为安装水平的检验基础，并用水平仪和桥板或专用检具在床身导轨两端、接缝处和立柱连接处按导轨纵向和横向进行测量。

（2）应将水平仪按床身的纵向和横向，放在工作台上或溜板上，并移动工作台或溜板，在规定的位置进行测量。

（3）应以机床的工作台或溜板为安装水平检验的基础，并用水平仪按机床纵向和横向放置在工作台或溜板上进行测量，但工作台或溜板不应移动位置。

（4）应以水平仪在床身导轨纵向等距离移动测量，并将水平仪读数依次排列在坐标纸上画垂直平面内直线度偏差曲线，其安装水平应以偏差曲线两端点连线的斜率作为该机床的纵向安装水平。横向应以横向水平仪的读数值计。

（5）应以水平仪在设备技术文件规定的位置上进行测量。

2．机床调平时的注意事项

（1）每一地脚螺栓近旁，应至少有一组垫铁；机床底座接缝处的两侧应各垫一组垫铁。

（2）垫铁应尽量靠近地脚螺栓和底座主要受力部位的下方。

（3）要求在床身处于自由状态下调整水平，不应采用紧固地脚螺栓局部加压等方法，强制机床变形使之达到精度要求。

（4）各支承垫铁全部起作用后，再压紧地脚螺栓。

（5）机床调平后，垫铁组伸入机床底座底面的长度应超过地脚螺栓的中心，垫铁端面应露出机床底面的外缘，平垫铁宜露出 10～30mm，斜垫铁宜露出 10～50mm，螺栓调整垫铁应留有再调整的余量。

4.2.2 几何精度检测注意事项

（1）几何精度检测必须在机床地基完全稳定、地脚螺栓处于压紧状态下进行，同时应对机床的水平进行调整。

（2）数控机床的几何精度检测应注意机床的预热。按国家标准，机床通电后，机床各坐标轴往复运动几次，主轴按中等的转速运转十多分钟后才能进行精度检测。

（3）在检测几何精度时，应尽量消除测量方法及测量工具引起的误差，如检验棒的弯曲、表架的刚性等因素造成的精度误差。

（4）几何精度的许多项目是相互影响的，若出现某一单项经常调整才合格的情况，则整改稽核精度检测工作必须重做。

（5）检测工具的精度必须比所测的几何精度高一个等级，否则测量的结果将是不可信的。

（6）考虑到地基可能随时间而变化，一般要求机床使用半年后，再复校一次几何精度。

4.2.3　几何精度对零件加工精度的影响

零件加工中刀具相对于工件的成形运动都是通过机床来完成的，因此工件的加工精度在很大程度上取决于机床的精度。机床的几何误差对工件加工精度影响较大的有：主轴回转误差、导轨误差和传动链误差。

1. 主轴回转误差

机床主轴是装夹刀具的基准，并将运动和动力传递给刀具或工件，主轴回转误差将直接影响被加工工件的精度。其可分为三种基本情况：径向跳动、轴向窜动、角度摆动。

由于存在误差敏感方向，加工不同表面时，主轴的径向跳动所引起的加工误差也不同。例如，在车床上加工外圆或内孔时，主轴的径向跳动将引起工件的圆度误差，但对于端面加工没有直接影响。

车端面时，主轴的轴向窜动将造成工件端面的平面度误差，并影响轴向尺寸；车螺纹时，会造成螺距误差，影响螺距值。主轴的轴向窜动对加工外圆或内孔的影响不大。而主轴的角度摆动不仅影响工件加工表面的圆度误差，而且影响工件加工表面的圆柱度误差。

2. 导轨误差

导轨是机床上确定各机床部件相对位置关系的基准，导轨的几何精度决定运动部件的运动精度，从而影响被加工零件的几何精度。因而在一定程度上讲，机床床身导轨的精度直接决定了被加工零件的精度。

当导轨间平行度超出允许精度要求时，会导致机床加工过程中阻力增加，滚珠丝杠弹性变形，反向间隙增大，引起定位精度的变化。同时当两导轨间产生扭曲导致平行度误差时，与纵床身立柱间的两方向垂直度无法同时得到保证，引起导轨间的垂直度误差，对定位精度会产生影响。垂直度误差越大，孔距越大，孔位精度受到的影响就越大。

导轨的直线度误差最大值一般发生在导轨中部的拱曲，拱曲随机出现在 X—Z 平面和 Y—Z 平面内，这两位置的拱曲是对定位精度影响最明显的方向，会直接导致加工中心定位精度超差。

3. 传动链误差

传动链误差是指传动链始末两端传动元件之间相对运动的误差。传动误差是由传动链中各组成环节的制造和装配误差，以及使用过程中的磨损所引起的。一般用传动链末端元件的转角误差来衡量。

4.2.4　任务实施：检测和调整数控机床的几何精度

一、认识和使用工量具

1. 精密水平仪

精密水平仪用于机械工作台或平板的水平检验，以及倾斜角度的测量。如图 4-2-1 所示为常用的两款精密水平仪。用水平仪检验时，应在尽可能短的时间内进行。考虑到在最初和最后读数之间可能出现的温度变化，应在相反方向上进行重复测量。测量时将水平仪放置于待测物上，确认水平仪的基座与待测物面稳固贴合，并等到水平仪的气泡不再移动时读取其数值。被测平面的高度差按如下计算方法：

高度差＝水平仪的读数值（格）×水平仪的基座的长度（mm）×水平仪精度（mm/m）

(a) 精密气泡水平仪　　　(b) 电子式精密水平仪

图 4-2-1　精密水平仪

2. 杠杆式百分表/千分表

杠杆式百分表/千分表是利用精密齿条齿轮机构制成的表示通用长度测量工具。杠杆式百分表由测杆、测头、表盘、指针等组成，如图 4-2-2 所示。测头的受力方向垂直于测量杆，常用于检测零件的形状精度和位置精度。杠杆百分表的分度值为 0.01mm，表盘最大量程为 1mm，它的表盘刻度对称。杠杆式千分表分度值为 0.001mm，测量精度比百分表提高 10 倍。两者的原理相同。百分表和千分表使用时固定在磁力表座上，其使用步骤及注意事项如下。

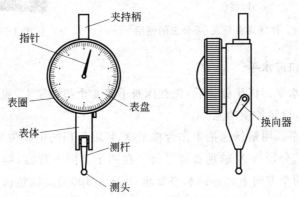

图 4-2-2　杠杆百分表结构示意图

（1）将百分表/千分表固定在磁力表座上，并使其重心应在表座平台之上，如图 4-2-3(a)所示，避免出现重点落在表座之外的情况，如图 4-2-3(b)所示。

（2）测量前，擦净表座底面、被测工件表面以及固定磁力表座的平面。

测量时，测杆轴线最好平行于被测表面。需要倾斜角度时，倾斜的角度越小，测量精度越高，其使用方法如图 4-2-4 所示。

（3）正式测量前应移动杠杆式百分表使其有适当的压入量（读数值为 0.002 之千分表，为 5～6μm），对零后才能进行检测。转动表的外表圈可使表针对零。

（4）表的指针随量轴的移动而改变，因此测量时只需读指针所指的刻度。长针的一回转等于测杆的 1mm，长指针可以读到 0.01mm。刻度盘上的转数指针，以长针的一回旋（1mm）为一个刻度。

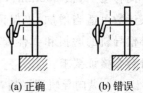

(a) 正确　　　(b) 错误

图 4-2-3　百分表夹持要求

3. 大理石方尺

图 4-2-5 所示为具有垂直平行的框式组合，适用于高精度机械和仪器检验及机床之间垂直度的检查，是用来检查各种机床内部件之间垂直度的重要工具。

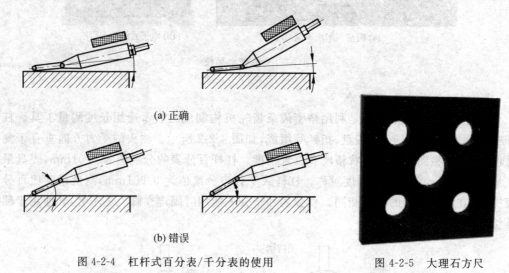

(a) 正确

(b) 错误

图 4-2-4　杠杆式百分表/千分表的使用

图 4-2-5　大理石方尺

二、调整数控机床水平

（1）粗调机床水平。机床就位后，先在床身下将 6 个垫铁装上，粗调一下机床水平。

（2）机床通电，检验各项功能。

（3）调机床水平。用最低速把工作台移至 X、Y 轴行程的中间位置，将水平仪放在工作台面上中间部位，分别与 X 轴垂直和平行。在两个方向上观察，调整床身最外边的四个支承，使机床在两个方向上都达到水平要求（0.040/1000）。调整机床中间的两个支承点的螺钉，使之能起支承作用即可（支承力不可过大，防止破坏机床水平位置）。

三、检测数控车床几何精度

1. 床身导轨的直线度和平行度检测

床身导轨直线度调整不好，会直接影响精车圆柱体外圆精度。调整床身导轨直线度时，先从床头箱端开始。两个水平仪分别放于床鞍纵、横向导轨方向上，确保靠近床头箱端时，水平仪读数为 0，从而尽可能保证主轴轴线为水平状态。这时使床头箱后面的地脚螺栓 1、2 比前面的 3、4 预紧力更大一些，以适应车床的受力要求。然后床鞍逐段向床尾方向移动（每次 200mm），如图 4-2-6 所示，水平仪读数可适当增加，以保证床身导轨中凸，便于补偿导轨的磨损和弹性变形，但纵、横向误差需符合合格证要求。

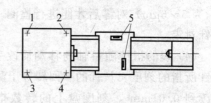

（1）纵向导轨调平后，床身导轨在垂直平面内的直线度。

检验工具：精密水平仪。

图 4-2-6　床身导轨的直线度和平行度检测

1、2、3、4—螺栓；5—水平仪

检验方法：如图 4-2-7 所示，水平仪沿 Z 轴向放在溜板上，沿导轨全长等距离地在各位置上检验，记录水平仪的读数，导轨全长读数的最大差值即为床身导轨在垂直平面内的直线度误差。

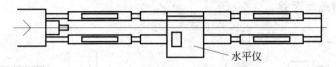

图 4-2-7　床身导轨在垂直平面内的直线度检测

（2）横向导轨调平后，床身导轨的平行度。

检验工具：精密水平仪。

检验方法：如图 4-2-8 所示，水平仪沿 X 轴向放在溜板上，在导轨上移动溜板，记录水平仪读数，其读数最大差值即为床身导轨的平行度误差。

2. 溜板在水平面内移动的直线度检验

检验工具：指示器和检验棒、千分表和平尺。

检验方法：如图 4-2-9 所示，将检验棒顶在主轴和尾座顶尖上；再将千分表固定在溜板上，千分表水平触及检验棒母线，调整尾座，使千分表在检验棒两端读数相等；移动溜板在全部行程上进行检验，千分表读数的最大差值即为溜板移动在水平面内的直线度误差。

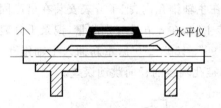

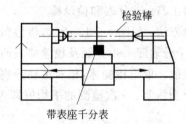

图 4-2-8　床身导轨的平行度检验　　　图 4-2-9　溜板在水平面内移动的直线度检验

3. 尾座移动对溜板移动的平行度检验

检验工具：千分表。

检验方法：如图 4-2-10 所示，a 为垂直平面内尾座移动对溜板移动的平行度，b 为水平面内尾座移动对溜板移动的平行度。使用两个千分表，一个千分表分别在图中 a、b 位置测量，误差单独计算。将第二个千分表作为基准固定在溜板上，使其测头触及尾座套筒端面，调整其读数为零；锁紧顶尖套，保持尾座与溜板相对距离不变。使尾座与溜板一起移动，在全部行程上检验。只要第二个千分表的读数始终为零，则第一个千分表相应指示出平行度误差。千分表在全部行程上读数的最大差值即为全长上的平行度误差。

4. 主轴轴向窜动及轴肩支承面跳动检验

检验工具：千分表和专用装置。

检验方法：如图 4-2-11 所示,在主轴锥孔内装入检验棒,将千分表及磁力表座固定在溜板上,使千分表的测头沿主轴轴线分别触及 a 点(检验棒端部的钢球上)和 b 点(主轴轴肩支承面上)。旋转主轴进行检验。千分表读数最大差值即为主轴的轴向窜动误差和主轴轴肩支承面的跳动误差。

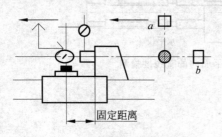

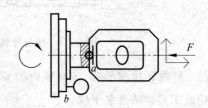

图 4-2-10　尾座移动对溜板移动的　　　图 4-2-11　主轴轴向窜动及轴肩支承面
　　　　　　平行度测量　　　　　　　　　　　　　　跳动检验

5. 主轴定心轴颈的径向跳动检验

检验工具：千分表。

检验方法：如图 4-2-12 所示,把千分表安装在机床固定部件上,使千分表测头垂直触及主轴定心轴颈表面;旋转主轴,千分表读数最大差值即为主轴定心轴颈的径向跳动误差。

6. 主轴锥孔轴线的径向跳动检验

检验工具：千分表和检验棒。

检验方法：如图 4-2-13 所示,将检验棒插在主轴锥孔内,把千分表安装在机床固定部件上,使千分表测头垂直触及检验棒表面,旋转主轴,在 a、b 处分别测量,记录千分表的最大读数差值。取下检验棒,相对主轴分别旋转 90°、180°、270°后重新插入主轴锥孔,在每个位置分别检测。4 次检测的平均值即为主轴锥孔轴线的径向跳动误差。

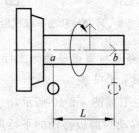

图 4-2-12　主轴定心轴颈的径向　　　　图 4-2-13　主轴锥孔轴线的径向
　　　　　　跳动误差检测　　　　　　　　　　　　跳动误差检测

7. 主轴轴线对溜板移动的平行度

检验工具：千分表和检验棒。

检验方法：如图 4-2-14 所示,将检验棒插在主轴锥孔内,把千分表安装在溜板(或刀架)上,使千分表的测头触及检验棒表面,移动溜板进行检验。旋转主轴 180°,重复测量一次,a(垂直平面内的平行度)和 b(水平面的平行度)的误差分别计算。两次测量结果代数和的一半即主轴轴线对溜板移动的平行度误差。

8. 主轴顶尖的跳动检验

检验工具：千分表和专用顶尖。

检验方法：如图4-2-15所示，将专用顶尖插在主轴锥孔内，把千分表安装在机床固定部件上，使其测头垂直触及顶尖锥面，旋转主轴，千分表读数乘以 $\cos\alpha$（α 为圆锥半角）后即是主轴顶尖的跳动误差。

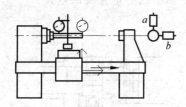

图4-2-14　主轴轴线的平行度检测

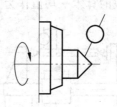

图4-2-15　主轴顶尖的误差检测跳动

9. 尾座套筒轴线对溜板移动的平行度检验

检验工具：千分表。

检验方法：如图4-2-16所示，将尾座套筒伸出有效长度后，按正常工作状态锁紧。将千分表安装在溜板（或刀架上），使千分表测头触及尾座筒套表面，移动溜板进行检验，垂直方向 a 和水平方向 b 的误差分别计算。千分表读数的最大差值即是尾座套筒轴线对溜板移动的平行度误差。

10. 尾座套筒锥孔轴线对溜板移动的平行度检验

检验工具：千分表和检验棒

检验方法：如图4-2-17所示，尾座套筒不伸出并按正常工作状态锁紧；将检验棒插在尾座套筒锥孔内，将千分表安装在溜板（或刀架）上，使千分表测头触及检验棒的表面，移动溜板进行检验。拔出检验棒，旋转180°后重新插入尾座套孔，重复测量一次。垂直平面内 a 和水平平面内 b 的误差分别计算。两次测量结果代数和的一半即为在尾座套筒锥孔轴线对溜板移动的平行度误差。

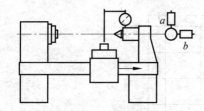

图4-2-16　尾座套筒轴线的平行度检测

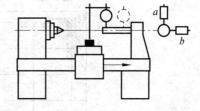

图4-2-17　尾座套筒锥孔轴线的平行度检测

11. 床头和尾座两顶尖的等高度检验

检验工具：千分表和验棒。

检验方法：如图4-2-18所示，将检验棒顶在床头和尾座两顶尖上，把千分表安装在溜板（或刀架）上，使千分表测头垂直触及检验棒表面，然后移动溜板至检验棒的两端进行检验。将检验棒旋转 180°后重复检验一次,两次测量结果代数和的一半即为床头和尾座两顶尖的等高度误差。测量时要注意方向。

12. 刀架横向移动对主轴轴线的垂直度检验

检验工具:千分表、圆盘、平尺。

检验方法:如图 4-2-19 所示,将圆盘安装在主轴锥孔内,将千分表安装在刀架上,使其测头垂直触及圆盘表面,再沿 X 轴移动刀架进行检验;将圆盘旋转 180°,重新测量一次,取两次读数的算术平均值作为刀架横向移动对主轴轴线的垂直度误差。

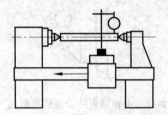

图 4-2-18　床头和尾座两顶尖的
等高度检测

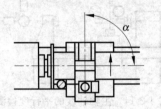

图 4-2-19　刀架横向移动对主轴轴线的
垂直度检测

四、检测加工中心几何精度

1. 检测工作台面的平面度

检测工具:千分表、平尺、可调量块、等高块、精密水平仪。

检验方法:工作台位于行程的中间位置。用水平仪检验,如图 4-2-20 所示,在工作台面上选择由 O、A、C 三点所组成的平面作为基准面,并使两条直线 OA 和 OC 互相垂直且分别平行于工作台面的轮廓边。将水平仪放在工作台面上,采用两点连锁法,分别沿 OX 和 OY 方向移动,测量台面轮廓 OA、OC 上的各点,然后使水平仪沿 O'A'、O"A"、…、CB 移动,测量整个台面轮廓上的各点。通过作图或计算,求出各测点相对于基准面的偏差,以其最大与最小偏差的代数差值作为平面度误差。

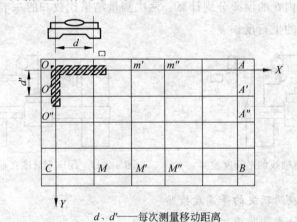

d、d'——每次测量移动距离

图 4-2-20　工作台面平面度的检测

2. 主轴锥孔轴线的径向跳动

检验工具：检验棒、千分表。

检验方法：如图 4-2-21 所示，将检验棒插在主轴锥孔内，将千分表安装在机床固定部件上，使其测头垂直触及检验棒表面，旋转主轴进行检验，在 a、b 处分别测量主轴端部和与主轴端部相距 $L(100)$ 处主轴锥孔轴线的径向跳动。拔出检验棒，同向分别旋转检验棒 $90°$、$180°$、$270°$ 后重新插入主轴锥孔，在每个位置分别检测。4 次检测的平均值为主轴锥孔轴线的径向跳动误差。

3. 主轴轴线对工作台面的垂直度

检验工具：平尺、可调量块、千分表、表架。

检验方法：如图 4-2-22 所示，将千分表架装在主轴上，使其测头平行于主轴轴线，被测平面与基准面之间的平行度偏差可以通过千分表测头在被测平面上的摆动测得。主轴旋转一周，千分表读数的最大差值即为垂直度偏差。分别在 $X—Z$、$Y—Z$ 平面内记录千分表在相隔 $180°$ 的两个位置上的读数差值。为消除测量误差，可在第一次检验后将检验工具相对于主轴转过 $180°$ 后再重复检验一次。

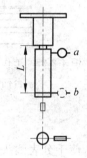

图 4-2-21　主轴锥孔轴线的径向跳动检测

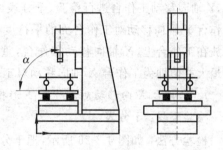

图 4-2-22　主轴轴线对工作台面的垂直度

4. 主轴竖直移动方向对工作台面的垂直度

检验工具：等高块、平尺、角尺、千分表。

检验方法：如图 4-2-23 所示，将等高块沿 Y 轴向放在工作台上，平尺置于等高块上，将角尺置于平尺上（在 $Y—Z$ 平面内），千分表吸在主轴箱上，其测头垂直触及角尺，移动主轴箱，记录千分表读数及方向，其读数最大差值即为在 $Y—Z$ 平面内主轴箱垂直移动对工作台面的垂直度误差；同理，将等高块、平尺、角尺置于 $Y—Z$ 平面内重新测量一次，千分表读数最大差值即为在 $Y—Z$ 平面内主轴箱垂直移动对工作台面的垂直度误差。

5. 主轴套筒竖直移动方向对工作台面的垂直度

检验工具：等高块、平尺、角尺、千分表。

检验方法：如图 4-2-24 所示，将等高块沿 Y 轴向放在工作台上，平尺置于等高块上，将圆柱角尺置于平尺上，并调整角尺位置使角尺轴线与主轴轴线同轴；千分表固定在主轴端部，千分表测头在 $Y—Z$ 平面内垂直触及角尺，移动主轴，记录千分表读数及方向，其读数最大差值即为在 $Y—Z$ 平面内主轴垂直移动对工作台面的垂直度误差；同理，千分表测头在 $Y—Z$ 平面内垂直触及角尺重新测量一次，百分表读数最大差值为在 $X—Z$ 平面内

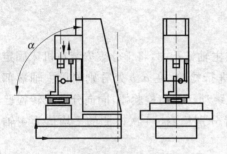

图 4-2-23　主轴竖直移动方向对工作台面
的垂直度检测

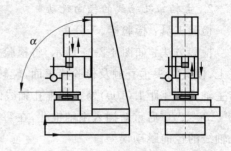

图 4-2-24　主轴套筒移动对工作台面
的垂直度检测

主轴箱垂直移动对工作台面的垂直度误差。

6. 工作台 X 向或 Y 向移动对工作台面的平行度

检验工具：等高块、平尺、千分表。

检验方法：如图 4-2-25 所示，将等高块沿 Y 轴向放在
工作台上，平尺置于等高块上，把千分表测头垂直触及平
尺，Y 轴向移动工作台进行检验，千分表读数最大差值即为
工作台 Y 轴向移动对工作台面的平行度；将等高块沿 X 轴
向放在工作台上，X 轴向移动工作台，重复测量一次，其读
数最大差值即为工作台 X 轴向移动对工作台面的平行度。

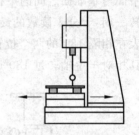

图 4-2-25　工作台移动对工作
台面的平行度检测

7. 工作台 X 向移动对工作台 T 形槽的平行度

检验工具：千分表。

检验方法：如图 4-2-26 所示，把千分表固定在主轴箱上，使千分表测头垂直触及基准
（T 形槽），X 轴向移动工作台，记录千分表读数，其读数最大差值，即为工作台沿 X 轴向
移动对工作台面基准（T 形槽）的平行度误差。

8. 工作台 X 向移动对 Y 向移动的垂直度

检验工具：角尺、千分表。

检验方法：如图 4-2-27 所示，工作台处于行程中间位置，将角尺置于工作台上，把千
分表固定在主轴箱上，使千分表测头垂直触及角尺（Y 轴向），沿 Y 轴移动工作台，调整角

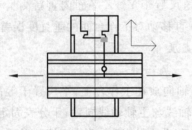

图 4-2-26　工作台 X 向移动对工作台 T 形槽
的平行度检测

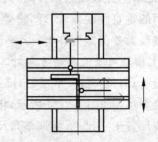

图 4-2-27　工作台 X 向移动对 Y 向
移动的垂直度检测

尺位置,使角尺的一个边与 Y 轴平行,再将千分表测头垂直触及角尺另一边(X 轴向),沿 X 轴移动工作台,记录千分表读数,其读数最大差值即为工作台 X 坐标轴向移动对 Y 轴向移动垂直度误差。

常见故障处理及诊断实例

例 4-2-1 铣削平面与基准面垂直度误差过大。

故障原因: 主轴中心对工作台面的垂直度误差过大。

排除办法: 检查主轴的径跳和轴跳。机床使用过程中,由于长期运行引起的磨损或因误操作撞击主轴,均易造成主轴轴承松动,进而产生间隙,使得主轴回转误差过大。通过调整主轴的前后轴承的径向跳动方向,来控制主轴的径向跳动误差和轴向跳动误差。

例 4-2-2 铣削的两相邻直角面垂直度误差过大。

故障原因: 造成这类零件形状精度误差过大的原因,通常是编程和操作、机床伺服系统、加工工艺系统等多方面。除了编程中刀具半径补偿不合理使用、操作中定位不合理或工件松动、刀具磨损或工件变形、伺服系统参数调整不当等因素外,机床的几何精度误差最有可能直接导致零件加工精度误差过大。

排除办法: 重新检测工作台 X 坐标轴方向对 Y 轴方向移动的垂直度,检测结果超出允许值。拆下 X 轴和 Y 轴导轨防护罩,检查导轨连接情况,发现导轨安装螺钉有不同程度松动。用力矩扳手从中间向两端按交叉顺序拧紧安装螺钉。重新检测精度,检测结果在允许范围之内。安装好防护罩,重新通电,试切工件,检测工件结果是否符合精度要求。

课后思考与任务

(1)试分析数控车床"刀架横向移动对主轴轴线的垂直度"误差对车削出的端面的平面度误差的影响。

(2)试分析数控铣床"工作台 X 坐标轴方向移动对 Y 坐标轴方向移动的工作垂直度"误差对数控铣床工作精度的影响。

(3)试分析进给伺服增益调整对工件加工精度的影响。

任务 4.3 数控机床的定位精度测量与补偿

◆ 学习目标

(1)能够正确使用数控机床定位精度常用的检测工具;

(2)正确进行常见的数控机床定位精度检测项目检查;

(3)能够进行数控机床反向间隙及螺距误差的检测并能正确实施对应的补偿措施。

◆ 任务说明

机床定位精度是指机床主要部件在运动终点所达到的实际位置的精度。实际位置与预期位置之间的误差称为定位误差，其值越小，精度越高。

重复定位精度是指在数控机床上，反复运行同一程序代码，所得到的位置精度的一致程度。重复定位精度受伺服系统特性、进给传动环节的间隙和刚性以及摩擦特性等因素的影响。重复定位精度反映了机床零件加工尺寸的一致性，重复定位精度越高，批量生产的零件质量稳定性越好。

本任务主要是采用百分表/千分表测量反向间隙，利用激光干涉仪测量螺距误差，然后通过调整数控系统参数，实现反向间隙补偿及螺距误差补偿。

◆ 必备知识

4.3.1　螺距误差和反向间隙

由于滚珠丝杠副在加工和安装过程中存在误差，因此滚珠丝杠副将回转运动转换为直线运动时存在以下两种误差。

1. 螺距误差

螺距误差，即丝杠导程的实际值与理论值的偏差。数控机床的螺距误差产生原因如下。

（1）滚珠丝杠副处在进给系统传动链的末级。丝杠和螺母存在各种误差，如螺距累积误差、螺纹滚道型面误差、直径尺寸误差等，其中丝杠的螺距累积误差会造成的机床目标值偏差。

（2）滚珠丝杠的装配过程中，由于采用了双支撑结构，使丝杠轴向拉长，造成丝杠螺距误差增加，产生机床目标值偏差。

（3）机床装配过程中，由于丝杠轴线与机床导轨平行度的误差引起的机床目标值偏差。

2. 反向间隙

反向间隙，即丝杠和螺母无相对转动时，丝杠和螺母之间的最大窜动。由于螺母结构本身的游隙以及其受轴向载荷后的弹性变形，滚动丝杠螺母机构存在轴向间隙。该轴向间隙在丝杠反向转动时表现为丝杠转动 α 角，而螺母未移动，形成了反向间隙。为了保证丝杠和螺母之间的灵活运动，必须有一定的反向间隙。但反向间隙过大将严重影响机床精度。因此，数控机床进给系统所使用的滚珠杠副必须有可靠的轴向间隙调节机构，具体的调整参看项目3的任务3.1。另外，在电动机与丝杠连接与传动方式中，采用同步带传动和齿轮传动中的间隙也是产生数控机床反向间隙差值的原因之一。

3. 误差测量与补偿方法

目前的数控系统均提供补偿功能。如果对位置测量结果不满意，可通过设置补偿参数对运行目标位置进行修正，最终达到精度要求。

螺距误差的测量与补偿有两种方式，手动测量与补偿、自动测量与补偿。手动测量与补偿借助步距规与千分表进行测量，然后再将检测的计算值输入数控系统参数中。自动方式一般采用激光干涉仪与补偿软件对机床轴线进行检测与自动补偿。如果严格按照《机床检验通则》(GB/T 17421—2000)所规定的方法进行检测，手动方式很难实施，容易出错,且效率低,因此,目前主要以自动方式为主。反向间隙的测量除借助千分表/百分表外,也可使用激光干涉仪。

4.3.2 数控机床软件补偿原理

1. 螺距误差补偿

螺距误差补偿数控机床的基本原理是:在机床坐标系中,在无补偿的条件下,在有效测量行程内将测量行程分为若干段,测量出各自目标位置 P_i 的平均位置偏差 $\overline{X_i}\uparrow$,把平均位置偏差反向叠加到数控系统的插补指令上,如图4-3-1所示。指令要求沿 X 轴运动到目标位置 P_i,目标实际位置为 P_{ij},该点的平均位置偏差为 $\overline{X_i}\uparrow$。将该值输入系统,则CNC系统

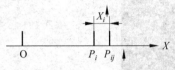

图4-3-1　螺距误差补偿原理

在计算时自动将目标位置 P_i 的平均位置偏差 $\overline{X_i}\uparrow$ 叠加到插补指令上,实际运动位置为 $P_{ij}=P_i+\overline{X_i}\uparrow$,使误差部分抵消,实现误差的补偿。数控系统可进行螺距误差的单向和双向补偿。

2. 反向间隙补偿

反向间隙补偿又称为齿隙补偿。机械传动链在改变转向时,反向间隙伺服电动机空转而工作台实际上不运动,称为失动。反向间隙补偿的原理是在无补偿的条件下,在有效测量行程内将测量行程等分为若干段,测量出各目标位置 P_i 的平均反向差值 $\overline{B}$,作为机床的补偿参数输入系统。CNC系统在控制坐标反向运动时,自动先让该坐标轴反向运动 $\overline{B}$ 值,然后按指令进行运动。如图4-3-2所示,工作台正向移动到 O 点,然后反向移动到 P_i 点。反向时,电动机(丝杠)先反向移动 $\overline{B}$,后移动到 P_i 点。在该过程中,CNC系统实际指令运动值 $L=P_i+\overline{B}$。

反向间隙补偿在坐标轴处于任何方式时均有效。在系统进行了双向螺距补偿时,双向螺距的补偿值已经包含了反向间隙,此时不需要设置反向间隙的补偿值。

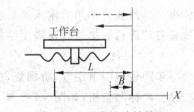

图4-3-2　反向间隙补偿

3. 误差补偿的适用范围

从数控机床进给传动装置的结构和数控系统的三种控制方法可知,在半闭环系统中,系统接收的位置实际值来自于电动机编码器,轴在反向运动时指令值和实际值之间会相差一个反向间隙值。因此,误差补偿对半闭环控制系统和开环控制系统具有显著的效果,可明显提高数控机床的定位精度和重复定位精度。对于全闭环数控系统,由于系统接收的位置实际值来自于光栅尺,其中已经包含反向间隙,因此不存在反向间隙误差。

4.3.3 常用定位精度检测仪器的认识与使用

1. 双频激光干涉仪

双频激光干涉仪是目前国际机床标准中规定使用的数控机床精度检测验收的测量设

备，如图 4-3-3 所示。下面以美国惠普公司生产的 HP5528A 双频激光干涉仪为例介绍其工作原理和操作方法。

图 4-3-3 双频激光干涉仪在数控机床定位精度测量中的使用

（1）测量原理。由激光头激光谐振腔发出的 He-Ne 激光束，经激光偏转控制系统分裂为频率分别为 f_1 和 f_2 的线偏振光束，经取样系统分离出一部分光束被光电检测器接收作为参考信号，其余光束经回转光学系统放大和准直，被干涉镜接收反射到光电检测器上。机床运动使干涉镜和反射镜之间发生相对位移，两束光发生多普勒效应，产生多普勒频移 $\pm\Delta f$。光电检测器接收到的频率信号（$f_1-f_2\pm\Delta f$）和参考信号（f_1-f_2）被送到测量显示器，经频率放大、脉冲计数，送入数字总线，最后经数据处理系统进行处理，得到所测量的位移量，即可评定数控机床的定位精度。

（2）测量方法。首先，完成双频激光干涉仪测量系统各组件的连接，然后在需测量的机床坐标轴线方向安装光学测量装置，如图 4-3-4 所示。

调整激光头，使双频激光干涉仪的光轴与机床移动的轴线处在一条直线上，即将光路调准直。待激光预热后输入测量参数，按规定的测量程序运动机床进行测量。计算机系统将自动进行数据处理及输出结果。

2. 步距规

步距规也叫节距规，阶梯规，是一种高精度量具，可用于检测机床工作台移动精度和校准三坐标测量机，如图 4-3-5 所示。步距规的工作量块有钢质和金属陶瓷两种。使用钢质量块时应注意防锈，工作量块间的钢质量块也需防锈。

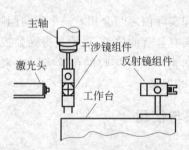

图 4-3-4 X 轴方向光学测量装置的安装

图 4-3-5 步距规

用步距规测量定位精度操作简单,在批量生产中被广泛采用。步距规结构如图 4-3-6 所示。图 4-3-6 中尺寸 $P_1, P_2, \cdots, P_i$ 按 100mm 间距设计,加工后测量出 $P_1, P_2, \cdots, P_i$ 的实际尺寸作为定位精度检测时的目标位置坐标(测量基准)。

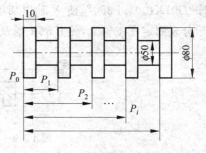

图 4-3-6　步距规结构图

以数控铣床 X 轴定位精度的测量为例。测量时,如图 4-3-7 所示将步距规置于工作台上,并将步距规轴与 X 轴轴线校平行,令 X 轴回零;将杠杆千分表固定在主轴箱上,表头接触在 P_0 点,表针置零;用程序控制工作台按标准循环图(见图 4-3-8)移动,移动距离依次为 $P_1, P_2, \cdots, P_i$,表头则依次接触到 $P_1, P_2, \cdots, P_i$ 点,表盘在各点的读数则为该位置的单向位置偏差。按标准循环图测量 5 次($n=5$),将各点读数(单向位置偏差)记录在记录表中,按国家标准《机床检验通则》GB/T 17421—2000 评定方法对数据进行处理,由此可确定该轴线的定位精度和重复定位精度。

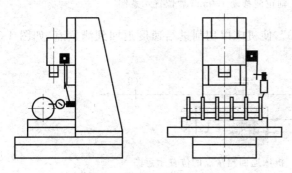

图 4-3-7　步距规安装示意图

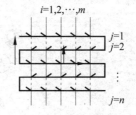

图 4-3-8　标准检验循环图

4.3.4　任务实施:设置反向间隙补偿参数和螺距误差补偿参数

一、使用千分表检测反向间隙并设置补偿量

检测 X 轴离机床参考点 100mm 位置处的切削进给方式下的反向间隙。

(1) 取消反向间隙误差补偿功能(新机床无须该步骤)。检测前需设置参数 PRM1851＝0(各轴的反向间隙补偿量),PRM3264＝0(螺距误差补偿点的间隔),取消系统的误差补偿功能,避免原有的补偿功能起作用,以便检测实际误差值。

(2) 选择反向间隙补偿方式。不同速度下测得的反向间隙误差不同,一般低速的反向间隙误差值要比高速的反向间隙误差值大,特别是在机床轴负荷较大、运动阻力较大时。PRM1800.4(PBK)参数用于选择是否区分不同速度下的反向间隙补偿功能。参数设为“1”,表示切削进给和快速进给的反向间隙补偿量分开设置;设为“0”,表示不区分。此处设置该参数为“1”,分开设置补偿量。

(3) 系统断电重启,使步骤(1)和(2)设置的参数起作用。

(4) 执行 X 轴手动返回参考点操作。将 X 轴定位于测量点处,安装千分表。运行程序"G01X1001.F350"，使 X 轴以切削进给速度移动到测量点。工作台上装上测量块，将千分表固定在主轴上，使其测头触及量块侧面，将其刻度对 0，如图 4-3-9 所示。

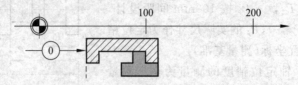

图 4-3-9　设定机床测量点的位置示意图

（5）运行程序"G01X2001.F350"，使机床以切削进给速度沿相同方向移动，如图 4-3-10 所示。

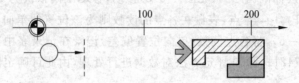

图 4-3-10　X 轴正向移动 100mm 后位置示意图

（6）运行程序"G01X1001.F350"，使机床以切削进给速度返回到测量点，如图 4-3-11 所示。

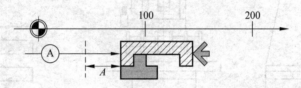

图 4-3-11　机床返回测量点的位置示意图

（7）测得反向间隙值。此时千分表的读数即是 X 轴在 100mm 处的方向间隙值 A。

（8）设置切削进给方式的反向间隙补偿量。切削进给方式下的反向间隙补偿参数为 PRM1851。将测量值转换成补偿量，输入 PRM1851 下对应的 X 轴参数中，补偿量在 0～±9999μm 的范围内。注意，通常采用千分表测得的反向间隙值单位为 mm，因此在设置该参数时，必须进行单位转换。比如实际测量某机床的反向间隙为 0.065mm，则应该在 PRM1851 参数内输入数值 65。快速进给方式下的间隙补偿参数为 PRM1852，参数设置方式与 PRM1851 相似。

二、使用激光干涉仪检测反向间隙、螺距误差并设置补偿量

以 RENISHAW 公司的 ML10 激光干涉仪为检验工具，以 FANUC-0i 数控系统某型号立式铣床 X 轴测量与补偿为例说明测量与补偿过程。机床 X 轴行程为 600mm，丝杆螺距为 8mm，补偿间距取 30mm。

在进行测试与自动补偿前，先备份好机床原有的补偿数据，以便在完成测量与自动补偿后进行补偿前后效果的分析对比。

1. 清除机床补偿参数值

为避免原有的补偿数据起作用，必须清除各坐标轴的反向间隙和螺距误差补偿参数

值。参数清除后,系统断电重启,并进行返回参考点操作。

2. 选择测量轴,建立满足测量要求的激光光路

首先按图 4-3-12 所示安装 ML10 激光干涉仪的相关部件,并保证反射光的光强满足测试要求。

图 4-3-12 测量布局图

通常是将激光头安装于放在车间地面上的三脚架上,测量反射镜放置于移动的机床工作台上,干涉镜通过磁性支架固定于主轴,并放置在激光器与反射镜之间的光路上。从激光头发出的光在干涉镜处分为两束相干光束,一束光从附加在干涉镜上的反射镜反射回激光头,而另一束要透过干涉镜至反射镜处,再反射回激光头的探测孔,由激光头内检波器监控这两束光的干涉情况。核查软件主显示屏幕左侧的信号表,检测返回信号的强度。借助光靶,调整激光器的方向,使激光束与所测机床运动轴的移动方向平行。

3. 生成检测程序并上传给数控系统

按照《机床检验通则》(GB/T 17421.2—2000)的要求,在每一坐标轴的工作行程内均匀选取不少于 10 个目标位置(测量点)。检测时,机床需沿着轴线按编制好的程序以同一进给速度在目标位置间移动,并在各目标位置停留足够的时间,以便计算机系统自动采集数据。在 RENISHAW Laser10 软件中按要求设置参数:第一定位点为 0mm,第二定位点为 −570mm,间距为 30mm,运行次数为 5 次,选择最接近的数控系统,此处为 FANUC-0i。参数设置完毕,系统可自动生成检测程序。将检测程序传送到 NC 中。生成的检测程序如下。

```
O0023;
N0020 G54 G91G01X0. F1000;
#1=0;
#2=5;
#3=0;
#4=19;
N0070G04X4. ;
N0080G01X-30. ;
G04X4. ;
#3=#3+1;
IF[#3NE#4 ]GOTO80;          从第 1 点负向走到第 20 点
```

```
N0120G04X4. ;
G01X30. ;
#3=#3-1;
IF[#3 NE 0 ] GOTO120;          从第 20 点正向走到第 1 点
G04X4. ;
#1=#1+1;
IF[#1 NE #2 ] GOTO 70;         5 次全行程负、正向循环
M30;
%
```

4. 采集并分析原始数据

采用自动数据采集方式，让机床执行所传的 NC 程序，进行测量并自动采集数据。重复测量 3 次，即可由软件系统计算出测量误差，并给出误差图表，按照所采用的标准评定出定位精度和重复性误差。如果超差，可按误差补偿表进行补偿，再重新测量 3 次，直至将机床的误差补偿到要求的技术指标范围之内。

5. 设定参数

依次设置下列螺距误差补偿相关参数，然后将电源切断，重新启动机床，执行回参考点操作，使补偿的参数生效。

(1) PRM3620。数据范围：0～1023。对应设置 X 轴参考点的螺距误差补偿点号，这里设置为 20。

(2) PRM3621。数据范围：0～1023。对应设置 X 轴负方向最远一端的螺距误差补偿点号，这里设置为 1。计算方法为

参考点的补偿点号码－（机床负方向行程长度/补偿点间隔）＝20－（570/30）＝1

(3) PRM3622。数据范围：0～1023。对应设置 X 轴正方向最远一端的螺距误差补偿点号，这里设置为 20。计算方法为

参考点的补偿点号码＋（机床负方向行程长度/补偿点间隔）＝20＋0/30＝20

(4) PRM♯3263。数据范围：0～99 999 999。对应设置 X 轴螺距误差补偿倍率，这里设置为 1。

注意：对于 FANUC 系统，当螺距误差的补偿值为－7～7 时，补偿倍率设为 1；若补偿值大于 7 或小于－7 时，补偿倍率的值等于各点实际测量值（增量值）/7 的最小公倍数。当机床运动到该点时，其补偿值为该点补偿值（参数表中的值）乘以补偿倍率。

(5) PRM3264。单位：μm。如对应 X 轴螺距误差补偿点间距 30mm，这里设置为 30 000。

FANUC 0 系统的最小补偿间距为最大快速移动速度（快速进给速度）/1875（mm）；FANUC 0i 系统的最小补偿间距为最大快速移动速度/7500（mm）。若补偿点的补偿量绝对值超过 100 时，螺距误差补偿点间隔最小值＝（最大快速移动速度/7500）×倍数。其中，倍数＝最大补偿量（绝对值）/128（小数点后的数四舍五入）。

6. 根据测量值设置补偿参数

执行检测程序。测量结束后，测量软件以 RTL 文件格式自动保存采集的数据，执行数据分析操作后，自动生成误差补偿值。第一次测量出的数据如图 4-3-13 所示。

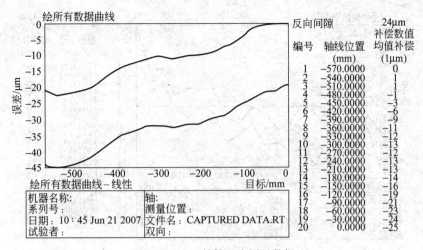

图 4-3-13　X 轴第一次测量数据

将图 4-3-14 中的反向差值"24"输入参数 PRM1851（反向偏差值补偿参数）对应的 X 轴栏目中，并让 X 轴重新回零（手动返回参考点），再次进行测量，测量结果如图 4-3-15 所示。

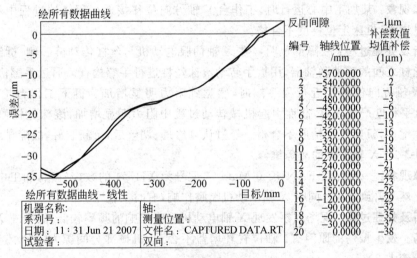

图 4-3-14　对 X 轴反向差值补偿后的测量值

根据图 4-3-14 中的螺距误差值自动或手动逐点输入数控系统对应的补偿参数。系统断电重启，执行回参考点操作，令螺距误差补偿生效。再次进行测量，得到测量数据如图 4-3-15 所示。

7．误差补偿前后比较分析

比较图 4-3-14 和图 4-3-15，没有补偿之前，反向间隙为 $24\mu m$，补偿之后为 $-1\mu m$，螺距误差在补偿之前的范围是 $-35\sim0\mu m$，在补偿之后为 $-2.5\sim3\mu m$。从数据中可以知道，通过对数控机床 X 轴的反向间隙与螺距误差补偿，机床的精度得到了较大提高。

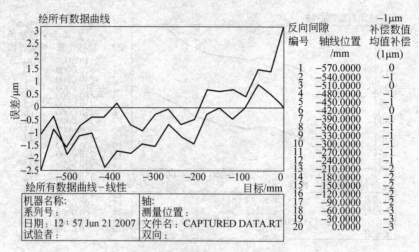

图 4-3-15 X 轴螺距误差补偿后的测量数据

常见故障处理及诊断实例

例 4-3-1 机床定位精度不合格的故障维修。

故障现象：某加工中心运行时，工作台 Y 轴方向位移接近行程终端过程中丝杠反向间隙明显增大，机床定位精度不合格。

分析及处理过程：故障部位明显在 X 轴伺服电动机与丝杠传动链一侧；拆卸电动机与滚珠丝杠之间的弹性联轴器，用扳手转动滚珠丝杠进行手感检查。通过手感检查，发现工作台 X 轴方向位移接近行程终端时，感觉到阻力明显增加。拆下工作台检查，发现 Y 轴导轨平行度严重超差，故而引起机械转动过程中阻力明显增加，滚珠丝杠弹性变形，反向间隙增大，机床定位精度不合格。经过认真修理、调整后，重新装好，故障排除。

例 4-3-2 X 轴振荡的故障维修。

故障现象：一台配套 FANUC 0 Mate C，型号为 XH754 的数控机床，加工中 X 轴负载有时突然上升到 80%，同时 X 轴电动机嗡嗡作响；有时又正常。

分析及处理过程：现场观察发现 X 轴电动机嗡嗡作响的频率较低，故判断 X 轴发生低频振荡。发生振荡的原因有：轴位置环增益不合适；机械部分间隙大，传动链刚性差；负载惯量较大。

经查 X 轴位置增益未变，负载也正常，经询问，操作工介绍此机床由于一直进行重切削加工，X 轴间隙较大，刚进行过间隙补偿。经查 X 轴间隙补偿参数 0535，发现设定值为 250，用百分表测得 X 轴实际间隙为 0.22，看来多补了；直至将设定值改为 200 后，X 轴振荡才消除。

注意：X 轴这么大间隙，要想提高加工精度，只有消除机械间隙。

例 4-3-3 X 轴间隙太大的故障维修。

故障现象：一台配套 FANUC 0 Mate C，型号为 XH754 的数控机床，X 轴间隙太大。

分析及处理过程：X 轴间隙由联轴器间隙、轴承间隙、丝杠间隙、机械弹性间隙等组成。

拆下 X 轴护板,停电关机,用手握住丝杠,来回转动,感觉自由转角较大,有较大间隙;调整 X 轴丝杠轴承间隙,背紧螺母将其调紧也没有改善,故怀疑丝杠螺母有问题。将丝杠螺母与工作台松脱,检查,并未发现间隙;再打开轴承座法兰,检查丝杠轴承,发现两角接触轴承(背靠背)内圈已调紧到一起,正常情况下应有间隙,说明该对轴承间隙已无调整余地。

按该轴承外径,车一厚 1m 的小圆环垫在该对轴承外径中间,减去原间隙,这样该对轴承内圈就有 0.8mm 左右的间隙调整裕量。安装后将轴承背紧螺母适当调紧,将参数 0535 置 0,用百分表测 X 轴间隙为 0.02mm,再将参数 0535 设为 15,测 X 轴间隙为 0.01mm,X 轴间隙得以消除。

课后思考与任务

(1) 检测经过钻孔和镗孔加工后的零件,发现孔间尺寸精度超过允许误差,试分析产生该现象的原因。

(2) Z 轴反向间隙过大对零件加工有何影响?

(3) 数控机床重复定位精度超差可能给机床加工精度带来哪些影响?

任务 4.4　检测数控机床的工作精度

◆ 学习目标

(1) 能够正确使用数控机床工作精度检测常用的工具;

(2) 了解数控机床工作精度检测项目;

(3) 能够正确进行数控机床工作精度的检测;

(4) 能够通过工作精度的测量分析机床的运动性能。

◆ 任务分析

数控机床完成几何精度和定位精度的检测和调试后,实际上已经基本完成独立各项指标的相关检验,但是这些静态精度只能在一定程度上反映机床的加工精度,并没有完全充分地体现出机床整体的、在实际加工条件下的综合性能。机床的工作精度,又称动态精度,是一项综合精度,它不仅反映了机床的几何精度和定位精度,同时还包括了试件的材料、环境温度、刀具性能以及切削条件等各种因素造成的误差和计量误差。

工作精度检验可分单项加工精度检验和综合性试切件精度检验两种。

单项切削精度检验包括直线切削精度、平面切削精度、斜线铣削精度、圆弧铣削精度等。综合试切检验是根据单项切削精度检验的内容,设计一个具有包括大部分单项切削内容的工件,然后对其进行试切加工来确定机床的工作精度。综合试切件加工后的精度需用坐标测量机检测。

切削试件时可参照有关标准规定进行，或按客户要求的特定产品切削，如试件材料、刀具技术要求、主轴转速、背吃刀量、进给速度、环境温度以及切削前的机床空运转时间等。

本任务是根据给出的综合试切件参照检验标准，选择合适的参数进行编程加工，并测量其尺寸精度、位置精度。若有尺寸或位置精度超差，找出造成工件尺寸或位置精度超差的原因，并采取相应措施调整机床。

◆ 必备知识

4.4.1 检验工作精度时加工试件的注意事项

1. 试件的定位

试件应位于 X 行程的中间位置，并注意在 Y 轴和 Z 轴方向上应适合试件和夹具定位及刀具长度。当对试件的定位位置有特殊要求时，应在制造厂和用户的协议中规定。

2. 试件的固定

试件应方便安装在专用夹具上，以保证刀具和夹具的稳定性。夹具和试件的安装面应平直，并使试件安装表面与夹具夹持面的平行度符合要求。使用合适的夹持方法以便使刀具能贯穿加工中心孔的全长。建议使用埋头螺钉固定试件，以避免刀具与螺钉发生干涉，也可选用其他等效的方法。试件的总高度取决于所选用的固定方法。

3. 试件的材料、刀具和切削参数

试件的材料、切削刀具及切削参数按照制造厂与用户间的协议选取，并记录。推荐使用如下切削参数。

（1）切削速度：铸铁件约为 50m/min；铝件约为 300m/min。

（2）进给量：为 0.05～0.10mm/齿。

（3）切削深度：所有铣削工序在径向切深应为 0.2mm。

4. 试件的尺寸

检验用的轮廓试件可以在切削试验中反复使用，其规格应保持在标准所给出特征尺寸的±10%以内。当再次使用试件进行新的精切试验前，应进行一次薄层切削，以清理所有的表面。如果试件切削了数次，外形尺寸会减少，孔径会增大。用于验收检验时，建议选用与标准中规定一致的轮廓加工试件尺寸，以便如实反映机床的切削精度。

5. 试件切削加工注意事项

试切件是机床精度检验的标准件，加工完成后将通过三坐标测量仪进行数据检测，所以在加工中应尽可能保持其表面粗糙度的一致。每个工序必须一气呵成，一定不能出现接刀痕。一旦在加工过程中出现意外，如刀具损毁、机床故障，必须重新进行一次该工序的加工并在图样上标明调整后设定尺寸，否则可能会造成最终的测量数据有很大误差，无法给机床精度以客观的反映。

4.4.2 任务实施：检测数控机床工作精度

一、车削标准件并检测

1. 精车圆柱试件的圆度（靠近主轴轴端,检验试件的半径变化）

检测工具：千分尺。

检验方法：精车试件（试件材料为 45 号钢,正火处理,刀具材料为 YT30）外圆 D,试件如图 4-4-1 所示,用千分尺测量检验试件靠近主轴轴端的半径变化,取半径变化最大值近似作为圆度误差;用千分尺测量检验零件的每一个环带直径的变化,取最大差值作为切削加工直径的一致性误差。

2. 精车端面的平面度

检测工具：平尺、量块。

检验方法：精车试件端面（试件材料：HT150,180～200HB,外形如图;刀具材料：YG8）,试件如图 4-4-2 所示,使刀尖回到车削起点位置,把指示器安装在刀架上,指示器测头在水平平面内垂直触及圆盘中间,沿负 X 轴向移动刀架,记录指示器的读数及方向;用终点时读数减起点时读数除以 2 即为精车端面的平面度误差;数值为正,则平面是凹的。

3. 螺距精度

检测工具：丝杠螺距测量仪。

检验方法：可取外径为 50mm,长度为 75mm,螺距为 3mm 的丝杠作为试件进行检测（加工完成后的试件应充分冷却）。工件如图 4-4-3 所示。

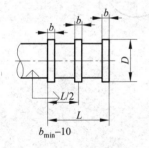

图 4-4-1 精车圆度检测试件

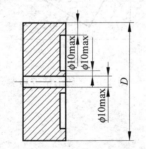

图 4-4-2 精车端面平面度检测试件

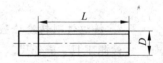

图 4-4-3 螺距精度
检验试件

4. 精车圆柱形零件的直径尺寸精度、精车圆柱形零件的长度尺寸精度

检测工具：测高仪、杠杆卡规。

检验方法：用程序控制加工圆柱形零件（零件轮廓用一把单刃车刀精车而成）,零件如图 4-4-4 所示,测量其实际轮廓与理论轮廓的偏差,允差应小于 0.045mm。

二、检验加工中心单项工作精度

1. 镗孔精度检验

检测工具：千分尺。

检验目的：考核机床主轴的运动精度及 Z 轴低速时的运动平稳性。

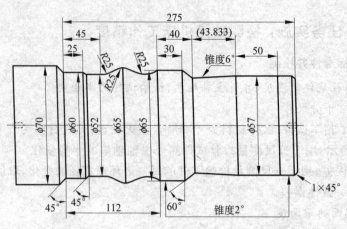

图 4-4-4　精车轴类零件轮廓的偏差检验试件

检验方法：精镗试件内孔。试件材料为一级铸铁,硬质合金镗刀,背吃刀量 $t \approx$ 0.1mm;进给量 $s \approx 0.05$mm/r。

试件如图 4-4-5(a)所示。先粗镗一次试件上的孔,然后按单边余量小于 0.2mm 进行一次精镗,检测孔全长上各截面的圆度、圆柱度和表面粗糙度。

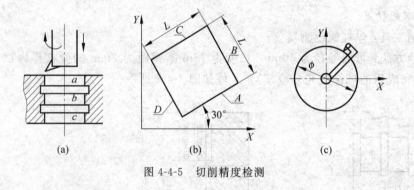

图 4-4-5　切削精度检测

2. 斜边铣削精度检验

检测工具：千分尺。

检验目的：两个运动轴直线插补运动的品质特性。

检验方法：精铣试件四周边。试件材料为一级铸铁,采用立铣刀,背吃刀量 $t \approx$ 0.1mm。

试件如图 4-4-5(b)所示。试切前应确保试件安装基准面的平直。试件安装在工作台中间位置,使其一个加工面与 X 轴成 30°角。用立铣刀侧刃先粗铣试件四周边,然后再精铣试件四周边。试件斜边的运动由 X 轴和 Y 轴运动合成,所以工件表面的加工质量反映了两个运动轴直线插补运动的品质特性。若加工后的试件在相邻两直角面上出现刀纹一边密、另一边稀的现象时,说明两轴联动时,某一个轴进给速度不均匀,此时可以通过修调该轴速度控制和位置控制环解决。

(1)四面的直线度检验。在平板上放两个垫块,试件放在其上,固定千分表,使其触头触及被检验面。调整垫块,使千分表在试件两端的读数相等。沿加工方向,按测量长度,在平板上移动千分表进行检验。千分表在各面上读数的最大差值即为直线度误差,如图 4-4-6(a)所示。

(2)相对面间的平行度检验。在平板上放两个等高块,试件放在其上。固定千分表,使其测头触及被检验面,沿加工方向,按测量长度,在平板上移动千分表进行检验。千分表在 A、C 面间和 B、D 面间读数的最大差值即是平行度误差,如图 4-4-6(a)所示。

(3)相邻两面间的垂直度检验。在平板上放两个等高块,试件放在其上。固定角尺于平板上,再固定千分表,使其测头触及被检验面。沿加工方向,按测量长度,在角尺上移动千分表进行检验。千分表在各面上读数最大差值即为垂直度误差,如图 4-4-6(b)所示。

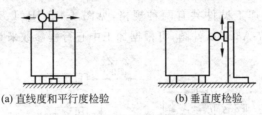

(a) 直线度和平行度检验　　　　(b) 垂直度检验

图 4-4-6　斜边铣削精度检验方法

3. 圆弧铣削

检测工具:圆度仪或千分尺。

检验目的:两个运动轴直线插补运动的品质特性。

检验方法:采用圆弧插补精铣试件的圆周面。试件材料为一级铸铁,采用立铣刀,背吃刀量 $t \approx 0.1mm$。

用立铣刀侧刃精铣图 4-4-5(c)所示的圆表面,试件安装在工作台的中间位置。将千分表固定在机床的主轴上,使其测头触及外圆面。回转主轴,并进行调整,使千分表在任意两个相互垂直直径两端的读数相等。旋转主轴一周,检验试件半径的变化值,取半径变化的最大值作为其圆度误差,以此判断工件圆弧表面的加工质量。它主要用于评价该机床两坐标联动时动态运动质量。一般数控铣和加工中心铣削 $\phi 200 \sim \phi 300mm$ 工件时,圆度在 $0.01 \sim 0.03mm$ 之间,表面粗糙度在值 $Ra3.2\mu m$ 左右。

在圆试件测量中常会遇到图 4-4-7 所示图形。

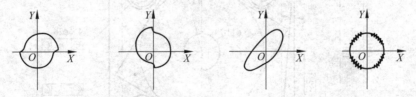

图 4-4-7　有质量问题的铣圆图形

对两个半圆错位的图形一般都是因一个坐标轴或两个轴的反向间隙造成的。固定的反向间隙可以通过改变数控系统的间隙补偿参数值或修调该坐标传动链精度来改善。

出现斜椭圆是由于两坐标的进给伺服系统增益不一致,造成实际圆弧插补运动中一个坐标跟随特性滞后,形成椭圆轨迹(实际上机床产生的椭圆长短轴相差几十微米)。此时可以适当调整一个轴的速度反馈增益或位置环增益来改善。

圆柱面上出现锯齿形条纹的原因与切削斜边时出现的条纹相同，也是由于一个轴或两个轴的进给速度不均匀造成的。

三、铣削综合试切件并检测加工中心工作精度

为了节约材料，提高效率，目前多采用综合试切件检验方法，按照国家标准《加工中心工作精度检验标准》（GB/T 20957.7—2007）检验工作精度。

1. 轮廓试切件

检验目的：该检验通常在 X—Y 平面内进行，通过在不同轮廓上的一系列精加工，来检查不同运动条件下的机床性能。

检验方法：轮廓加工试件共有两种规格，见图 4-4-8 JB/T 8771.7-A160 试件图和图 4-4-9 JB/T 8771.7-A320 试件图，可根据加工中心行程参数来具体选用。

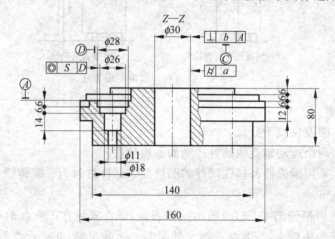

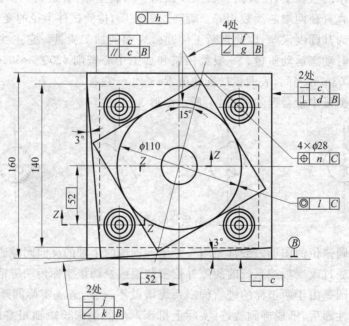

图 4-4-8　JB/T 8771.7-A160 试件图

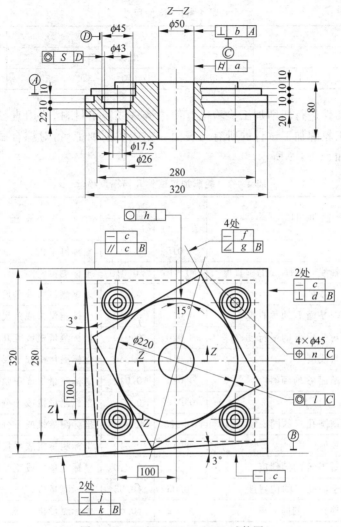

图 4-4-9 JB/T 8771.7-A320 试件图

试件的最终形状应由下列加工形成。

(1) 通镗位于试件中心直径为"p"的孔。

(2) 加工边长为"L"的外正四方形。

(3) 加工位于正四方形上边长为"q"的菱形(倾斜 60°的正四方形)。

(4) 加工位于菱形之上直径为"q"、深为 6mm(或 10mm)的圆。

(5) 加工正四方形上面,"α"角为 30 或 $\tan\alpha=0.05$ 的倾斜面。

(6) 镗削直径为 26mm(或较大试件上的 43mm)的 4 个孔和直径为 28mm(或较大试件上的 45mm)的 4 个孔。直径为 26mm 的孔沿轴线的正向趋近,直径为 28mm 的孔为负向趋近。这些孔定位为距试件中心"r—r"。

具体尺寸如表 4-4-1 所示,因为是在不同的轴向高度加工不同的轮廓表面,因此应使刀具与下表面平面保持零点几毫米的距离以避免面接触。

表 4-4-1　试件尺寸　　　　　　　　单位：mm

名义尺寸 L	m	p	q	r	α
320	280	50	220	100	3°
160	140	30	110	52	3°

对综合试切件进行切削加工检验推荐使用铸铁或铸铝材料，选用直径为 32mm 的同一把立铣刀加工轮廓加工试件的所有外表面。完成切削加工后，对综合试切件的精度检验项目和方法如表 4-4-2 所示。

表 4-4-2　轮廓加工试件几何精度检验　　　　　　　　单位：mm

检 验 项 目		允　差		检 验 工 具
		$L=320$	$L=160$	
中心孔	回柱度	0.015	0.010	坐标测量机
	孔中心轴线与基面 A 的垂直度	$\phi0.015$	$\phi0.010$	坐标测量机
正四方形	侧面的直线度	0.015	0.010	坐标测量机或平尺和千分表
	相邻面与基面 B 的垂直度	0.020	0.010	坐标测量机或角尺和千分表
	相对面对基面 B 的平行度	0.020	0.010	坐标测量机或等高量块和千分表
菱形	侧面的直线度	0.015	0.010	坐标测量机或平尺和千分表
	侧面对基面 B 的倾斜度	0.020	0.010	坐标测量机或正弦规和千分表
圆	圆度	0.020	0.015	坐标测量机或千分表或圆度测量仪
	外圆和内圆孔 C 的同心度	$\phi0.025$	$\phi0.025$	坐标测量机或千分表或圆度测量仪
斜面	面的直线度	0.015	0.010	坐标测量机或平尺和千分表
	角斜面对 B 面的倾斜度	0.020	0.010	坐标测量机或正弦规和千分表
镗孔	孔相对于内孔 C 的位置度	$\phi0.05$	$\phi0.05$	坐标测量机
	内孔与外孔 D 的同心度	$\phi0.02$	$\phi0.02$	坐标测量机

注：（1）如果条件允许，可将试件放在坐标测量机上进行测量。

　　（2）对直边（正四方形、菱形和斜面）而言，为获得直线度、垂直度和平行度的偏差，测头至少在 10 个点处触及被测表面。

　　（3）对于圆度（或圆柱度）检验，如果测量为非连续性的，则至少检验 15 个点（圆柱度在每个侧平面内）。

2. 端铣试件

检验目的：通过沿 X 轴轴线的纵向运动和沿 Y 轴轴线的横向运动来检验端面精铣表面的平面度。两次走刀重叠约为铣刀直径的 20%。

检验方法：通常按生产厂家规定的尺寸和刀具进行试件的加工。按照检验要求，试件的面宽是刀具直径的 1.6 倍，用 80% 刀具直径分两次走刀来完成。为了使两次走刀中的切削宽度近似相同，第一次走刀时刀具应伸出试件表面约 20% 刀具直径，第二次走刀时刀具应伸出另一边约 1mm（图 4-4-10 所示为端铣试验模式检验图）。试件长度应为宽度的 1.25～1.6 倍。

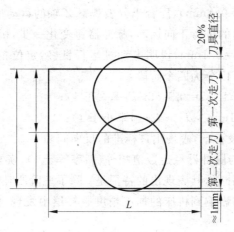

图 4-4-10　端铣试验模式检验图

当试件材料为铸铁件时,可参照表 4-4-3 选择切削参数。进给速度为 300mm/min 时,每齿进给量近似为 0.12mm,背吃刀量不应超过0.5mm。

表 4-4-3　切削参数　　　　　　　　　　　　单位:mm

试件表面宽度 W	试件表面长度 L	切削宽度 w	刀具直径	刀具齿数
80	100～130	40	50	4
160	200～250	80	100	8

为了保证加工质量,刀具安装应符合"径向跳动≤0.02mm,端面跳动≤0.03mm"的公差要求。为使背吃刀量尽可能恒定,精切前应进行预加工。

精加工表面的平面度允差:小规格试件被加工表面的平面度允差不应超过 0.02mm;大规格试件的平面度允差不应超过 0.03mm。垂直于铣削方向的直线度检验结果反映出两次走刀重叠的影响,而平行于铣削方向的直线度检验结果反映出刀具出、入刀的影响。

常见故障处理及实例

例 4-4-1　加工精度异常故障维修。

故障现象:一台 SV-1000 立式加工中心,采用 FANUC 系统。在加工连杆模具过程中,忽然发现 Z 轴进给异常,造成至少 1mm 的切削误差量(Z 方向过切)。

故障分析及处理过程:调查中了解到,故障是忽然发生的。在点动和手动输入数据方式下操作机床各个轴运行正常,且回参考点正常,无任何报警提示,因此可排除电气控制部分硬件故障。检查机床精度异常时正在运行的加工程序段,特别是刀具长度补偿,加工坐标系(G54～G59)的校对和计算,未发现问题。

在点动方式下,反复运动 Z 轴,经过视、触、听,观察其运动状态,发现 Z 向运动声音异常,特别是快速点动时,噪声更加明显。由此判断,机械方面可能存在隐患。

检查机床 Z 轴精度。用手摇脉冲发生器移动 Z 轴,将其倍率定为 1×100 的挡位(即每变化一步，电动机进给 0.1mm），配合千分表观察 Z 轴的运动情况。在单向运动保持正常后，选一点作为起始点的进行正向运动，脉冲器每变化一步，机床 Z 轴运动的实际距离为 $d = d1 = d2 = d3 = \cdots = 0.1mm$，说明电动机运行良好，定位精度也良好。而返回时根据机床实际位移变化，可以分为四个阶段：

（1）机床运动距离 $d1 > d = 0.1mm$（斜率大于 1）；

（2）表现出 $d1 = 0.1mm > d2 > d3$（斜率小于 1）；

（3）机床机构实际没移动，表现出最标准的反向间隙；

（4）机床运动距离与脉冲器经定数值相等（斜率等于 1），恢复到机床的正常运动。无论怎样对反向间隙进行补偿，其表现出的特征是：除了三阶段补偿外，其他各段变化依然存在，特别是一阶段严重影响到机床的加工精度。补偿中发现，间隙补偿越大，一阶段移动的距离也越大。

分析上述检查认为存在几点可能原因：一是电动机有异常，二是机械方面有故障，三是丝杠存在间隙。为了进一步诊断故障，将电动机和丝杠完全脱开，分别对电动机和机械部分进行检查。检查结果是电动机运行正常；再对机械部分诊断发现，用手盘动丝杠时，返回运动初始有很大的空缺感，而正常情况下，应该能感觉到轴承有序而平滑的移动。

经过拆卸检查发现该轴承确实受损，且有滚珠脱落。更换轴承后机床恢复正常。

例 4-4-2　机床电气参数未优化电机运行异常。

故障现象：一台数控立式铣床，配置 FANUC 0i-MC 数控系统。在加工完一模具零件后，用量具测量发现 X 轴尺寸超差 −0.05mm 左右。

故障分析及处理过程：检查发现 X 轴存在一定间隙，且电动机启动时存在不稳定现象。用手触摸 X 轴电动机时感觉电动机抖动比较严重，启停时不太明显，JOG 方式下较明显。

分析认为，故障原因有两点，一是机械反向间隙较大；二是 X 轴电动机工作异常，电动机抖动导致丢步。利用 FANUC 系统的参数功能，对电动机进行调试。首先对存在的间隙进行了补偿；然后调整伺服增益参数及 N 脉冲抑制功能参数，以消除 X 轴电动机的抖动。经采取上述措施，机床加工精度恢复正常。

📖 知识拓展：QC 球杆仪

图 4-4-11 所示为英国雷尼绍（RENISHAW）公司生产的 QC20-W 球杆仪。它可快速（10～15min 内）、方便、经济地评价和诊断数控机床两轴联动性能。用它测量和评估机床动态精度，可取消机床终检时的试切加工。

一、球杆仪的安装和使用

QC20-W 球杆仪由球杆仪本体和精密磁力表座组成，球杆仪本体主要是一个高精度伸缩式线性传感器，其两端各有一个精密球，一个（可调节）连接到机床工作台上，另一个连接到机床主轴或主轴箱上。

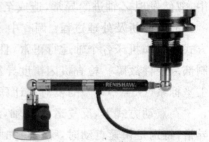

图 4-4-11　QC20-W 球杆仪

在使用中，传感器的精密球以机械定位的方式固定到磁性球杯上。球杆仪通过传感器接口盒连接到计算机的一个串口上，如图 4-4-12 所示。当机床按预定程序、以球杆仪长度为半径走圆，其长度发生变化时，由测量电路产生的电信号转变成位移信号，信号处理在球杆仪内部进行，数据传输使用 Bluetooth（蓝牙）模块输送至匹配的个人计算机中。经雷尼绍 Ballbar 20 分析软件拟合该圆弧轨迹（如图 4-4-13 所示），可迅速将机床的直线度、垂直度、重复性、反向间隙、各轴的比例是否匹配以及伺服性能等从半径的变化中分离出来，以图形的形式反映出数控系统、伺服驱动及机器机械方面的误差（如图 4-4-14 所示）。

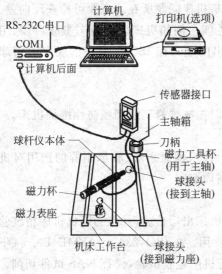

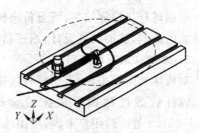

图 4-4-12　QC20-W 球杆仪的安装　　　　　　图 4-4-13　球杆仪检测中

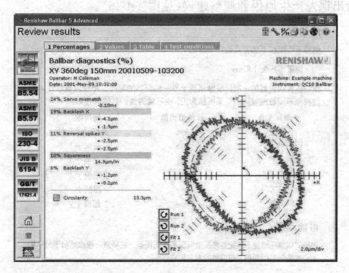

图 4-4-14　球杆仪检测报告

雷尼绍 Ballbar 20 球杆仪分析软件功能强大，不仅可以将数据分析的结果生成符合国际标准格式的报告，还可以自动产生诊断结果，并对诊断出的各种机床误差源按其误差大小进行排序。

二、球杆仪的功能

1. 快速标定机床精度等级、优化切削参数

不同进给速度下用球杆仪检测机床精度，得出的结果可指导操作者选用合适的进给速度进行加工，从而避免废品的产生。

2. 机床动态特性测试与评估、分析故障原因

结合分析软件，球杆仪可以快速找出并分析机床问题所在。主要可检查反向差、反向间隙、伺服增益、垂直度、直线度、周期误差等性能。例如机床发生撞车事故后，利用球杆仪和分析软件，可快速了解机床精度状况，找出问题。在 ISO 标准中已规定了用球杆仪检测机床精度的方法。

3. 及时提示机床保养与维护

根据球杆仪检测的机床精度变化趋势，及时提醒维修工程师预防性维护机床。

4. 缩短新机床开发研制周期

根据球杆仪检测结果，可分析出机床润滑系统、伺服系统、轴承副等的选用对机床精度性能的影响，从而改进设计，缩短新机床研制周期。

5. 缩短机床验收时间

对机床制造厂来说，可用球杆仪快速进行机床出厂检验，并作为随机机床精度验收文件。球杆仪现已被国际机床检验标准所采用，如 ISO 230-4、ASME B5.54/57 和 GB 17421.4 等。对用户来说，可用球杆仪进行机床验收试验，代替 NAS 试件切削。

球杆仪不仅可通过直观的图形给出所有误差源，还能根据其影响程度将误差源从大到小排序，并给出误差产生原因和调整建议（见图 4-4-15）。

诊断值

伺服不匹配按下述方式进行了量化：

　　伺服不匹配 1.83ms

该数值表明机器的一根伺服轴超前于另一伺服轴的时间，单位以毫秒计。该值根据不同被测轴间的关系可能为正，也可能为负。具体表述如下：

测试平面	软件给出值	超前轴
XY	+ve	Y 超前于 X
XY	−ve	X 超前于 Y
ZX	+ve	X 超前于 Z
ZX	−ve	Z 超前于 X
YZ	+ve	Z 超前于 Y
YZ	−ve	Y 超前于 Z

可能起因

当轴间伺服环增益不匹配是将发生伺服不匹配误差，它导致一根轴超前于另一轴而出现椭圆形的图形。超前轴的增益较高。

图 4-4-15　分析软件给出的诊断结果参考

资料来源：雷尼绍官网 www.renishaw.com.cn

课后思考与任务

（1）试分析加工圆形轮廓零件后的圆度误差过大的原因。采取何种措施可解决此类故障？

（2）数控车床螺纹加工时出现"乱牙"现象，试分析故障原因。采取何种措施可解决此类故障？

任务 4.5 数控机床参数备份

◆ **学习目标**

能够正确进行 FANUC 0i 系统参数备份。

◆ **任务分析**

数控机床的参数是数控系统软件应用的外部条件，它完成数控系统与机床结构及机床各种功能的匹配，以识别机床上的不同部件，并能判断如何执行用户编写的指令，如轴的数量，进给率，螺距误差补偿，自动换刀功能等。

FANUC 0i 数控系统无硬盘存储器，存储数据一般采用静态存储器 SRAM 和闪速存储器 FROM，数控系统断电后，SRAM 中数据需要用电池保护，容易丢失，如果机床长期闲置、数控系统受到干扰或电池电压过低等未及时更换电池，将造成系统参数丢失，机床无法使用。FROM 中数据相对稳定，但在更换 CPU 板或存储器时，文件也容易丢失。另外，机床在使用过程中，有可能出现数据紊乱等情况。做好系统数据备份，可以方便地进行数据恢复，也方便进行批量调试。

本任务以 FANUC 0i 系统为对象，进行机床参数的备份操作训练。

◆ **必备知识**

4.5.1 FANUC i 系列系统数据

1. FANUC i 系列数控系统的数据存储

FANUC i 系列数控系统的数据存储空间主要分为以下两类。

（1）FROM——FLASH-ROM，快闪存储器。在数控系统中作为系统存储空间，用于存储系统文件和机床厂（MTB）文件。

（2）SRAM——静态随机存储器，在数控系统中用于存储用户数据，断电后需要电池保护，所以有易失性（如电池电压过低、SRAM 损坏等）。

2. 数据的分类

数据文件主要分为系统文件、MTB（机床制造厂）文件和用户文件。

（1）系统文件——FANUC 提供的 CNC 和伺服控制软件称为系统文件。

（2）MTB 文件——PMC 程序、机床厂编辑的宏程序执行器（Manual Guide 及 CAP 程序等）。

（3）用户文件——系统参数、螺距误差补偿值、加工程序、宏程序、刀具补偿值、工件坐标系数据、PMC 参数等。

3. 数据文件的名称及辨识

在引导系统中，快闪存储器的文件名以开头 4 个字母加以区别。当从存储卡读出的文件名与已经写入快闪存储器的文件的头 4 个字符相同时，系统将删除已存在的文件后再将新文件读入快闪存储器中。表 4-5-1 所示为数据文件的文件名及其内容。

表 4-5-1　FANUC 系统的数据文件

文 件 名	内　　　容	文件种类	备　　注
NC BASIC	Basic 1	系统文件	基本系统文件
NC 2BSIC	Basic 2		基本系统文件
DG SERVO	Servo		伺服数据
GRAPHIC	Graphic		图形数据
NC□OPIN	Optional□		选项记录
PS□****	PMC control software,etc		MTB 的梯形图
PCD****	P-CODE macro file/OMM	用户文件	宏程序执行器数据
PMC_****	Ladder software		PMC 软件版本
PMC@****	Ladder software for the loader		附加软件（一般没有）

注：其中□表示数字，＊表示字母。

4. 数据备份与恢复

存储在 SRAM 区中的数据，在机床断电时是依靠控制单元上的电池进行保存的。如果发生电池失效或其他意外，会导致这些数据丢失。因此，有必要做好重要数据的备份工作，一旦发生数据丢失，可以通过恢复这些数据的办法，保证机床的正常运行。

FANUC 数控系统数据备份有以下两种常见的方法。

（1）使用存储卡，在引导系统画面进行数据备份和恢复。

（2）通过 RS-232 接口，使用 PC 进行数据备份和恢复。采用该方法进行数据备份，可以看到备份的数据内容，但只能传 SRAM 中的数据，不能传 FROM 中的数据。

4.5.2　数控机床通信接口、传输电缆和通信参数

RS-232C 接口在数控机床上有 9 针或 25 针串口两种形式。用一根 RS-232C 电缆和计算机进行连接，可在计算机和数控机床之间进行系统参数、PMC 参数、螺距补偿参数、加工程序、刀补等数据传输，完成数据备份和数据恢复，如图 4-5-1 所示。

USB-RS-232C 转接电缆可购买，通信电缆通常由机床厂家提供。通信电缆 9 孔串口与 25 针串口的焊接关系如图 4-5-2 所示。

1. 通信接口

通信电缆 NC 侧插头为 25 针，PC 侧插头通常为 9 孔，各引脚功能见表 4-5-2。

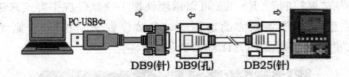

图 4-5-1 RS-232C 电缆与电脑连接示意图

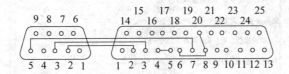

图 4-5-2 9孔串口与 25 针串口的焊接关系

表 4-5-2 DB-9 和 B-25 型插头座针脚功能

DB-9 串行口的针脚功能			DB-25 串行口的针脚功能		
针脚	符号	信号名称	针脚	符号	信号名称
1	DCD	载波检测	8	DCD	载波检测
2	RXD	接收数据	3	RXD	接收数据
3	TXD	发送数据	2	TXD	发送数据
4	DTR	数据终端准备好	20	DTR	数据终端准备好
5	SG	信号地	7	SG	信号地
6	DSR	数据准备好	6	DSR	数据准备好
7	RTS	X 请求发送	4	RTS	X 请求发送
8	CTS	清除发送	5	CTS	清除发送
9	RI	振铃指示	22	RI	振铃指示

2. 端口参数设置

串口通信最重要的参数是波特率、数据位、停止位、奇偶检验位和流控制。

(1)波特率：设置通信速度。它表示每秒钟传送字节(bit)的个数。常设参数为 4096、8192、9600。

(2)数据位：用于设置通信中实际数据位。计算机发送一个信息包,实际数据可为 7 位或 8 位。如何设置取决于将传送的信息,如标准的 ASCII 码是 0~127(7 位),扩展的 ASCII 码是 0~255(8 位)。如果数据使用简单的文本(标准 ASCII 码),每个数据包使用 7 位数据。每个包指一个字节,包括开始/停止位,数据位和奇偶检验位。

(3)停止位：用于表示单个包的最后一位。典型的值为 1、1.5 和 2。停止位不仅用于表示传输的结束,还用于提供计算机校正时钟同步。

(4)奇偶校验位：串口通信中的一种检错方式,一般有偶校验、奇校验和无校验位 3 种校验方式。

(5)流控制：在进行数据通信的设备之间,以某种协议方式来告诉对方何时开始传送数据,或根据对方的信号进入数据接收状态,以控制数据流的启停,它们间信号的应答过程就叫"握手"或"流控制"。RS-232 可以用硬件握手或软件握手方式来进行通信。

特别需要注意的是，设备双方的通信端口参数设置必须相同，否则无法正常通信，图 4-5-3 为计算机端通信端口 COM1 端参数设置示例。

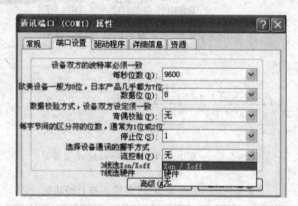

图 4-5-3　计算机端通信端口 COM1 端参数设置示例

3. 电缆长度

RS-232C 标准规定，电缆长度应限定在 15m 以内，以保证数据传输的正确。波特率和距离成反比。

4. PC 与数控机床相连进行数据传输时的注意事项

（1）使用双绞屏蔽电缆制作传输线，长度≤15m。

（2）传输线金属屏蔽网应焊接在插头座金属壳上。

（3）必须在断电情况下连接 PC 与 CNC，通电情况下，禁止插拔通信电缆。

（4）PC 与 CNC 的通信端口数据必须设置相同。

（5）通信电缆两端须装有光电隔离部件，以分别保护数控系统和外设计算机。

（6）计算机与数控机床要有同一接地点，并可靠接地。

（7）雷雨季节须注意，打雷期间应将通信电缆拔下，尽量避免雷击，引起接口损坏。

4.5.3　任务实施：备份和恢复数控机床系统数据

一、FANUC 0i 系列系统数据使用存储卡进行数据备份和恢复

数控系统的启动和计算机的启动一样，会有一个引导过程。在通常情况下，系统不会显示该引导系统。使用存储卡进行备份时，必须在引导系统画面下操作。具体操作步骤如下。

1. 用户数据的备份和恢复（SRAM 区数据）

（1）对所有存放于 SRAM 中的用户数据进行备份。

① 在机床断电的情况下将格式化过的存储卡插入显示器旁边的存储卡接口上，如图 4-5-4所示。

② 进入引导系统画面，同时按下显示器下端最右边两个键，给系统上电，如图 4-5-5所示。

图 4-5-4 FANUC 0iC 系列存储卡
插槽位置示意图

图 4-5-5 进入引导画面的按键位置

③ 调出系统引导画面,如图 4-5-6 所示。

```
SYSTEM MONITOR MAIN MENU    60M5-01

1. SYSTEM DATA LOADING        系统数据的装载
2. SYSTEM DATA CHECK          系统数据的校验
3. SYSTEM DATA DELETE         系统数据的删除
4. SYSTEM DATA SAVE           系统数据的存储
5. SRAM DATA BACKUP           SRAM区数据备份
6. MEMORY CARD FILE DELETE    存储卡文件的删除
7. MEMORY CARD FORMAT         存储卡格式化

10. End                       结束

***MESSAGE*****
SELECT MENU AND HIT SELECT KEY
  [SELECT]  [YES]  [NO]  [UP]  [DOWN]
```

图 4-5-6 系统引导画面

④ 在系统引导画面中,用[UP]或[DOWN]软键将光标移至所要的选择第 5 操作项——"SRAM DATA BACKUP",如图 4-5-7 所示,再按页面下方的[SELECT]软键进入 SRAM 数据备份画面。与系统文件不同,SRAM 区存储的是需要后备电池支持的参数以及加工程序等数据。

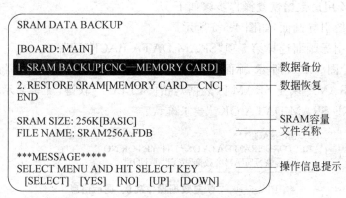

```
SRAM DATA BACKUP

[BOARD: MAIN]

1. SRAM BACKUP[CNC—MEMORY CARD]      ——数据备份
2. RESTORE SRAM[MEMORY CARD—CNC]     ——数据恢复
END

SRAM SIZE: 256K[BASIC]               ——SRAM容量
FILE NAME: SRAM256A.FDB              ——文件名称

***MESSAGE*****
SELECT MENU AND HIT SELECT KEY        ——操作信息提示
  [SELECT]  [YES]  [NO]  [UP]  [DOWN]
```

图 4-5-7 SRAM 数据备份画面

⑤ 选择 SRAM BACKUP[CNC]→[MEMORY CARD](SRAM 区数据备份——从 CNC 到存储卡),待屏幕上出现要确认的信息"BACKUP SRAM DATA OK?"后,按下 [YES]软键,数据就会备份到存储卡中,如图 4-5-8 所示。

备份操作完成后,屏幕显示图 4-5-9 所示信息。

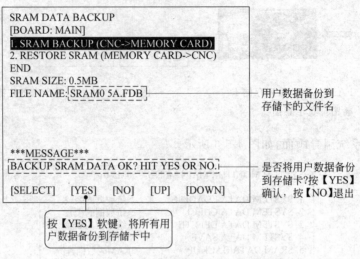

图 4-5-8 SRAM 数据备份确认画面

SRAM BACKUP COMPLETE. HIT SELECT KEY.
SRAM区数据备份完毕。按SELECT键

图 4-5-9 "SRAM 数据备份完毕"提示信息

⑥ 使用［UP］或［DOWN］软键移动光标至菜单的"END"项，然后按下［SELECT］软键，退出备份过程。

BACKUP 操作得到的文件为打包文件，是 FANUC 的专用格式文件，一般用户无法看到文件的内容。通过此方法得到的各台机床的文件名都是相同的，一般不做文件名更改，否则重新装载时系统不认可。

（2）SRAM 用户数据恢复操作步骤如下。

① 进入系统引导画面，如图 4-5-6 所示。

② 在系统引导画面选择第 5 项"SRAM DATA BACKUP"。

③ 待进入图 4-5-8 所示画面后，通过［UP］和［DOWN］软键将光标移动到"RESTORE SRAM"（恢复 SRAM 区数据），按［SELECT］软键，屏幕显示图 4-5-10 所示信息"RESTORE SRAM DATA OK?"要求确认。

MESSAGE
RESTORE SRAM DATA OK? HIT YES OR NO.
是否恢复SRAM区数据?按YES或NO键

图 4-5-10 "恢复数据操作确认"提示信息

④ 按下［YES］软键，SRAM 区数据回到系统中；屏幕提示操作完成，如图 4-5-11 所示。

MESSAGE
RESTORE SRAM DATA FROM MEMORY CARD.
SRAM区数据已经从存储卡中恢复

图 4-5-11 "数据恢复操作完成"提示信息

⑤ 按下[SELECT]软键退出恢复过程。

2. 系统数据的备份和恢复(FROM 区数据)

(1) 系统数据的备份

① 进入系统引导区的操作同前面 SRAM 中用于数据备份的操作。

② 选择菜单选项"SYSTEM DATA SAVE(数据存储)",进入图 4-5-12 所示画面。

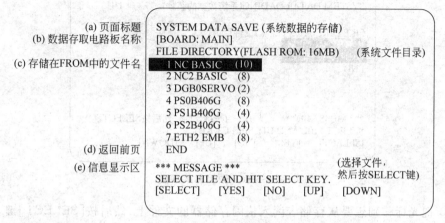

图 4-5-12　系统数据保存页面

③ 把光标移到存储文件的名字上,然后按[SELECT]软键。

④ 系统显示如图 4-5-13 所示的确认信息。

图 4-5-13　"系统数据备份确认"提示信息

⑤ 此时按[YES]键,开始存储,如图 4-5-14 所示,按[NO]中止存储。

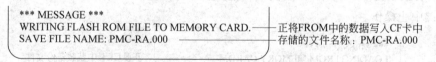

图 4-5-14　"系统数据备份过程中"的提示信息

⑥ 存储正常结束时,显示的信息如图 4-5-15 所示,第一行为"存储完成,请按[SELECT]软键"。第二行显示存储卡上写入的文件名,按下[SELECT]确认。

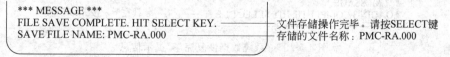

图 4-5-15　"系统数据备份完成"提示信息

（2）系统数据的恢复

① 按照图 4-5-5 所示方式操作，进入系统引导区。

② 选择菜单项"SYSTEM DATA LOADING（系统数据加载）"，进入图 4-5-16 所示画面。

图 4-5-16　数据加载画面

③ 把光标移到想要从存储卡读入快闪存储器的文件上，然后按［SELECT］键。一个画面上只能显示 8 个文件，当存储卡的文件为 9 个或 9 个以上时，剩余的文件在下页显示。

按软键 ▷ 显示下一页，按软键 ◁ 显示前一页，END 选项显示在最后一页。

④ 选择文件后，则显示"请确认这个是否可以？"（见图 4-5-17）

图 4-5-17　"系统数据恢复确认"提示信息

⑤ 若按软键［YES］，则开始读入，屏幕上显示相应的信息（见图 4-5-18），此时可按［NO］键中止操作。

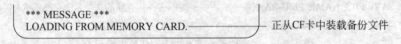

图 4-5-18　"系统数据恢复过程中"提示信息

⑥ 正常结束时，显示图 4-5-19 所示信息。按软键［SELECT］，可退出至上一级菜单。

图 4-5-19　"系统数据恢复完毕"提示信息

二、FANUC 0i 系列系统数据使用外接 PC 进行数据的备份与恢复

使用外接 PC 进行数据备份与恢复，是一种传统的做法。可以传输的数据类型有：零

件加工程序、偏置数据、系统参数、螺距误差补偿参数、用户宏程序和 PMC 程序等。

注意：采用 PC 通信方式，无论是数据的输入操作还是输出操作，都应遵循此原则：永远是准备接收数据的一方先准备好，处于接收状态；发送与接收端的通信参数设定一致。

1. 机床侧参数设定

(1) 在 MDI(手动数据输入)方式下，依次按[SETTING OFFSET]→[SETTING]，将参数开关 PWE 设置为 1。

(2) 在 MDI 面板上依次按[SYSTEM]→按数次 ▷ 键，直至屏幕下端出现[ALL I/O]菜单项。

(3) 按[ALL I/O]软键，进入 ALL I/O 参数设置页面(见图 4-5-20)，设置通信参数。各参数设置如下。

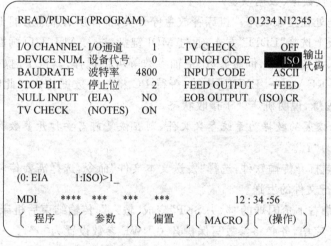

图 4-5-20 ALL I/O 通信参数设置页面

PUNCH CODE(数据输出时的代码)：为 ISO 代码。

I/O CHANNEL(I/O 通道选择)：选用 0 通道进行数据输入/输出。

DEVICE NUM(设备代号)：设定为 0，选用 RS-232C 进行通信。

BAUDRATE(波特率)：波特率为 4800，应与计算机端的波特率一致。

STOP BIT(停止位)：停止位设为 2 位。

2. 计算机侧参数设定

计算机侧需设置 COM1 口进行通信，并将相关的通信参数重新设定、确认。各参数设定如下。

波特率：4800(机床侧最快可达 19 200)。

数据位：8 位。由于输出的数据为扩展 ISO 代码，因此设置为 8 位。

停止位：2 位。

奇偶检验位：NONE；

流控制：Xon/Xoff。

3. 通信的操作方法

在机床通电情况下，将计算机 COM1 口与机床电柜侧的 RS-232C 接口用传输线连接好。注意，严禁带电插拔线缆，以免将通信接口烧坏。

（1）机床发送数据（数据备份）

① 计算机应先处于接收状态。在 PC 上打开传输软件，选定存储路径和文件名，进入接收数据状态。

② 机床侧选择 EDIT 方式，进入 ALL I/O 画面，选择所要备份的文件（有程序、参数、间距、伺服参数、主轴参数等可供选择）。按下［操作］菜单，进入操作画面，再按下［PUNCH］→［EXEC］键，屏幕右下角有"输出"字符在闪烁，说明机床正在进行输出操作。

③ 传输结束后闪烁的字符消失，计算机所捕获到的文件出现在计算机的编辑画面里。其他数据的输入操作与此类同，详细操作步骤可参见《操作说明书》里的相关章节。

（2）机床接收数据（数据恢复）

① NC 应先处在接收状态。机床释放急停开关，消除所有报警并打开程序保护开关。在机床操作面板上选择"EDIT"方式，通过 MDI 键盘，进入 ALL I/O 画面，选择所要备份的文件（有程序、参数、间距、伺服参数、主轴参数等可供选择）。按下［操作］软键，进入操作画面，再按下［READ］→［EXEC］软键，等待 PC 将相应数据传入。此时屏幕右下角有"标头 SKP"在闪烁，说明机床处于接收状态。

注意：如果恢复的数据为系统参数文件，则在恢复前需要打开参数写保护开关，即将 PWE 参数设置为"1"。

② 计算机端打开传输软件，选择"发送文本文件"命令，选择需要传输的文件并单击，按［打开］键，执行文件的发送。

③ 机床屏幕右下角闪烁的"标头 SKP"变成"输入"，传输结束后机床侧闪烁的字符也同时结束。操作完毕，务必将参数写保护开关 PWE 参数设置为"0"。

其他数据的输入操作与此类同，详细操作步骤可参见《操作说明书》里的相关章节。

常见故障处理及诊断实例

在采用 RS-232C 接口进行数据备份和恢复时，FANUC 0i 系列系统常见的故障有三类，其报警信息及处理方法如下。

1. 085 COMMUNICATION ERROR（85 号报警 通信错误）

用计算机向系统进行数据输入时，出现溢出错误。常见的原因有：奇偶校验错误或失帧错误，错误原因可能是输入的数据位数（传输数据位或停止位）错误；波特率的设定不符；计算机本身及操作系统与传输软件不兼容。

2. 086 DR DIGNAL OFF（086 号报警 DR 信号关闭）

用 RS-232C 接口进行数据输入、输出时，I/O 设备的动作准备信号（DR）断开，可能是 I/O 设备电源没有接通、电缆断线或印刷电路板出故障。

3. 087 BUFFER OVER FLOW（87 号报警 缓存器溢出）

用 RS-232C 接口读入数据时，虽然指定了读入停止，但超过了 10 个字符后输入仍未停止。原因可能是系统传输数据波特率设定过高，计算机本身及软件故障，系统通信印刷电路板或系统主板出故障。

知识拓展：利用 U 盘备份和恢复 FANUC 系统数据

从 FANUC 系统从 0i-D 系列开始支持 USB 接口。如图 4-5-21 所示，通过位于显示器 CF 存储卡下方的 U 盘接口，用户可以轻松存取 NC 加工程序和 CNC 参数等系统数据，省去了使用 CF 卡或采用电脑连接 RS-232 通信线的烦琐过程，且避免了因计算机接地不良造成通信口频繁烧毁的可能性。

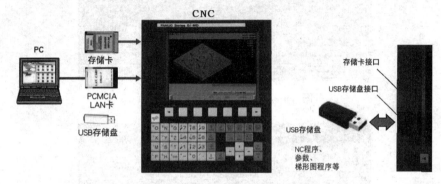

图 4-5-21　USB 存储盘接口位置

使用时，须将选择 I/O 通道的参数 PRM♯ 20 修改为 17，选择 USB 接口，如图 4-5-22 所示。选择［USB MNT］软键，进入"USB MAINTENACE"页面，以显示 USB 接口的当前状态，如图 4-5-23 所示。

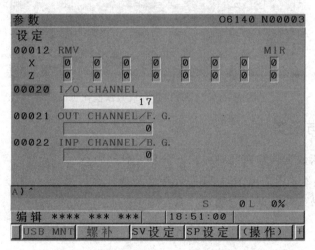

图 4-5-22　I/O CHANNEL(I/O 通道)参数设置页面

选择维护功能键，进入 PMC 维护界面，选择［I/O］软键，数据传输界面的 I/O"装置"处会多出"USB MEMORY"选项，通过光标移动键将光标定位于"USB MEMORY"处，执行数据输入和输出操作，即可将选择的数据进行备份和恢复。如图 4-5-24 所示为备份 PMC 程序时的状态。

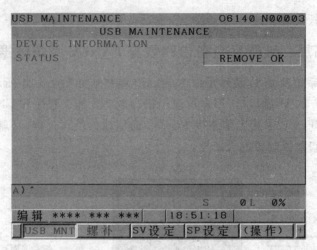

图 4-5-23　USB 接口状态显示页面

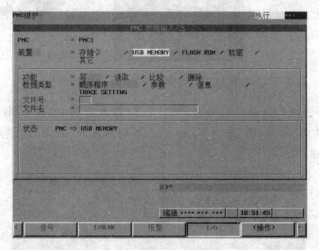

图 4-5-24　USB 接口存取数据操作页面

课后思考与任务

（1）数控机床数据传输有几种方法？分别是什么？

（2）焊接 RS-232 通信电缆时，线序焊错会造成什么后果？

（3）什么叫易失性数据？分别是什么？

数控机床常见故障的
诊断和修复

◆ 知识点

掌握数控机床常见故障的诊断与排除方法。

◆ 技能要求

(1) 能识读数控机床的电气原理图、机械结构图;
(2) 能熟练运用数控系统提供的手段和方法查询数控机床常见故障的原因;
(3) 能熟练运用一些故障检测工具、仪器;
(4) 能诊断和排除数控机床常见故障。

任务 5.1　"紧急停止"故障的诊断与排除

◆ 学习目标

(1) 能根据电气原理图分析急停回路电气控制原理;
(2) 能熟练运用数控系统的自诊断功能;
(3) 掌握诊断急停故障的一般检查方法。

◆ 任务说明

数控系统的操作面板和手持单元上均设有急停按钮,用于数控系统或数控机床出现紧急情况时,使数控机床立即停止运动并切断动力装置的主电源。同时当数控系统出现报警后,数控机床会自动进入"紧急停止"状态。故障发生时,显示器下方显示"紧急停止"或"EMERGENCY STOP",

有时会显示"NOT READY"（未准备好），机床操作面板方式开关不能切换，伺服及主轴放大器不能工作。根据机床厂编辑的报警信息不同，有时还会出现 PLC 报警信息。待查看报警信息并排除故障后，再松开急停按钮，使数控机床复位并恢复正常。

本任务主要是通过训练，能独立进行数控机床"紧急停止"故障的诊断与排除。

◆ 必备知识

5.1.1 "紧急停止"的功能及其电气控制原理

1. "紧急停止"的功能

机床正常运行时，若出现操作者意料之外的状况，可立即按下数控机床操作面板或者手持单元上的急停按钮，使数控机床立即停止运行并切断动力装置主电源，避免机床出现意外撞车；或当机床内部出现故障，引发紧急停止时，也会使数控机床立即停车，避免机床出现进一步的损坏。

"紧急停止"功能是任何一台数控机床都具有的控制功能，由数控系统提供的固定的控制信号来实现，常将该控制信号称为急停控制信号（EMERGENCY STOP，有时简写为 *ESP）。FANUC 0i 系统中为 G8.4。通常，急停控制信号为低电平有效信号，即正常情况下，该信号应保持在高电平状态。

2. "紧急停止"电气控制原理

图 5-1-1 所示是 FANUC 0i 系统"紧急停止"控制的电气控制原理，又常被称为急停控制回路，它由外部硬件电路和内部 PLC 程序共同组成，通常将与安全相关的所有信号串联在一起。其中 X8.4 为 FANUC 0i 系统定义的固定地址，用于将机床侧的急停信号输入 PLC。外部急停信号可以是操作面板急停开关信号、各进给轴超程开关信号；而 Xn.m 可以是其他一些与安全相关的检测信号，如刀库门开关、安全防护门开关等信号。在该急停回路中，通常还会纳入主轴报警信号、伺服驱动故障报警信号、气动液压压力检测信号等。这些信号通过程序串联组合后，控制 CNC 侧的急停功能 G8.4 的状态。需要注意的是，G8.4 状态为"0"才是令 CNC 系统进入"紧急停止"状态的根本原因。只要急停回路中任何一个条件被触发，都会使系统的急停功能生效，从而令机床进入急停状态。

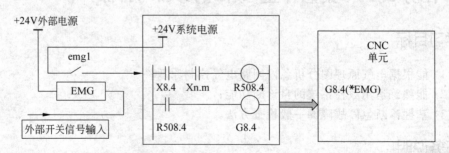

图 5-1-1   FANUC 0i 系统"紧急停止"控制电气原理图

图 5-1-2 所示为 FANUC 系统推荐的外部急停信号的连接方法。图中，机床侧与安全相关的信号如各进给轴的正、负向超程信号和操作面板上的急停按钮开关信号串联后，控制继电器 EMG 线圈，EMG 线圈控制的触点信号则串入数控系统和伺服驱动系统的急

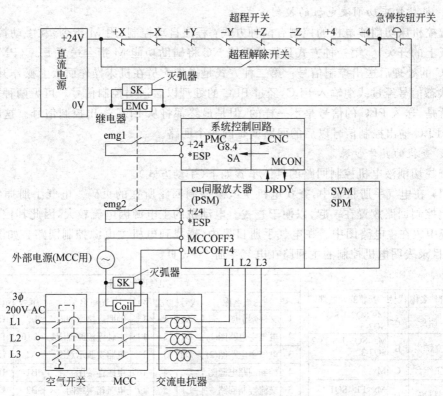

图 5-1-2 外部急停控制回路电气原理图

停控制电路,同时通过固定地址 G8.4 输入至 CNC 系统。

从图 5-1-2 中可以看出引起外部急停回路断路的原因如下。

(1) 外部急停回路中的检测器件被触发,致使回路断路。如急停按钮被按下,或某一进给轴移动超程,触碰了超程限位开关,致使急停回路断路。

(2) 元器件自身故障,使急停回路短路。如急停按钮、限位开关、继电器线圈等器件本身出现故障,或是连接电线松、脱等,都会使急停回路断路。

(3) 提供给急停回路的 24V 电源故障。

上述原因均可使急停回路中的 EMG 继电器常开触点无法闭合,从而触发数控机床的紧急停止功能生效。

5.1.2 查找机床电气回路的方法

在数控机床出现故障时,除需查看维修手册外,还需查阅机床电气手册,以便制定检查方案。机床电气手册是了解数控机床电气控制系统的工作原理、维修维护数控机床电气系统的重要资料。使用电气手册的方法很简单,可以说就是按图索引。对照电气图上所列的元器件和机床上元器件的编号,按照电气图所绘制的控制回路逻辑,一步一步地找到某一个回路的所有线缆和元器件。

下面以数控机床切削液电机的控制系统(该机床配置 FANUC 0i 系列系统)为例,通过查找过程和步骤的讲解,讲述使用机床电气手册的方法。

1. 数控机床切削液电机的控制方式

数控机床切削液电机的控制有两种方式：程序自动控制（用 M 指令）和手动控制（控制面板上的开关）。第一种方式是数控系统 NC 将辅助功能 M 指令送至 PLC（PMC），经过 PLC 的处理后送出控制信号。第二种方式是操作人员在机床操作面板上操作开关，开关的状态信号经过线缆输入 PLC，经过 PLC 的处理以后送出控制信号。可见两种方式的不同就是，送入 PLC 的信号是不一样的，但是最终都将从 PLC 送出控制信号。这两种方式，在 PLC 输出控制信号以后的回路就是同一个回路。

2. 查找的具体步骤

查找切削液电机控制回路的具体步骤如下（手动方式）。

（1）在电气手册目录中，查找电机主电源控制回路所在的页码。电气手册通常会将同一类控制回路放置在一起，以便于查找。电动机的主电源因电流较大，因此其控制回路一般集中放在主电路图中。在电气手册目录中，查找到电机主电源控制回路。如图 5-1-3 所示，目录表明电机控制的主回路在电气手册 2～3 页。

部件名称	代号	安装的元器件
床身	A	My、SQ2-1、SQ2-2、SQ2-3
立铣头	B	Mz、SQ3-1、SQ3-2、SQ3-3
工作台	C	Mx
横梁	D	Mx、EL、SQ1-1、SQ1-2、SQ2-3
电气箱	E	TC1、TC2、QF2、QF3、Vc KM1-1 FR1、FR2、FUI-3、RCl-3 KA1-6、XB、变频器

电气图纸目录							
序号	图纸名称	代号	页次	序号	图纸名称		序号	页次
1	文件索引图	=A0	1	13	伺服连接原理图	=L9	13
2	电气主电路图(1)	=D1	2	14	主轴连接原理图	=L10	14
3	电气主电路图(2)	=D2	3	15	电器安装示意图	=A1	15
4	控制回路电源图	=C	4	16	电缆连接图	=B1	16
5	交流控制回路	=L1	5	17	电气箱接线图	=B2	17
6	直流控制回路	=L2	6	18	面板接线图	=B3	18
7	PLC输入信号(1)	=L3	7	19	电缆线号表	=X1	19
8	PLC输入信号(2)	=L4	8	20	电缆线号表	=X1-1	20
9	PLC输入信号(3)	=L5	9	21	电缆焊接表	=X2	21
10	PLC输入信号(4)	=L6	10	22	电缆焊接表	=X3	22
11	PLC输出信号(1)	=L7	11	23	电缆焊接表	=X4	23
12	PLC输出信号(2)	=L8	12	24	电缆焊接表	=X5	24
13				25	电缆焊接表	=X6	25
14							

					数控铣床 电气 文件索引图	XK5032=A0		
						图样标记	重量	比例
标记	处所	更改文件号	签字	日期				
	设计		标准					

图 5-1-3 电气图纸目录

（2）查找到电机电源控制回路，并在其中查找切削液电机控制回路。根据第一步找到的页码，查找到电机电源控制回路。在电机控制回路中，有很多个电机的控制回路图放置在一起，可以通过文字描述和编号查找到切削液电机控制回路。如图 5-1-4 所示，切削液电机的控制电路位于图区 B5～C5。

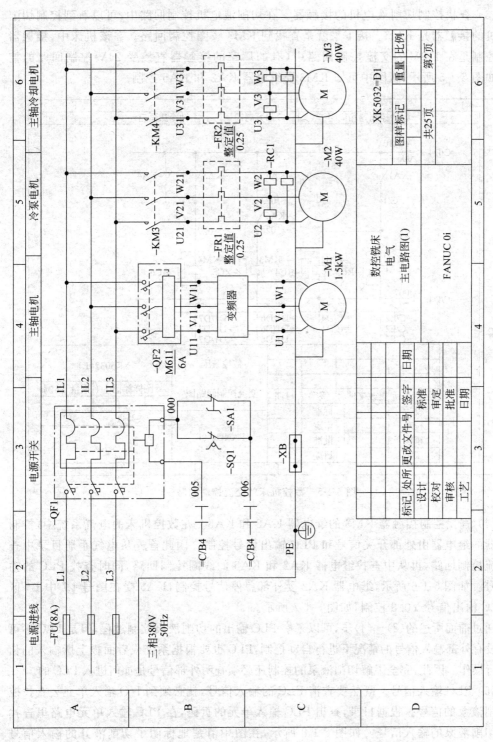

图 5-1-4　数控机床的主电路图

（3）查找控制切削液电机的接触器。在切削液电机控制回路中,可以看到控制切削液电机的接触器是 KM3。接下来就是查找到 KM3 线圈控制回路。在该机床中,接触器线圈控制是在 110V 的交流控制回路中(有的厂家的接触器直接受 24V 控制回路的控制),如图 5-1-5 所示,从图中可知 KM3 受继电器 KA2 和 KA5 控制。

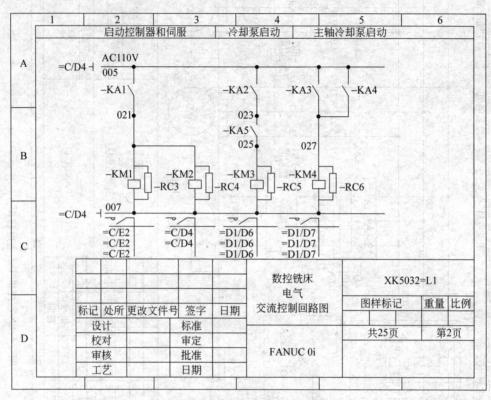

图 5-1-5　数控机床的交流控制回路

（4）查找控制接触器 KM3 的继电器 KA2 和 KA5。在数控机床的电气系统中,控制接触器的继电器由外部开关信号和 PLC 输出信号控制。因此首先从电气手册目录中查找直流控制回路,再从中查找继电器 KA2 和 KA5 的线圈控制回路,同时查找 PLC 的输出信号。如图 5-1-6 所示,继电器 KA2 受外部急停信号控制,KA5 受在图号 L7 中 B4 区的 PLC 输出信号 Y0.3 控制,如图 5-1-7 所示。

通过前面所述的(2)~(4)步,可以了解 PLC 输出的切削液泵控制过程,但是 PLC 不可能在没有外部输入信号的情况下进行自动控制,PLC 也要根据系统或者面板上所输入的信号进行操作。因此,完全了解切削液泵的控制还必须查明外部信号是如何进入 PLC 的。

（5）PLC 输入信号。既然要查清 PLC 的输入信号,就必须到 I/O 输入单元去查找控制切削液泵的信号。根据目录,查出 PLC 输入单元的页码,在 PLC 输入单元电路里查找控制切削液泵的输入信号。如图 5-1-8 所示,在图中清楚地标明了切削液开的输入信号是 X3.6,切削液关的输入信号是 X3.7,并且图中还列出了控制切削液启动和停止的开关分别是 SB15 和 SB16。接下来,我们就要查找 SB15 的位置。

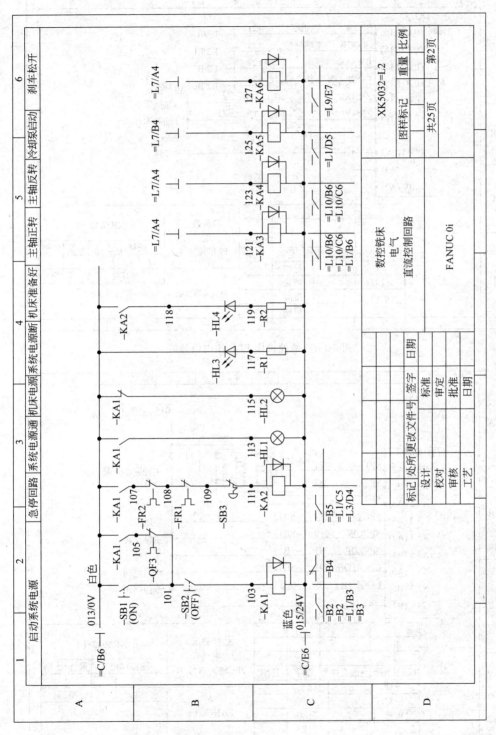

图 5-1-6 数控机床的直流控制回路

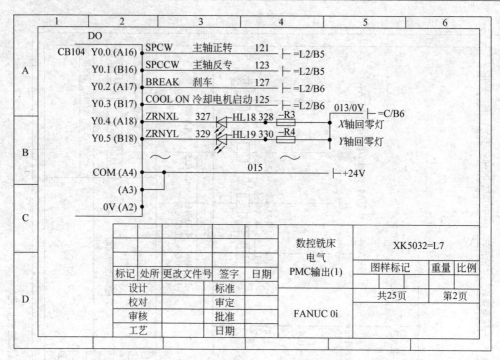

图 5-1-7　数控机床 PLC 输出信号

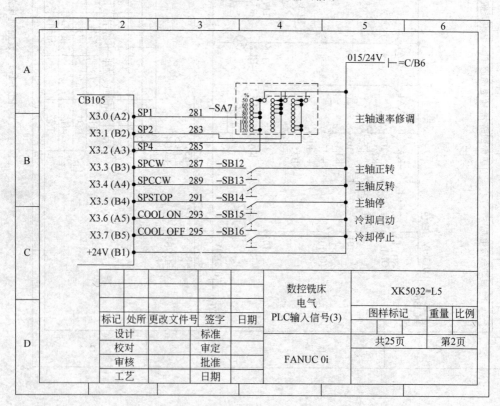

图 5-1-8　数控机床 PLC 的输入信号

（6）找控制切削液泵的开关 SB15 和 SB16。控制切削液开启和关闭的开关，应该是在操作面板上的开关。在手册目录中查到面板接线图页码，然后在机床操作面板接线图中即可查到 SB15 和 SB16。

至此我们已经将切削液电机的控制回路查找清楚。我们按照从开关出发到切削液泵结束的顺序进行叙述如下：SB15→PLC 输入端 X3.6→PLC→PLC 输出端 Y0.3→中间继电器安装板→继电器 KA2、KA5→110V 交流控制回路接触器 KM3→切削液泵电机 M2。

根据查找电气回路的过程，可以得知机床辅助电气设备的控制以 PLC 为核心，控制信号通过指令形式（如 NC 指令）或通过外部开关（包括检测开关和手动开关）两个途径进入 PLC。PLC 按照编制好的控制程序对进入 PLC 的信号进行处理，PLC 的输出信号从输出端口输出。输出的信号按照所要控制的执行元件的性质，通过不同的外围控制回路（有的直接由 PLC 驱动，有的经过中间继电器和接触器等控制）控制执行元件。

5.1.3 电气线路故障检查方法

1. 电压法

（1）电压法工作原理。在通电的情况下，正确规范地测量机床电路中各接点之间的电压值，而后与机床正常工作时应具有的电压值相比较，以此来判断故障点及故障组件的位置。这种电路检查方法称为电压法。它具有不拆下组件及导线即可进行测量的优点，同时机床处在实际使用条件下，提高了识别故障点的准确性。

（2）使用工具。常用工具有低压验电器、万用表、试灯、示波器。

（3）检查步骤。用电压法检查电路故障的一般步骤为：首先应熟悉待检线路及各检测点的编号；然后弄清楚线路走向、组件部位，核对编号；了解线路中各检测点正常时应具有的电压值，记录各点测量值，并与正常值比较，据此做出分析判断。

采用电压法测量线路通断状况的具体方法是：在线路通电的前提下，将万用表置于与线路电源等级相符的电压挡，将电表分别放置于负载两端，若测得的电压值等于电源电压，说明线路接通；若测得的电压值为"0"，则线路断开。

2. 电阻法

（1）工作原理。电阻法就是在电路切断电源后，用仪表测量电路电阻值，通过对电阻值的对比，进行电路故障检测的一种方法。当电路带电时会发生起火冒烟现象，使故障进一步扩大，或使人身安全受到威胁时，通常采用此方法检查电路故障。

（2）使用工具。常用工具有欧姆表、万用表、通断测试器。

（3）测量方法。具体测量方法有分阶测量法、分段测量法和电测法。电阻法还常用于检查电路的通断情况。在线路断电的前提下，利用万用表测量电路中某段线路的阻值，若电路的阻值为"0"，表明线路接通，若电阻是值无穷大，则表明线路断路。

（4）注意事项。用电阻测量法检查故障时务必断开电源。如被测的电路与其他电路并联时，必须将该电路与其他电路断开，否则所测得的电阻值是不准确的。测量高电阻值的电器组件时，万用表的连接开关应旋至合适的电阻挡。

3. 对比、置换元件法

（1）对比法。对比法是把检测数据与图纸资料及平时记录的正常参数相比较来判断故障。对无资料、无平时记录的电器，可与同型号的其他完好电器相比较。

若电路中的电气元件控制性质相同，或多个元件共同控制同一设备时，可以利用与其相似或同一电源下另一组元件的动作情况来判断故障。

（2）交换元件法。某些电路的故障原因不易确定或检查时间过长时，为了减少设备停机时间，可用相同性能的完好的元件进行置换实验，以查验故障是否由此电器引起。

运用交换元件法检查时应注意，置换操作一定要在停电状态下进行，拆下原电器后，须认真检查相关电路，只有确认是由于该电器本身损坏造成电路故障时，才能换上新电器，以免新换元件再次受损。

4. 短接法

常见的设备电路故障有短路、过载、断路、接地、接线错误、器件自身故障等，其中断路故障最为常见。引起断路故障的原因多为导线断线、虚连，接插件松动、触点接触不良，虚焊、假焊，熔断器熔断等。针对此类故障，除用电阻法、电压法检查外，还有一种更为简单可靠的方法，就是短接法。

具体操作方法是用一根良好的绝缘导线，将所怀疑的断路部位短接起来，如短接到某处，电路工作恢复正常，即说明该处断路。操作时还可分为局部短接法和长短接法。

5. 逐步开路（或接入）法

多支路并联且控制较复杂的电路短路或接地时，一般有明显的外部表现，如冒烟、有火花等。电动机内部或带有护罩的电路短路、接地时，除熔断器熔断外，不易发现其他外部现象。这种情况可采用逐步开路（或接入）法检查。

（1）逐步开路法。遇到难以检查的短路或接地故障，可重新更换熔体，把多支路交联电路，一路一路逐步或重点地从电路中断开，然后通电试验，若熔断器一再熔断，故障就在刚刚断开的这条电路上。然后再将这条支路分成几段，逐段地接入电路。当接入某段电路时熔断器又熔断，说明故障就在这段电路及某电器元件上。这种方法简单，但容易把损坏不严重的电器元件彻底烧毁。

（2）逐步接入法。电路出现短路或接地故障时，换上新熔断器逐步或重点地将各支路一条一条地接入电源，重新试验。当接到某段时熔断器又熔断，说明故障就在刚刚接入的这条电路及其所包含的电器元件上。

5.1.4　数控系统的自诊断功能

数控装置自诊断系统是被诊断的部件或装置写入一串称为测试码的数据，然后观察系统相应的输出数据（称为校验码），根据事先已知的测试码、校验码与故障的对应关系，通过对观察结果的分析来确定故障原因。系统自诊断的运行机制是：一般系统开机后，自动诊断整个硬件系统，为系统的正常工作做好准备；另外，即使在运行或加工程序过程中，一旦发现错误，则数控系统自动进入自诊断状态，通过故障检测、定位并发出故障报警信息。

故障自诊断技术是当今数控系统一项十分重要的技术，它是评价数控系统性能的一个重要指标。随着微处理器技术的发展，数控系统的自诊断能力越来越强，从原来的简单诊断朝着多功能和智能化的方向发展。数控系统一旦发生故障，借助系统的自诊断功能，可以迅速、准确地查明原因并确定故障部位。CNC 系统的自诊断技术主要有三种方式，即启动诊断、在线诊断和离线诊断。

1. 启动诊断

所谓启动诊断是指 CNC 每次从通电开始,系统内部诊断程序自动执行的诊断。利用启动诊断,可以测出系统大部分硬件故障。系统内部的自诊断程序自动对系统的控制软件和关键硬件进行运行前的功能测试,如 CPU、存储器、总线和 I/O 单元模块、印制线路板、CRT 显示器单元、阅读机及软盘驱动器等外围设备,以确认系统的主要硬件是否可以正常工作,并将检测结果在 CRT 显示器上显示出来。一旦测试不通过,即在 CRT 显示器上显示出报警信息或报警号,并指出哪个部件出现故障。

2. 在线诊断

在线诊断指通过 CNC 系统的内部诊断程序,在系统处于正常运行状态时,实时对数控装置、伺服系统、外部 I/O 及其他外围装置进行自动测试、检查,并显示有关状态信息和故障。系统不仅能在屏幕上显示报警号及报警内容,而且能实时显示各种机床状态信息,如 CNC 内部关键标志寄存器状态;伺服系统的状态信息;CNC 与 PLC 之间输入/输出信号状态;PLC 与机床之间输入/输出信号状态;各坐标轴位置的偏差值。充分利用这些状态信息,可以迅速准确地判断故障发生的位置,有助于快速排除故障。如当机床在运行过程中发生故障时,利用在线诊断功能,在 CRT 显示器上显示数控系统与机床侧之间接口信号的状态,以便判断出故障的起因是在数控系统内部还是在机床侧,从而可以缩小故障诊断的范围。

3. 离线诊断

离线诊断是指数控系统出现故障后,数控系统制造厂家或专业维修中心利用专用的诊断软件和测试装置进行停机(或脱机)检查,力求把故障定位到尽可能小的范围内,如缩小到某个功能模块、某部分电路,甚至某个芯片或元件,采用这种方法故障定位更为精确。

离线诊断一般是对以下部分进行检测:CPU 板、RAM、轴控制板和 I/O 模块等。

在进行离线诊断时,原先存放在 RAM 中的系统程序、数据以及零件加工程序会被清除,因此,系统在经过离线诊断后,需要重新输入系统程序、数据以及零件加工程序。

随着计算机技术的发展,现代 CNC 的离线诊断软件正在逐步与 CNC 控制软件一体化,有的系统已将"专家系统"引入故障诊断中。通过这样的软件,操作者只要在 CRT 显示器/MDI 上做一些简单的会话操作,即可诊断出 CNC 系统或机床的故障。

5.1.5　数控系统诊断功能的利用

FANUC 系统具有丰富的在线诊断功能,尤其是 PMC 在线诊断功能,如动态的 PMC 程序、输入/输出接口信号实时状态显示和内部继电器等通断状态的显示,给外围接口电路的故障诊断提供了便利。

1. PMC 主菜单页面的显示

按系统软键[SYSTEM],进入系统菜单页面,再按[PMC],显示 PMC 主菜单,如图 5-1-9 所示。

图 5-1-10 所示为 PMC 功能菜单树的构成。具体信息的显示操作可根据此菜单树进行。

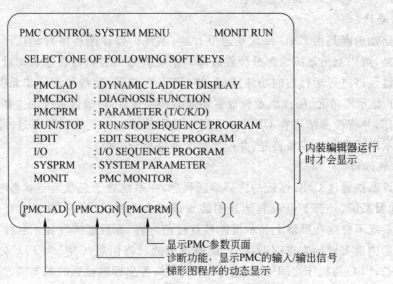

图 5-1-9 PMC 主菜单页面

图 5-1-10 PMC 功能菜单及其菜单项

2. 梯形图显示和信号检索

(1) 梯形图显示。在图 5-1-9 所示的 PMC 主菜单中,按[PMCLAD]软键,显示梯形图程序,如图 5-1-11 所示。

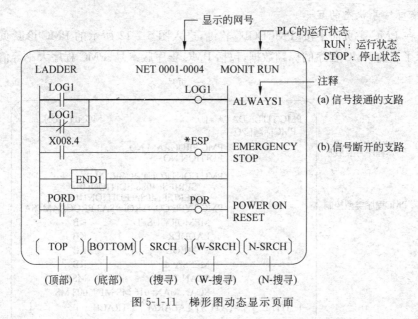

图 5-1-11 梯形图动态显示页面

在页面中,系统通过图形的亮度显示以及信号线的粗细指示信号接通或断开状态。

① 高亮度/粗线/绿色显示:若是触点,表明此时触点接通;若是继电器表明其此时状态为 ON,如图 5-1-11 中(a)所示。

② 低亮度/细线/白色显示:若是触点,表明此时触点断开;若是继电器表明其此时状态为 OFF,如图 5-1-11 中(b)所示。

(2) 梯形图信号的检索。梯形图动态显示页面下方,以软键的形式提供以下几项子菜单:顶部[TOP]、底部[BOTTOM]、搜寻[SRCH]、线圈搜寻[W-SRCH]、网号搜寻[N-SRCH]。按扩展键后显示功能指令搜寻[F-SRCH]、地址[ADDRESS]或符号[SYMBOL]菜单项。地址[ADDRESS]和符号[SYMBOL]键互相切换。

① 使用翻页键和光标键改变显示位置。

② [TOP]软键:检索到梯形图的顶部。

③ [BOTTOM]软键:检索到梯形图的底部。

④ 搜索触点:以"地址. 位"格式输入信号地址,然后按[SRCH]软键,或输入信号名再按[SRCH]软键。

⑤ 搜索线圈:以"地址. 位"格式输入线圈地址,然后按[W-SRCH]软键,或输入信号名,再按[W-SRCH]软键。

⑥ 从指定的行号开始显示梯形图:输入行号,按[N-SRCH]软键。

⑦ 查找功能指令:输入功能指令号,按[F-SRCH]软键,或输入功能指令名,再按[F-SRCH]软键。

⑧ 以地址的形式显示触点及线圈:按[ADDRESS]软键,以此方式显示梯形图,便于

查找信号地址。

⑨ 由信号名(符号)显示的信号：按[SYMBOL]软键，以此方式显示梯形图，便于理解信号的控制顺序。

3. 接口信号状态的显示

(1) 在 PMC 主页面中按[PMCDGN]软键，进入图 5-1-12 所示的 PMC 诊断页面，该画面中显示了当前 PMC 程序的标题数据，包括 PMC 程序版本号、PMC 程序大小等信息。

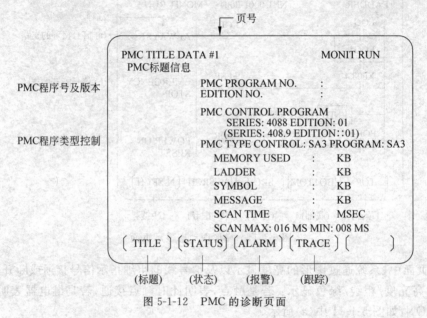

图 5-1-12　PMC 的诊断页面

(2) 按[STATUS]软键，进入 PMC 输入接口信号状态显示页面。该页面用于显示输入、输出、内部继电器的接通和断开情况，如图 5-1-13 所示。

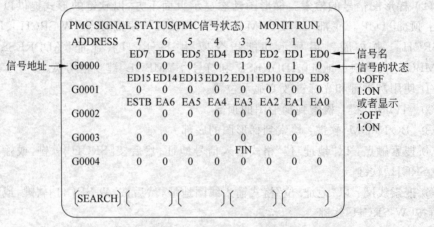

图 5-1-13　接口信号状态显示页面

(3) 信号检索的两种方法介绍如下。

① 按向上[PAGE UP]或向下[PAGE DOWN]翻页键查找。

② 检索指定地址或信号名：输入地址号或信号名称→按搜索[SEARCH]软键。

5.1.6 数控机床维修的基本原则

在检测故障的过程中,应充分利用数控系统的自诊断功能,如开机诊断、运行诊断、PLC 监控功能等,根据需要随时检测有关部分的工作状态和接口信息,同时还应灵活应用数控系统故障检查的一些行之有效的方法,如交换法、短接法等。

另外,在检测、排除故障时还应遵循以下若干原则。

1. 先方案后操作

维护维修人员碰到机床故障后,应先静下心来,考虑解决方案后再动手。应做到先静后动,不可盲目动手。应先咨询机床操作人员故障发生的过程及状态,阅读机床说明书、图样资料后,方可动手查找和处理故障。

2. 先检查后通电

确定方案后,对有故障的机床要秉承"先静后动"的原则,在机床断电的静止状态下,通过观察、测试、分析,确认为非恶性循环故障或非破坏性故障后,方可给机床通电,在运行的工况下,进行动态的观察、检验和测试,查找故障。对恶性的破坏性故障,必须先排除危险后再通电。

3. 先软件和硬件

当发生故障的机床通电后,应先检查数控机床系统软件功能是否正常。有些故障可能是系统参数丢失,或者是因操作人员的操作方法不当造成的。

4. 先外部后内部

数控机床是集机械、液压、电气等技术于一体的机床,故其故障必然会从机械、液压、电气这三个方面综合反映出来。检修数控机床时,应遵循"先外部后内部"的原则,即当数控机床出现故障后,应先采用望、闻、听、问等方法,由外向内逐一进行检查。比如在数控机床中,外部的行程开关、按钮开关、液压气动元件的连接部位,印制电路板插头座、边缘接插件与外部或相互之间的连接部位,电控柜插座或端子板这些机电设备之间的连接部位,因其接触不良造成信号传递失真是造成数控故障的重要因素。此外,由于在工业环境中,温度、湿度变化比较大,油污或粉尘对元件及线路板的污染,机械的振动等,都会对起信号传送通道作用的接插件产生严重影响。在检修中应首先检查这些部位,从而可以迅速排除较多的故障。另外,应尽量避免随意启封、拆卸或不适当的大拆大卸,否则会扩大故障范围,使数控机床丧失精度,降低性能。

5. 先机械后电气

由于数控机床是一种自动化程度高、技术较复杂的先进机械加工设备,一般来讲,机械故障较易察觉,而数控系统故障的诊断则难度要大些。"先机械后电气"的原则就是指在数控机床的检修中,首先检修机械部分是否正常、行程开关是否灵活、气动液压部分是否正常等。根据经验,大部分数控机床的故障是由机械动作失灵引起的。所以,在故障检修中应首先逐一排除机械性的故障,以达到事半功倍的效果。

6. 先公用后专用

公用性的问题往往会影响到全局,而专用性的问题只影响到局部。若数控机床的几个进给轴都不能运动时,首先应检查各轴公用部分,如 CNC、PLC、电源、液压等,并排除故障,然后设法解决问题轴的局部问题。又如电网或主电源故障是全局性的,因此一般应首先检查电源部分,看看熔断器、直流电压输出是否正常等。总之,只有先解决影响面大的主要矛盾,次要矛盾才可能迎刃而解。

7. 先简单后复杂

当出现多种故障相互交织掩盖、一时无从下手时,应先解决容易的问题,后解决难度较大的问题。常常在解决简单故障的过程中,难度大的问题也可能变得容易,或者在排除简易故障时受到启发,对复杂故障的认识更为清晰,从而也就有了解决的办法。

8. 先一般后特殊

在排除某一故障时,要先考虑常见的原因,然后分析很少发生的特殊原因。

例如,当数控车床 Z 轴回零不准时,常常是由减速挡块位置变动而造成的。一旦出现这一故障,应先检查该挡块位置;在排除这一故障常见的可能性之后,再检查脉冲编码器、位置控制等其他环节。

总之,在数控机床出现故障后,应根据故障的难易程度,以及故障是否属于常见性故障,合理采用不同的分析问题和解决问题的方法。

5.1.7　数控机床维修的基本步骤

尽管数控系统的型号很多,产生故障的原因也很复杂,但是故障维修的基本步骤是一致的,一般分为以下几步。

1. 调查故障现场,确认故障现象,充分掌握故障信息

当数控机床发生故障时,首先应确认故障,这在操作人员不熟悉机床的情况下尤为重要。此时,不应该也不能让非专业人士随意开动机床,特别是出现故障后的机床,以免故障范围进一步扩大。

数控机床出现故障后,首先应查看故障记录,向操作人员询问故障出现的全过程;其次在确认通电对数控系统无危险的情况下,再通电观察。要特别注意出现的故障信息,包括数控系统有何异常、CRT 显示器显示的报警内容是什么,具体介绍如下。

(1) 故障发生时,报警号和报警提示是什么?有哪些指示灯和发光二极管报警?

(2) 如无报警,数控系统处于何种工作状态?数控系统的工作方式和诊断结果如何?

(3) 故障发生在哪个程序段?正在执行何种指令?故障发生前进行何种操作?

(4) 故障发生时,运行在何种速度下?机床轴处于什么位置?与指令值的误差有多大?

(5) 以前是否发生过类似的故障?现场有无异常现象?故障是否重复发生?

(6) 观察数控系统的外观、内部各部分是否有异常之处。

2. 根据所掌握的故障信息明确故障的复杂程度,并列出故障部位的全部疑点

在充分调查和现场掌握第一手资料的基础上,把故障问题正确罗列出来。

3. 分析故障原因,制定故障排除的方案

在分析故障时,不应局限于 CNC 部分,而需对机床强电、液压、机械、气动等方面都做详细的检查,并进行综合判断,制定出故障排除的方案,达到快速确诊和高效率排除故障的目的。

分析故障时应注意以下两方面。

（1）思路一定要开阔，无论是数控系统、强电方面，还是机械、液压、气动等，要将有可能引起故障的原因以及每一种解决的方案全部罗列出来，进行综合判断和筛选。

（2）在深入分析的基础上，预测故障原因并拟定检查的内容、步骤和方法，制定故障排除方案。

4. 检测故障，逐级定位故障部位

根据预测的故障原因和预先确定的排除方案，用试验的方法进行验证，逐级来定位故障，最终找出发生故障的真正部位。为了准确、快速地定位故障，应遵循"先静后动"等原则。

5. 故障排除

根据故障部位及发生故障的准确原因，应采用合理的排除方法，高效、高质量地修复数控机床，尽快让数控机床投入生产。

6. 解决故障后资料的整理

故障排除后，应迅速恢复机床现场，并做好相关记录和资料整理工作，以便提高业务水平，方便机床的后续维护和维修。

5.1.8 任务实施：诊断与排除"紧急停止"故障

引起"紧急停止"故障的真正原因是触发 CNC 的急停功能生效。因此检查引起此类故障的原因时，需从系统的急停功能信号入手，如 FANUC 0i 中的 G8.4，利用 PLC 的 I/O 信号状态显示及程序显示功能，从 PLC 程序向外围开关查找。具体实施步骤介绍如下。

1. 观察故障现象

发生故障的数控机床配置 FANUC 0i 系统，显示器屏幕 CNC 状态栏中显示 EMG 并闪烁，面板上其他按键不起作用。现象表明有紧急停止信号输入数控机床，即急停信号生效。

2. 检查急停开关状态

根据 CNC 状态栏中的报警提示，首先检查所有外部急停开关，查看其是否被按下。拉开急停开关后，按复位键以消除报警信息。若报警无法消除，则需查阅机床电气图册，查询急停控制回路以及 PLC 输入接口电路中急停信号输入地址。

3. 检查机床运动轴当前位置

检查运动轴所处位置，看其是否超出规定的行程。通常，数控机床运动轴的超程限位信号会纳入急停控制回路中，因此，超程报警是引起急停故障最常见的原因。

经查看，机床各运动轴均在行程范围之内，没有超程限位现象。

如果机床确因限位保护开关被压下引起"急停"时，一般通过按压系统操作面板上的［ALRM］按键，调出报警页面，可看到详细的报警信息，如"1001 OVER TRAVEL"，此时可以采用下述方法排除故障。

（1）手动方式。遇到硬件限位故障，一般优先采用手动方式，即在机床断电的情况下，将超程的轴如 X 轴反向移动到安全位置。

（2）面板按钮操作。为方便用户，机床制造商通常会在机床操作面板上设置"超程释放"按钮。此时，应将机床工作方式置为 JOG 方式，在按住"超程释放"按钮的同时，按下超程轴反方向移动按钮，使 X 轴限位挡块脱离开限位开关。采用此方法时，务必注意轴的移动方向，不能弄错，否则会损坏丝杠，造成严重损失。

（3）电气短接。如果面板上没有"超程释放"按钮，也可由电气维修人员采用电气短接方法来排除硬件限位故障。在接线端子排上找到连接至 X 轴硬件限位开关触点的两个端子，用导线将其短接，从而将硬件限位故障暂时屏蔽，然后在 JOG 工作方式下，按下 X 轴负向移动按钮，使 X 轴脱离限位状态。故障排除后，务必记住将短接的导线拆除，否则机床的 X 轴正向限位保护不起作用。

退出限位的方法应优先采用"机械手动退出"，以保证机床安全；对"机械手动退出"较困难的，方可采用电气短接的方法将机床的限位信号取消。在这种情况下，必须注意以下几点。

① 确认机床驱动器、位置控制系统无故障。

② 操作时应注意坐标轴的移动方向。

③ 机床退出限位后，应立即将机床的限位信号恢复，使机床的限位保护功能重新生效。

4. 查阅电气图册，找到急停控制回路原理图和外部急停输入 PLC 信号地址

在机床电气图册的 I/O 接口电路图中，找到外部急停输入地址为 X8.4，输入给该地址的控制信号为 KA2 的常开触点，如图 5-1-14 所示。据此可知，外部急停控制回路应是继电器 KA2 线圈的控制回路。在直流控制电气原理图中，找到相应的控制回路，如图 5-1-6 所示。

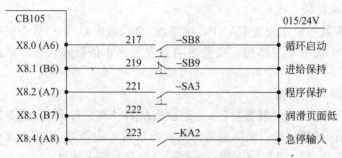

图 5-1-14   PLC 输入接口电路图

5. 利用 PLC 接口状态显示页面和系统诊断功能，确定故障发生的范围

利用 PLC 接口状态显示页面和程序动态显示页面，查看 X8.4（机床侧输入给 PMC 的信号，外部急停信号*ESP）和 G8.4（PMC 输入给 CNC 系统的信号，内部急停信号*ESP）的信号状态，以及其他与急停相关信号的当前状态，以便缩小故障范围。

6. 检查提供 PLC 接口电路的 24V 电源输出是否正常

通过诊断 I/O 诊断页面检查，发现 PLC 到 CNC 急停信号 G8.4 为"0"，证明系统的"急停"信号被输入，同时发现 PLC 的全部机床输入信号均为"0"，因此可初步判断故障原因在 I/O 信号的输入信号的公共电源回路上。打开电气柜，首先用万用表检查 24V 直流电源输出端,查看输出电压是否正常,结果正常。根据电气图纸,进一步检查发现,该机床的 DC24V 断路器已跳闸,合闸之前测量 24V 输出,确认其未短路,合上断路器后急停报警仍未消除。

7. 利用诊断页面,再次检查机床 PLC I/O 状态和 PLC 动态程序

此时发现,梯形图程序中 G8.4 线圈所在程序行中系统 I/O 模块的"急停"输入信号 X8.4 为"0",说明急停功能生效是由外部急停控制信号引起的。对照机床电气原理图,采用电阻法,在断电的情况下,检查外部急停控制回路。检查发现机床手持单元上的急停按钮断线,重新连接,复位急停按钮后,再按 RESET 键,机床即恢复正常工作。故障最终排除。

常见故障处理及诊断实例

一、急停故障的一般检查方法

在数控机床使用过程中如果出现急停故障,一般应重点检查以下几项。

① 面板上的"急停"按钮是否生效。

② 运动轴的限位保护是否生效。

③ 伺服驱动、主轴驱动器、液压电动机等主要工作电机及主回路的过载保护。

④ 24V 控制电源等重要部分是否出现故障。

根据机床 PLC 程序,检查与"急停"信号(*ESP)相关的 PLC 输入点,通过检查这些输入点信号的状态,最终确定引起"急停"的原因,并加以解决。

在排除急停故障时需要注意,如果急停故障是过载保护而引起的,则需要对过载保护动作的回路再进行进一步测量,并在确认、解决过载原因后,方可启动机床。

二、常见故障排除实例

1. 急停按钮故障

例 5-1-1 急停按钮引起的故障维修。

故障现象:某配套 FANUC 0i-Mate 的加工中心,开机时显示"NOT READY",伺服电源无法接通。

分析过程及处理方法:FANUC 0i-Mate 系统引起的"NOT READY"的原因是数控系统的紧急停止"*ESP"信号被输入,这一信号可以通过系统的"诊断"页面进行检查。

经检查发现 PMC 到 CNC 急停信号(DGN21.4)为"0",证明系统的"急停"信号被输入。

再进一步检查,发现系统 I/O 模块的"急停"输入信号为"0",对照机床电气原理图,检查发现机床刀库侧的手动操作急停按钮断线,重新连接,复位急停按钮后,再按 RESET 键,机床即恢复正常工作。

2. 行程开关故障

例 5-1-2 行程开关故障引发急停报警。

故障现象:某机床在回零时,Y 轴回零不成功,超程引发急停报警。

分析过程及处理方法:首先观察轴回零的状态,选择回零方式,让 X 轴先回零,结果

能够正常回零,观察 Y 轴在回零时,压到减速开关后 Y 轴并不发生减速动作,而是越过减速开关,直至压到限位开关机床超程;直接将限位开关按下后,观察机床 PLC 的输入状态,发现 Y 轴的减速信号并没有到达系统,可以初步判断有可能是机床的减速开关或者是 Y 轴的回零线路出现了问题,然后用万用表进行逐步测量,最终确定为减速开关的焊点出现了脱落。将脱落的线头焊好后,故障即排除。

3. 伺服系统故障

例 5-1-3　伺服驱动器故障。

故障现象:一台配置 FANUC 7M 系统的加工中心,开机时,系统 CRT 显示器显示"系统处于急停状态"和"伺服驱动系统未准备好"报警。

分析过程及处理方法:在 FANUC 7M 系统中,引起上述两项报警的常见原因是数控系统的基础参数丢失或伺服驱动系统存在故障。

检查机床参数正常,但速度控制单元上的报警指示灯均未亮,表明伺服驱动系统为准备好,且故障原因在速度控制单元。

进一步检查发现,Z 轴伺服驱动器上的 30A(晶闸管主回路)和 1.3A(控制回路)熔断器均已经熔断,说明 Z 轴驱动器回路存在短路。

驱动器主回路存在短路通常都是由于晶闸管被击穿引起的。故应用万用表检查主回路的晶闸管,发现其中的两只晶闸管因被击穿,造成了主回路的短路。更换晶闸管后,故障排除,驱动器恢复正常。

4. 电源故障

例 5-1-4　伺服驱动器引起过电流故障。

故障现象:一加工中心,开机后打开急停,数控系统在复位过程中,伺服强电上去后数控机床总空气开关马上跳闸。

分析过程及处理方法:该加工中心使用国产数控系统,经对故障进行检查分析,首先怀疑是否是空气开关电流选择过小,经过计算分析后确认所选择的空气开关偏小,但基本符合机床要求;然后用示波器观察机床上电时的电流变化波形,发现伺服强电在上电时电流冲击比较大,也就是电流波形变化较大,进一步分析发现由于所选伺服功率较大,且伺服内部未加阻抗等装置,在使用时需外接一电抗与制动电阻。电气人员在设计时加了制动电阻,为了节省成本没有使用阻抗。按照要求加上阻抗后,数控机床恢复正常,故障排除。

任务 5.2　诊断与排除"无法返回参考点"故障

◆ 学习目标

(1) 掌握排除"无法返回参考点"故障的排除方法;

(2) 能诊断和排除机床回参考点的常见故障。

◆ **任务说明**

通常数控机床无法正常返回参考点有以下几种表现形式。

(1) 手动回零时不减速,直至出现超程报警。

(2) 手动回零有减速动作,但减速后进给轴的运动并不停止,直至出现超程报警。

(3) 返回参考点动作正常,没有报警现象,但参考点位置不唯一。

(4) 手动回零工作方式下,执行操作轴根本不移动。

本任务以配置 FANUC 0i 系统的加工中心为对象,训练如何定位数控机床"无法回参考点"故障并予以排除。

◆ **必备知识**

5.2.1 正确回参考点操作需要满足的条件

根据任务 4.1 中介绍的回参考点相关信号变化时序可知,FANUC 0i 回参考点正确执行必须满足以下条件。

(1) 机床处于回参考点工作方式。系统回参考点工作模式生效,即系统中 ZRN 信号有效——NC 侧地址为 G43.7＝1;

(2) 已经选择了回参考点的坐标轴。当前回参考点轴的轴选择信号有效,即信号 G100～G102＝1;

(3) 减速信号有变化。回参考点轴移动后,对应的减速开关有被压下再被释放的变化过程,即减速信号 *DECx 从状态"1"变换到"0"到再次变换到"1"。

(4) 能正确读取零脉冲信号。当减速信号 *DECx 的状态再次变为"1"后,系统能够读入第一个来自检测元件的栅格信号(零脉冲信号),方能找到参考点。

(5) 有完成信号。机床参考点建立后,CNC 系统向 PLC 发出回参考点完成信号 ZP4。

5.2.2 机床返回参考点的几种方式

1. 回参考点的 Z 脉冲方式(零脉冲方式)

手动回参考点时,回参考点轴先以参数设置的快速进给速度 V_2 向参考点方向移动,当参考点减速撞块压下减速开关时,伺服电动机减速至由参数设置的接近原点速度 V_1 继续向前移动;当减速撞块释放减速开关后,数控系统检测到编码器发出第一个栅点或零标志信号时,回零轴减速,然后前移栅格偏移量而停止,此停止点即为机床参考点,如图 5-2-1 所示。偏移量的大小则通过测量在参数中设定。日本 FANUC 数控系统多采用此回零方式。

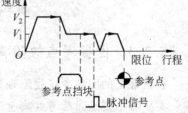

图 5-2-1 回参考点的 Z 脉冲方式

2. 回参考点的"十一"方式

回参考点轴先以快速进给速度 V_2 向参考点方向

移动,当参考点减速开关被减速撞块压下时,回参考点轴制动到速度零,再以接近参考点速度 V_1 向相反方向移动;当减速撞块释放参考点减速开关后,数控系统检测到检测反馈元件(如编码器)发出第一个栅点回零标志信号时,轴即减速并前移参考点偏移量而停止于机床参考点,如图 5-2-2 所示。欧美地区的数控系统多采用此回零方式,如德国 SIEMENS 系统和 HEIDENHAIN 系统。

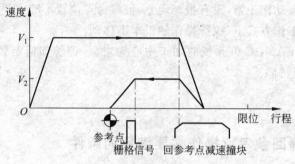

图 5-2-2   回参考点的"+-"方式

3. 回参考点的"+-+"方式

回参考点时,回参考点轴先以快速进给速度 V_2 向参考点方向移动,当减速撞块压下减速开关时,回参考点轴制动到速度为零,再向相反方向以 V_1 速度微动;当减速撞块释放减速开关时,回参考点轴又反向以 V_1 速度沿原快速进给方向移动;当减速撞块再次压下减速开关时,回参考点轴仍以接近原点速度 V_1 前移;减速撞块释放减速开关后,数控系统检测到第一个栅点或零标志信号时,轴即减速并前移参考点偏移量而停止于参考点,机床参考点随之建立,如图 5-2-3 所示。

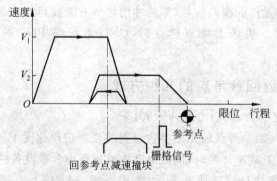

图 5-2-3   回参考点的"+-+"方式

5.2.3   回参考点故障常用的维修方法

根据常见的回参考点故障现象,可分为找不到参考点和找不准(偏离)参考点两类。前一类故障主要是回参考点减速开关产生的信号或零标志脉冲信号失效(包括信号未产生或在传输处理中丢失)所致。排除故障时先要搞清机床回参考点的方式,再对照故障现象来分析,可采用先"外"后"内"和信号跟踪法查找故障部位。这里的"外"是指安装在机床外部的挡块和参考点开关,可以用 CNC 系统 PLC 接口 I/O 状态指示直接观察信号的有无;"内"是指脉冲编码器中的零标志位或光栅尺上的零标志位,可以用示波器检测零标志脉冲信号。后一类故障往往是由参考点开关挡块位置设置不当引起的,只要重新调整即可。

5.2.4 任务实施:诊断与排除"无法正常返回参考点"故障

假设 X 轴不能正常返回参考点,分析和检修流程如图 5-2-4 所示。

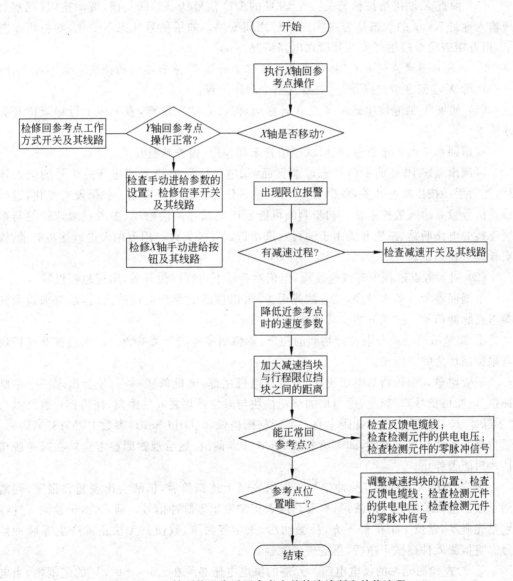

图 5-2-4 X 轴不能正常返回参考点的故障诊断和检修流程

1. 执行回参考点操作，观察相应轴是否移动

首先，将出现故障的轴手动移至有效行程范围之内，选择回参考点工作方式，对其执行回参考点操作。如果该轴不能移动，则：

（1）检查速度倍率开关。将速度倍率开关调到非 0% 处，并逐步增大倍率。如果 X 轴没有移动，则需检查相应的手动进给速度参数设置以及倍率开关状况。

（2）检查回参考点工作方式开关。通过执行其他轴如 Y 轴回参考点操作来验证系统回参考点工作方式是否正常。当然，也可采用 I/O 信号诊断页面或万用表来检查。如果不正常，检查工作方式选择开关；如果能正常执行，则检查 X 轴的进给按钮开关。

（3）检查 X 轴进给按钮开关。在 PLC 的 I/O 信号状态诊断页面，按动按钮，观察对应输入地址 Xx.x 的状态是否在"0"和"1"之间变换。如果信号状态不变化，则将机床断电，用万用表检查按钮开关及其所在电路情况。

2. 观察回参考点过程：根据回参考点过程中的现象，采取不同的检查方案

执行 X 轴回参考点操作，并观察其整个动作过程。

（1）如果 X 轴能快速向参考点方向移动，但没有减速过程，直至压下行程限位开关才停下。

根据回参考点工作原理，说明减速信号未起作用，检查减速开关。

可调出系统 PLC 的 I/O 状态诊断页面，从电气图册中找到减速开关信号的输入地址，然后手动按压减速开关，观察对应 PLC 输入信号状态是否变化。如果没有变化，说明减速信号没有输入数控系统。初步判断可能原因是减速挡块松动、参考点减速开关与系统连接的电路断路、减速开关由于油污或进水造成开关失效。用万用表进行逐步测量，依次检查上述部位。

（2）回参考点过程中有减速过程，但仍然会压下行程限位开关，出现超程报警。

根据回参考点动作时序，结合故障现象，可以推断回参考点轴减速后，系统未检测到参考点脉冲信号。按照下述步骤依次检查。

① 调整减速挡块与限位挡块间的距离，调整回参考点相关参数。首先检查减速挡块与限位挡块之间的距离。

一般增量式编码器与电机直连，安装在电机尾部，电机每转一周，才会出现一个零脉冲信号（栅格信号）。因此，适当增加减速挡块与限位挡块之间的距离，使得挡块放开点与"零脉冲"位置相差在半个螺距左右。或调整栅格偏移（Grid Shift）参数 PRM1850，同时，适当降低寻找参考点速度，即调整参数 PRM1425 的值，然后观察回参考点轴在减速脱离挡块后能否停止。

② 检查检测元件的零脉冲信号。如果经过上述调整后，仍然会出现超程报警，则需用示波器检查检测元件的波形，查看其能否正常发出零脉冲信号。通常，由于检测元件特别是光栅尺，常位于工作台下方，易受油污、灰尘等污染，致使其无法正常产生零脉冲信号。将检测元件擦拭干净后，再进一步观察。

③ 检查检测元件的供电电压。元件的供电电压必须在 $\pm 5 \sim \pm 0.2$V 的范围内，当电压小于 4.75V 时，零脉冲输出会受干扰；而当电压小于 3.5V 时，将不会有"零脉冲"信号输出。

④ 检查检测反馈电缆线。如果零脉冲信号正常,需检查编码器至数控系统的电缆线连接是否正常,需特别注意屏蔽线是否正常。

⑤ 经过②～④步的检查后,问题依然没有解决,则需要更换编码器。

3. X轴能完成回参考点的整个过程,但每次建立的参考点位置不唯一

现象表明,检测元件有零脉冲信号产生。按照由简到繁的原则,应从以下几个方面检查。

(1) 调整挡块位置或调整栅格偏移参数。如果建立的参考点位置不唯一,偶尔会相差一个丝杠螺距,其原因是减速挡块位置距离栅格位置太近,或太接近参考点。此时可通过调整栅格偏移参数 PRM1850 予以解决。调整减速挡块位置也是一种解决办法。挡块位置具体调整步骤如下。

① 手动返回参考点。

② 选择诊断画面,记录诊断号 DGN302 中的值。诊断号 DGN302 显示的是从挡块脱离的位置到系统读入第一个栅格信号时的距离。

③ 记录参考计数容量参数 PRM1821 的值。

④ 微调挡块位置,使诊断号 DGN302 中的值等于参数 PRM1821 设定值的一半。

⑤ 重复进行手动返回参考点操作,并确认诊断号 DGN302 中每次显示的值为 1/2 左右,且变化不大。

(2) 检查检测元件供电电压以及反馈电缆线。当检测元件供电电压较低或反馈电缆中的屏蔽线连接质量不佳时,零脉冲信号均易受干扰,从而产生故障现象。

(3) 检查检测元件与电机间的连接。如果编码器与电机之间的连接松动,也会造成建立的参考点不唯一,且无任何规律。

常见故障处理及诊断实例

1. 参考点位置调整不当

例 5-2-1 参考点位置不稳定的故障维修。

故障现象:某配套 FANUC 0 系统的数控机床,回参考点动作正常,但参考点位置随机性大,每次定位都有不同的值。

故障分析及处理过程:由于机床回参考点动作正常,证明机床回参考点功能有效。进一步检查发现,参考点位置虽然每次都在变化,但却总是处在参考点减速挡块放开后的位置上。因此,可以初步判定故障的原因是脉冲编码器"零脉冲"不良或丝杠与电动机间的连接不良。

为确认问题的原因,鉴于故障机床伺服系统为半闭环结构,维修时脱开了电动机与丝杠间的联轴器,并通过手压参考点减速挡块,进行回参考点试验;多次试验发现,每次回参考点完成后,电动机总是停在某一固定的角度上。

以上证明,脉冲编码器"零脉冲"无故障,问题的原因应在电动机与丝杠的连接上。仔细检查发现,该故障是由于丝杠与联轴器间的弹性胀套配合间隙过大,产生连接松动;修整胀套,重新安装后机床恢复正常。

例 5-2-2   参考点发生整螺距偏移的故障维修。

故障现象：某配套 FANUC 0i-Mate 的数控铣床，在批量加工零件时，某天加工的零件产生批量报废。

故障分析及处理过程：经对工件进行测量，发现零件的尺寸相对位置都正确，但 X 轴的坐标值全都相差了整整 10mm。经分析、检查后发现，X 轴尺寸整螺距偏移（该轴的螺距是 10mm）是由于参考点位置偏移引起的。

对于大部分系统，参考点一般设定于参考点减速挡块放开后的第一个编码器的"零脉冲"上；若参考点减速挡块放开时刻，编码器恰巧在零脉冲附近，由于减速开关动作的随机性误差，可能使参考点位置发生 1 个整螺距的偏移。这一故障在使用小螺距滚珠丝杠的场合特别容易发生。

对于此类故障，只要重新调整参考点减速挡块位置，使得挡块放开点与"零脉冲"位置相差在半个螺距左右，机床即可恢复正常工作。调整步骤如下。

（1）用手动方式回参考点，记录下停在参考点时的位置显示值。

（2）以低速反向移动轴，直到碰上挡块并记下此时的位置显示值。

（3）求出上述两个位置显示值之差。

（4）调整挡块位置使该差值约为半个丝杠螺距。在 FANUC 数控系统中，可通过设定栅格偏移量（Grid Shift）而不需要调整挡块位置，该栅格偏移量相当于将挡块延长。

本机床经以上处理后，故障排除，机床恢复正常，全部零件加工正确。

2. 零脉冲不良

由于零脉冲的信号脉宽较窄，它对干扰十分敏感，因此必须针对以下几方面进行检查。

（1）编码器的供电电压必须在 $\pm 5 \sim \pm 0.2V$ 的范围内，当小于 4.75V 时，将会引起"零脉冲"的输出干扰。

（2）编码器反馈的屏蔽线必须可靠连接，并尽可能使位置反馈电缆远离干扰源与动力线路。

（3）编码器本身的"零脉冲"输出必须正确，满足系统对零位脉冲的要求。

（4）参考点减速开关所使用的电源必须平稳，不允许有大的脉动。

例 5-2-3   FANUC 6 Mate 回参考点时发生 ALM091 报警的维修。

故障现象：某配套 FANUC 6 Mate 的卧式加工中心，在回参考点时发生 ALM091 报警。

故障分析及处理过程：FANUC 6 Mate 发生"ALM091"的含义是"脉冲编码器同步出错"，在 FANUC 6 Mate 中可能的原因有以下两个方面。

（1）编码器"零脉冲"不良。

（2）回参考点时位置跟随误差值大于 $128 \mu m$。

维修时对回参考点的跟随误差（诊断参数 DGN800）进行了检查，检查发现此值为 $200 \mu m$ 左右，达到了规定的值。进一步检查该机床的位置环增益为 $16.67 S^{-1}$，回参考点速度设置为 200mm/min，属于正常范围，因此初步排除了参数设定的原因。可能的原因是脉冲编码器"零脉冲"不良。

经测量,在电动机侧,编码器电源(+5V 电压)只有+4.5V 左右,但伺服单元上的+5V 电压正确。因此,可能的原因是线路压降过大而导致的编码器电压过低。进一步检查发现,编码器连接电线的+5V 电源线中只有一根可靠连接,其余 3 根虚焊脱落;经重新连接后,机床恢复正常。

3. 参数设置不当

例 5-2-4 软件限位设定不当引起的故障维修。

故障现象:某配套 FANUC 0MD 系统的立式加工中心,回参考点过程中出现 ALM520 和 Y 轴过行程报警。

故障分析及处理过程:经检查,机床"回参考点减速"开关以及 CNC 的信号输入均正常。仔细观察 Y 轴回参考点动作过程,发现"回参考点减速"开关还未压到,CNC 就出现了 ALM520 报警,提示机床到达"软件限位"位置,即机床移动距离值超过了系统参数设定的软件行程极限值。因此初步判断故障原因是参数设定不当引起的。

此类故障可以通过重新设定参数进行解决,处理方法如下。

(1)将机床运动到正常位置,进行手动回参考点,并利用手动方式压上"回参考点减速"开关,进行回参考点,验证回参考点动作的正确性。

(2)在确认回参考点动作正确后,通过 MDI/CRT 显示器面板,修改软件限位参数(为了方便,可以直接将其改为最大值±99 999 999)。

(3)再次执行正常的手动回参考点操作,机床到达参考点定位停止。

(4)恢复软件限位参数(由±99 999 999 改回原参数值)。

(5)再次执行正常的手动回参考点操作,机床动作正常,报警消除。

例 5-2-5 回零位置不准故障的维修。

故障现象:某配套 FANUC 0TD 系统的数控车床,在执行回参考点动作时,出现位置不准的故障。

故障分析及处理过程:机床回参考点动作过程正常,但实际参考点位置每次都不同,出现此类故障,通常与系统的参数设定、编码器以及编码器与丝杠间的连接等有关。

在本机床上,经互换伺服电动机确认编码器以及编码器与丝杠间的连接可靠。检查系统的参数设定,在伺服参数页面下检查参考计数器容量(Ref Counter),发现其值设置与实际机床不符,导致参考点位置不正确。设定正确的参数后,机床恢复正常。

任务 5.3 "进给轴爬行、震动"故障诊断与排除

◆ **学习目标**

(1)了解机床爬行的危害;

(2)掌握解决机床爬行现象的方法;

(3)能对常见无报警故障进行诊断和处理。

◆ 任务说明

　　进给伺服系统驱动的移动部件在低速运行过程中，出现开始时不能启动，启动后又突然做加速运动，而后又停顿，继而又做加速运动，如此周而复始。而在高速运行时，移动部件又出现明显的振动。这种移动部件一停一跳，一慢一快的运动现象，称为爬行。

　　机床出现爬行时，虽无报警信息产生，但会严重地影响加工工件的表面粗糙度及尺寸精度，而且会加速运动副的磨损，降低机床零件的使用寿命；机床导轨爬行严重时，将会造成电机过载，产生伺服报警，使机床停机。出现爬行现象时，在空载的情况下，通过伺服诊断页面，可看到故障轴电机负载往往会达到额定值的 60%。

　　本任务通过数控机床"进给轴低速爬行"故障的诊断与排除方法训练，旨在学会如何进行无报警故障的诊断与排除。

◆ 必备知识

5.3.1　数控机床的故障分类

　　数控设备的故障是多种多样的，可以从不同的角度对其进行分类。

　　1. 按数控机床发生故障的部件分类

　　（1）主机故障。数控机床的主机部分，主要包括机械、润滑、冷却、排屑、液压、气动与防护装置。常见的主机故障有：因机械安装、调试与操作不当等原因引起的机械传动故障与导轨副摩擦过大等故障。故障现象表现为传动噪声大，加工精度差，运行阻力大。例如，传动链的联轴器松动，齿轮、丝杠与轴承缺油，导轨塞铁调整不当，导轨润滑不良以及系统参数设置不当等原因均可造成以上故障。尤其应引起重视的是，机床部位表明的注油点须定时、定量加注润滑油，这是机床各传动链正常运行的保证。另外，液压、润滑与气动系统的故障主要是管路阻塞或密封不良，引起泄漏，造成系统无法正常工作。

　　（2）电气故障。从所使用的元件类型上，根据通常习惯，电气控制系统故障通常分为"弱电"故障和"强电"故障两大类。

　　"弱电"部分主要指 CNC 装置、PLC 控制器、CRT 显示器以及伺服单元、输入/输出装置等电子电路，这部分又有硬件故障与软件故障之分。硬件故障主要是指上述部件的印制电路板上的集成电路芯片、分立元件、接插件以及外部连接组件等发生的故障。软件故障是指在硬件正常的情况下所出现的动作出错、数据丢失等故障，常见的有加工程序出错，系统程序和参数的改变或丢失、计算机的运算出错等。

　　"强电"部分是指控制系统中的主回路或高压、大功率回路中的继电器、接触器、开关、熔断器、电源变压器、电动机、电磁铁、行程开关等电器元件及其所组成的控制电路。这部分的故障虽然维修、诊断较为方便，但由于它处于高压、大电流工作状态，发生故障的概率要高于"弱电"部分。

　　2. 按数控机床发生故障的性质分类

　　（1）系统性故障。通常是指只要满足一定的条件或超过某一设定的限度，工作中的数控机床必然会发生故障。这一类故障现象极为常见。例如液压系统的压力值随着液压回路过滤器的阻塞而降到某一设定参数时,必然会发生液压系统故障报警使系统断电停机;润滑、冷却或液压等系统由于管路泄漏引起游标下降到使用限值,必然会发生液位报警使机床停机;机床加工中因切削量过大,达到某一限定值时必然会发生过载或超温报警,导致系统迅速停机等。因此,正确使用与精心维护是杜绝或避免这类系统性故障发生的切实保障。

(2) 随机性故障。通常是指数控机床在同样的条件下工作时只偶然发生一次或两次的故障。由于此类故障在各种条件相同的状态下只偶然发生一两次,因此,随机性故障的原因分析与故障诊断较其他故障困难得多。一般而言,这类故障的发生往往与安装质量、组件排列、参数设定、元件品质、操作失误与维护不当,以及工作环境影响等因素有关。例如,接插件与连接组件因疏忽未加锁定,印制电路板上元件松刀变形或焊点虚脱,继电器触点、各类开关触头因污染锈蚀以及直流电刷接触不良等所造成的接触不可靠等。另外,工作环境温度过高或过低、湿度过大、电源波动与机械振动、有害粉尘与气体污染等原因均可引发此类偶然性故障。因此,加强数控系统的维护检查,确保电气箱门的密封,严防有害粉尘及气体的侵袭,均可避免此类故障的发生。

3. 从故障的发生过程分类

(1) 突然故障。通常是指数控系统在正常使用过程中,事先并无任何故障征兆而突然出现的故障。突然故障的例子有:因机器使用不当或出现超负荷而引起的零件折断;因设备各项参数达到极限而引起的零件变形和断裂等。

(2) 渐变故障。通常是指数控系统在发生故障前的某一时期内,已经出现故障征兆,但此时,数控机床还能够正常使用,并不影响加工出的产品质量。渐变故障与材料的磨损、腐蚀、疲劳及蠕变等过程有密切的关系。

4. 按数控机床发生故障的有无报警显示分类

(1) 有报警显示的故障。这类故障又可分为硬件报警显示与软件报警显示两种。

① 硬件报警显示。通常是指各单元装置上的警示灯(一般由 LED 或小型指示灯等组成)的指示。在数控系统中有许多用以指示故障部位的警示灯,如控制面板、位置控制印制线路板、伺服控制单元、主轴单元、电源单元等部位以及电阅读机、穿孔机等外设装置上常设有这类警示灯。一旦数控系统的这些警示灯指示故障状态后,借助相应部位上的警示灯均可大致分析判断出故障发生的部位与性质。

② 软件报警显示。通常是指 CRT 显示器显示屏上显示出来的报警号和报警信息。由于数控系统具有自诊断功能,一旦检测到故障,即按故障的级别进行处理,同时在 CRT 显示器上以报警号形式显示该故障信息。这类报警显示常见的有存储器警示、过热警示、伺服系统警示、轴超程警示、程序出错警示、主轴警示、过载警示以及短路警示等。这些为故障判断和排除提供了极大的帮助。

软件报警来自 NC 报警或来自 PLC 报警。前者为数控部分的故障报警,可通过所显示的报警号,对照维修手册中有关 NC 故障报警及说明,来确定可能产生该故障的原因。后者为 PLC 报警,大多数属于机床侧的故障报警,可通过所显示的报警号,对照维修手册中有关 PLC 故障报警信息、PLC 接口说明以及 PLC 程序等内容,检查 PLC 有关接口和内部继电器状态,确定该故障所产生的原因。通常,发生 PLC 报警的可能性要比 NC 报警高得多。

（2）无报警显示的故障。这类故障发生时无任何硬件或软件的报警显示，因此分析诊断难度较大。例如，机床通电后，在手动方式或自动方式运行 X 轴时出现爬行现象，且无任何报警显示。又如机床在自动方式运行时突然出现停止，而 CRT 显示器上无任何报警显示。还有机床某轴运行时发生异常声响，但无报警显示灯。早期的数控系统由于自诊断功能不强，未采用 PLC 控制器，无 PLC 报警信息文本，其出现无报警显示的情况会更多一些。

对于无报警显示故障，通常要具体情况具体分析，应根据故障发生的前后变化状态进行分析判断。

5. 按数控机床发生故障的原因分类

（1）数控机床的自身故障。这类故障的发生是由于数控机床的自身原因引起的，与外部使用环境无关。数控机床所发生的绝大多数故障均属于此类故障。

（2）数控机床外部故障。这类故障是由于外部原因造成的。例如，数控机床的供电电压过低，电压波动过大，相序不对或三相电压不平衡；周围的环境温度过高，有害气体、潮气、粉尘的侵入；外来振动和干扰，如电焊机所产生的电火花干扰等均有可能是数控机床发生故障。还有人为因素所造成的故障，如操作不当，手动进给倍率过快造成超程报警，自动切削进给过快造成超载报警。又如操作人员不按时按量给机械传动系统加注润滑油，易造成传动噪声或导轨摩擦系数过大，而使工作台进给超载。

除上述常见故障分类外，还可按故障发生时有无破坏性来分类，可分为破坏性故障和非破坏性故障；从故障的影响程度来看，数控系统故障可以分为完全失效故障和部分失效故障；按故障发生的部位，可分为数控装置故障，进给伺服系统故障，主轴系统故障，刀架、刀库、工作台故障等。

5.3.2　数控机床润滑系统的特点和分类

润滑是降低摩擦、减轻滑动部件间磨损最常用的方法。数控机床导轨、丝杠等滑动副的润滑，多采用集中润滑系统进行润滑，如图 5-3-1 所示。集中润滑系统是由一个液压泵为系统中所有的主、次油路上的分流器提供一定排量、一定压力的润滑油，再由分流器按所需油量将润滑油分配到各润滑点。控制器完成润滑时间、次数的监控、故障报警以及停机等功能，以实现自动润滑。集中润滑系统的特点是定时、定量、准确、效率高，使用方便可靠，有利于提高机器寿命，保障使用性能。

图 5-3-1　滚珠丝杠和导轨的润滑

集中润滑系统按使用的润滑元件可分为阻尼式润滑系统、递进式润滑系统和容积式润滑系统。

单线阻尼式润滑系统适合于机床润滑点需油量相对较少,并需周期供油的场合。它可通过时间的控制,以控制润滑点的油量。该润滑系统非常灵活,当某一点发生阻塞时,不影响其他点的使用,故应用十分广泛。

递进式润滑系统主要由泵站、递进片式分流器组成,并可附有控制装置加以监控,能对任一润滑点的堵塞进行报警并终止运行,以保护设备。其定量准确、压力高,不但可以使用稀油,而且适用于使用油脂润滑的情况。

容积式润滑系统以定量阀为分配器向润滑点供油,在系统中配有压力继电器,当系统油压达到预定值后发信号,使电动机延时停止。润滑油从定量分配器供给,系统通过换向阀卸荷,并保持一个最低压力;当压力低于最低值时,使定量阀分配器补充润滑油,电动机再次启动,重复这一过程,直至达到规定润滑时间。该系统压力一般在 50MPa 以下,润滑点可达几百个,其应用范围广、性能可靠,但不能作为连续润滑系统使用。

5.3.3 数控机床爬行故障排除方法

首先尽可能罗列出可能造成数控机床爬行与振动的有关因素,然后分析、定位和排除故障。

1. 故障发生的部位分析

数控机床进给系统低速时的爬行现象往往由机械传动部分的特性不佳引起,也与进给速度环的性能密切相关。为辨别爬行故障是机械原因还是电气原因引起,通常采用模块交换法、机电隔离检查法进行分析判断。

(1) 模块交换法。随着现代数控技术的发展,电路集成度越来越高,技术也越来越复杂,按照常规的方法,很难把故障定位在一个很小的区域。现代数控系统大多采用模块化设计。因此模块交换法是维修过程中最常用的故障判别方法之一。

所谓模块交换法,就是在已大致确认故障范围,并确认外部条件完全正确的情况下,利用装置上同样的已知完好的模块替换有疑点模块的方法。模块交换法简单、易行、可靠,能把故障范围缩小到相应的部件上。例如数控机床的坐标轴进给模块,伺服装置有多套,当出现进给故障时,可以考虑模块互换。

(2) 机电隔离检查法。当某些故障,如轴振动、爬行,一时难以区分是数控部分,还是伺服系统或机械部分造成的,常可采用机电隔离检查法。将机电分离,数控与伺服分离,或将位置闭环分开做开环处理,将复杂的问题简单化,便于快速定位故障。

2. 机械部分

造成爬行的原因如果在机械部分,首先,应该检查导轨副。因为移动部件所受的摩擦阻力主要是来自导轨副,如果导轨副的动、静摩擦系数大,且其差值也大,将容易造成爬行。尽管数控机床的导轨副广泛采用了滚动导轨、静压导轨或塑料导轨,如果调整不好,仍会造成爬行。对于静压导轨副应着重检查静压是否建立,对于塑料导轨可检查有无杂质或异物阻碍导轨副运动,对于滚动导轨则应检查预紧措施是否施行,效果是否良好等。

其次,要检查进给传动链。因为在进给系统中,伺服驱动装置到移动部件之间必定要经过由齿轮、丝杠螺母副或其他传动副所组成的传动链。有效地提高传动链的刚度,对于提高运动精度,消除爬行非常有益。引起移动部件爬行常常是因为对轴承、丝杠螺母副和丝杠本身的预紧或预拉不理想造成的。传动链太长,传动轴直径偏小,支承座的刚度不够也是引起爬行的因素。因此,在检查时也要考虑这些方面是否有缺陷。另外,关注导轨副的润滑也有助于分析爬行问题,有时出现爬行仅仅就是因为导轨副润滑状态不好造成的。这时,采用具有防爬作用的导轨润滑油是一种非常有效的措施。这种导轨润滑油中有极性添加剂,能在导轨表面形成一层不易破裂的油膜,从而改善导轨的摩擦特性。

3. 进给伺服系统

如果故障原因在进给伺服系统,则分别检查伺服系统中各有关环节。如检查速度调节器;根据故障特点检查电动机或测速发电机是否有问题;检查系统插补精度是否太差,检查增益是否太高;与位置控制有关的系统参数设定有无错误;速度控制单元上短路棒设定是否正确;增益电位器调整有无偏差以及速度控制单元的线路是否良好。应对上述环节逐项检查、分类排除。

4. 综合分析

如果故障既有机械部分的原因,又有进给伺服系统的原因,则应先排除机械部分故障,而后再着手解决电气方面的问题。

5.3.4　任务实施：诊断与排除进给轴爬行故障

造成机床出现爬行故障的原因有多种可能:可能是因为机械进给传动链出现了故障所导致;也可能仅仅是因为润滑不良所引起;还有可能是进给系统电气部分出现了问题;或者是系统参数设置不当的缘故;还可能是机械部分与电气部分的综合故障所造成。按照先机械后电气原则,根据进给传动系统的结构,按照导轨副—传动链(轴承、丝杠螺母副和丝杠)—速度调节器的顺序依次检查、分析。排除数控机床进给系统爬行与振动故障的具体实施步骤如下。

1. 检查导轨副

如果导轨副的摩擦阻力较大,应从以下几方面进行检查。

(1) 检查导轨磨损情况,查看是否有杂质或异物。由于防护出现问题,可能使铁屑等杂质或异物进入导轨面,致使导轨磨损严重。此时可采取清洗、去杂、润滑等步骤,恢复导轨的状态。若导轨磨损严重,有时还需对导轨进行刮研和磨削。

(2) 检查导轨楔铁间隙大小,查看是否间隙过小。导轨副间隙过小或导轨楔铁间润滑情况不良,均会加大驱动电机的负荷,从而引起爬行现象。调整楔块至合适间隙,并改善导轨楔铁间的润滑情况,可减小导轨副摩擦阻力。

(3) 检查导轨和滚珠丝杠的润滑情况,查看是否缺油。正常情况下,导轨和滚珠丝杠表面应有一层润滑油膜,否则,会大大增加导轨副的摩擦阻力。可用手指检查导轨和滚珠丝杠的润滑情况。如果缺油,则检查润滑系统是否出现堵塞或漏油现象。另外滚珠丝杠支承轴承缺少润滑脂也会加大运动阻力。

2. 检查进给传动链

查看是否由于轴承、丝杠螺母副和丝杠本身的预紧或预拉伸不理想造成的,通过调节它们的预紧程度,看机床爬行现象能否消除。

3. 检查伺服控制装置

检查伺服控制装置主要从以下几个方面去查找故障。

(1) 首先检查输出给速度调节器的信号,即给定信号,这个信号是由位置偏差计数器出来经 D/A 转换器转换的模拟量 VCMD 送入速度调节器的,应查一下这个信号是否有振动分量,如它只有一个周期的振动信号,可以确认速度调节器没有问题,而是前级的问题,即应向 D/A 转换器或位置偏差计数器去查找问题。如果正常,检查测速电动机或伺服电动机的位置反馈装置是否有故障或连线错误。

(2) 检查测速发电机及伺服电机。当机床振动时,说明机床速度在振荡,反馈回来的波形一定也在振荡,观察它的波形是否出现有规律的大起大落。这时,最好能测一下机床的振动频率与旋转的速度是否存在一个准确的比例关系,如振动频率是电动机转速的 4 倍频率,这时就应该考虑电动机或发电机有故障。

因振动频率与电动机转速成一定比例,首先要检查电动机有无故障,如果没有问题,就再检查反馈装置连线是否正确。

(3) 位置控制系统或速度控制单元上的设定错误:如系统或位置环的放大倍数(检测倍率)过大,最大轴速度、最大指令值等设置错误。重新进行伺服优化设置。

(4) 速度调节器故障如采用上述方法还不能完全消除振动,甚至无任何改善,就应考虑速度调节器本身的问题,应更换速度调节器板或换下后彻底检测各处波形。

(5) 检查振动频率与进给速度的关系:如二者比例,除机床共振原因外,多数是因为 CNC 系统插补精度太差或位置检测增益太高引起的,须进行插补调整和检测增益的调整。如果与进给速度无关,可能原因有:速度控制单元的设定与机床不匹配;速度控制单元调整不好;该轴的速度环增益过大;或者是速度控制单元的印制线路板不良。

常见故障处理与诊断实例

例 5-3-1 滚珠丝杠故障造成的进给轴爬行故障。

故障现象:某 FANUC 0i-D 系统的加工中心运行时,工作台沿轴方向位移过程中产生爬行现象,但系统并没有报警。

分析过程及排除方法:分析和检修此类故障的步骤如图 5-3-2 所示。本例中,先检查电机是否过载,进给部件是否润滑不良等这些易看到的表面现象;若未发现异常,再检查联轴器是否连接松动或产生裂纹等;若也没发现问题,接着查看伺服增益参数;若同样正常,再脱开弹性联轴器,用扳手转动滚珠丝杠进行手感检查;若发现转动不太流畅,且在全行程范围内均有这种现象,拆下滚珠丝杠检查,可发现滚珠丝杠螺母转动不畅。进一步检查,可发现螺母内的反相器处有脏物和细小的铁屑,因此造成钢球流动不畅。经过认真清洗,重新装配好滚珠丝杠后,爬行现象排除。

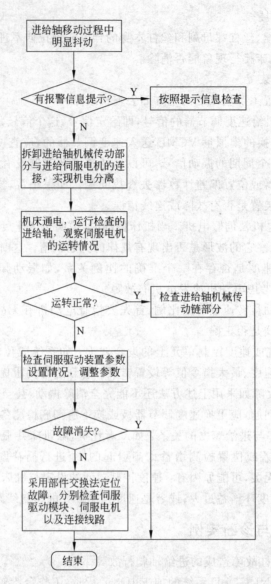

图 5-3-2　机床爬行振动类故障分析和检修流程

任务 5.4　"刀柄无法松开"故障诊断与排除

◆ 学习目标

（1）掌握机床刀库和换刀机械手的维修；

（2）了解气动系统重点部件的维护；

（3）理解机床液压和气动传动系统的特点；

（4）理解机床液压和气动传动系统的维修要点；

（5）能根据顺序控制的工作原理,利用 PLC 诊断功能和 PLC 程序,诊断和排除一些故障。

◆ 任务说明

数控机床上的自动换刀装置使工件一次装夹后能进行多工序加工,从而避免多次定位带来的误差,减少因多次安装造成的非故障停机时间,提高了生产率和机床利用率。自动换刀是一个在机、电、液、气相互配合下的步进式的动作过程,必定经过找刀—主轴准停—主轴松刀—交换刀具—主轴刀具夹紧等步骤,且每一动作完成后,均需有反馈信号给数控系统确认,得到确认后才能开始下一个动作。任一步骤动作异常,均会造成换刀过程中止,使整机停止工作,同时系统提示换刀报警。

本任务以常见的凸轮机械手自动换刀装置为对象,以自动换刀过程中常见的"刀柄无法松开"故障为例,进行自动换刀故障的诊断和排除训练,以期学会如何进行顺序控制功能类故障的诊断和排除。凸轮机械手自动换刀装置换刀工作原理和过程参见项目2的任务2.3。

◆ 必备知识

5.4.1 液压系统故障诊断与维修方法

液压传动系统在数控机床中占有很重要的位置,数控车床中的卡盘系统、回转刀架、尾架套筒的驱动,加工中心的刀具自动交换系统(ATC),托盘自动交换系统,主轴箱的平衡,主轴箱齿轮的变挡以及回转工作台的夹紧等一般都采用液压系统来实现,系统中多个执行元件在 PLC 的控制下按照一定的顺序先后动作。因此,液压系统工作正常与否决定了数控机床能否正常工作。

做好日常维护和定期检查可以及早发现液压系统异常现象以及潜在故障,可有效提高液压系统的寿命和可靠性。

1. 液压系统故障诊断的方法

液压系统是由机械、液压、电气及仪表等组成的统一体,分析系统的故障之前必须弄清楚整个液压系统的传动原理、结构特点,然后根据故障现象进行分析、判断,确定区域、部位以至于某个元件。液压系统的工作总是由压力、流量、液流方向来实现的,可按照这些特征找出故障的原因并及时给予排除。

2. 液压系统常见故障的维修

（1）液压系统外漏。外漏是液压系统最为常见的故障,不仅会影响机床的外在形象,严重的还会直接影响机床的使用。

液压系统产生外漏的原因,主要是由于振动、腐蚀、压差、温度、装配不良等造成的。另外,液压元件的质量、管路的连接、系统的设计、使用维护不当也会引起外漏。接头、接合面、密封面以及壳体(包括焊缝)等部位容易产生外漏。其中,管接头漏油最为常见,约占漏油故障比例的 30%～40%。无论采用何种形式的管接头,都要确保其密封面能够紧密接触,且紧固螺母和接头上的螺纹要配合适当,然后再用合适的扳手拧紧,同时还要防止拧劲而使管接头损坏。元件接合面间、液压控制阀、液压缸等的漏油情况多数是因设计、加工、装配、调整时的不正确导致密封装置失效或受损造成。及时更换失效或破损的密封件，方能防止此类漏油情况的发生。

（2）液压系统压力提不高或建立不起压力。产生该类故障的原因主要是系统压力油路和回油路短接，或者有较严重的泄漏；液压泵本身根本无压力油输入液压系统或压力不足；电动机反转或功率不足、溢流阀失灵等因素。

该故障排除可采用下列方法：对照元件仔细检查进、出油口的方位是否接错、管路是否接错、电动机旋转是否反向；检查各元件（尤其是液压泵）有否泄漏，紧固各连接处，严防空气混入，如元件本体有砂眼等缺陷影响元件正常工作，应立即更换；对于磨损严重的元件应进行修整，当杂质微粒卡住元件时应进行清洗或更换；检查压力表或压力表开关是否堵塞，如堵塞应进行清洗，以防系统中的压力不能正常反映。

（3）噪声和振动。液压系统的噪声或振动也是常见故障之一，这一类故障可使人大脑疲劳，影响液压系统的工作性能，降低液压元件寿命，严重的还会影响工件的加工精度，降低生产率，甚至使机床及部件加速变形、磨损和损坏。

这类故障的产生原因常见的有：各种液压元件的间隙因磨损增大后，导致高、低压油路互通，引起压力波动、油量不足，发出噪声；各液压元件精度不高，密封不严，产生漏气现象；油液中混入空气形成空穴现象；工作油液不清洁，有杂质混入液压元件，使元件内零件运动不灵活所产生的噪声以及电动机与液压泵连接时所产生的松动、碰撞、不同轴等造成的振动；电动机由于动平衡不良或轴承损坏等产生的振动等。

其解决办法为：及时修复或配换各液压元件中有关零件；认真检查液压元件（尤其是液压泵）的接合面是否牢靠，密封件有否损坏，进出油口管接头是否拧紧；在管路安排上，使进、回油管尽可能相距远一些，同时避免回油飞溅产生气泡；及时清洗各元件中的杂质，努力提高油液的清洁度，使各种液压元件运动灵活，以此来消除噪声或减小噪声。另外，努力提高零件的加工精度，尽可能提高电动机主轴与液压泵传动轴的同轴度，将电动机主轴、转子、风扇等旋转件一同进行动平衡，在电动机机座与机床接触处加防振垫等措施可有效地减少振动的发生。

（4）油温过高。各种液压系统在使用过程中都是以油液作为工作介质传递动力和动作信号的。在传递过程中，由于油液沿管道流动并流经各种阀时产生压力损失，以及整个液压系统如液压泵、液压缸、液压马达等的相对运动零件间的摩擦阻力而引起的机械损失和油泄漏等损耗的容积损失，组成了总的能量损失。这些能量损失转变为热能，使油温升高。另外，在工作过程中大量的油液由压力阀溢回油箱，使压力变为热能，这是油温升高的主要原因。

油温升高超过一定的限度，将会严重影响数控机床的正常工作。如机床热变形会破坏数控机床的精度，影响加工质量；使油的物理性能恶化，油液变质产生的氧化物杂质会堵塞液压元件，甚至会使热膨胀系数不同的相对运动元件间的配合间隙变小而卡住，从而丧失正常工作能力；也可能使配合间隙增大、油的黏度降低，致使泄漏增加，从而降低工作速度，造成工作速度不稳定，降低工作压力而影响切削力和夹紧力等。

避免油温过高的主要方法如下。

首先，应尽量采用简单的液压回路，合理选用相应的泵、阀等元件，减少系统元件，以降低能量损失。

其次优化液压系统的设计,大量采用卸荷设计,尽量减少非工作过程中的能量损耗;在管路布置时,缩短管道长度,减少管道截面突变等。有条件时应定期进行保养、清洗,经常保持管道内壁光滑,合理选择油液的黏度和品质。

最后,在制造加工时,应努力提高相对运动件的加工精度和装配质量,改善其润滑条件;改善油箱的散热条件,有效地发挥箱壁的散热效果;适当地增加油箱的容积,适时采取强制冷却的办法等。

5.4.2 气动系统故障诊断与维修方法

气动系统在现代数控机床上的应用较为普遍。如对工件、刀具定位面(如主轴锥孔)和交换工作台的自动吹屑,封闭式机床安全防护门的开和关,加工中心上机械手的动作和主轴松刀等都离不开气动系统。因此,气动系统的故障诊断及排除对于数控机床能否正常工作将起到非常重要的作用。

1. 日常维护与定期检查

(1)注意压缩空气的质量。为保证各类气动元件以及系统、设备能正常运转,应选用合适的过滤器,对压缩空气进行净化处理,避免污染物损坏气动元件。使用过滤器时应及时排除积存的液体,防止气流将积存物卷起。

压缩空气中应含有适量的润滑油,否则容易发生因气动元件润滑不良导致的故障。如摩擦阻力增大造成的气缸推力不足、阀芯动作失灵;密封材料的磨损而造成的空气泄漏;由于生锈造成元件的损伤及动作失灵等。一般采用安装在过滤器和减压阀之后的油雾器进行喷雾润滑。检查润滑是否良好的一个方法是:找一张清洁的白纸放在换向阀的排气口附近,如果阀在工作三到四个循环后,白纸上只有很轻的斑点,则表明润滑是良好的。

(2)确保气动系统密封良好。漏气不仅增加了能量的消耗,也会导致供气压力的下降,甚至造成气动元件工作失常。严重的漏气由响声很容易发现,轻微的漏气则应利用仪表,或用涂抹肥皂水的办法进行检查。

(3)采取合适的降噪措施。气动元件排气噪声大,通常是根据数控机床对噪声的要求和排气管径的大小来选择合适的消声器。

(4)保证气动装置具有合适的工作压力和运动速度。在确保压力表工作可靠、读数准确的条件下,调节好减压阀与节流阀,然后必须紧固调压阀盖或锁紧螺母,防止松动。

(5)对气动系统的管路进行点检,对各气动元件进行定检。管路点检主要是管理冷凝水和润滑油,即每当气动装置运行结束后,就应开启放水阀门将冷凝水排出,尤其当环境温度低于0℃时,为防止冷凝水冻结,更应重点执行此规程。另外,应注意检查油雾器中油的质量和滴油量是否符合要求,注意经常补充润滑油。

定检时应重点检查各气动元件是否能正常工作,有无泄漏现象,动作是否灵敏,润滑是否良好;同时还应检验测量仪表、安全阀和压力继电器等的动作是否可靠,表上显示的数据是否在规定范围内等。

2. 常见故障及维修

(1)气动执行元件(气缸)故障。气缸装配不当或长期使用后,易发生内外泄漏、输出力不足和动作不平稳、缓冲效果不良、活塞杆和缸盖损坏等故障现象。

① 气缸出现内、外泄漏，一般是因活塞杆安装偏心，润滑油供应不足，密封圈和密封环磨损或损坏，气缸内有杂质及活塞杆有伤痕等造成的。所以，当气缸出现内、外泄漏时，应重新调整活塞杆的中心，以保证活塞杆与缸筒的同轴度；须经常检查油雾器工作是否可靠，以保证执行元件润滑良好；当密封圈和密封环出现磨损或损坏时，须及时更换；若气缸内存在杂质，应及时清除；活塞杆上有伤痕时，应换新的。

② 气缸的输出力不足和动作不平稳，一般是因活塞或活塞杆被卡住、润滑不良、供气量不足，或缸内有冷凝水和杂质等原因造成的。对此，应调整活塞杆的中心；检查油雾器的工作是否可靠；供气管路是否被堵塞。当气缸内存有冷凝水和杂质时，应及时清除。

③ 气缸的缓冲效果不良，一般是因缓冲密封圈磨损或调节螺钉损坏所致。此时，应更换密封圈和调节螺钉。

④ 气缸的活塞杆和缸盖损坏，一般是因活塞杆安装偏心或缓冲机构不起作用而造成的。对此，应调整活塞杆的中心位置；更换缓冲密封圈或调节螺钉。

（2）换向阀故障。换向阀的故障有阀不能换向或换向动作缓慢，气体泄漏，电磁先导阀有故障等。

① 换向阀不能换向或换向动作缓慢，一般是因润滑不良、弹簧被卡住或损坏、油污或杂质卡住滑动部分等原因引起的。对此，应先检查油雾器的工作是否正常；润滑油的黏度是否合适。必要时，应更换润滑油，清洗换向阀的滑动部分，或更换弹簧和换向阀。

② 换向阀经长时间使用后易出现阀芯密封圈磨损、阀杆和阀座损伤的现象，导致阀内气体泄漏，阀的动作缓慢或不能正常换向等故障。此时，应更换密封圈、阀杆和阀座，或将换向阀换新。

③ 若电磁先导阀的进、排气孔被油泥等杂物堵塞，封闭不严，活动铁芯被卡死，电路有故障等，均可导致换向阀不能正常换向。对前三种情况应清洗先导阀及活动铁芯上的油泥和杂质。而电路故障一般又分为控制电路故障和电磁线圈故障两类。在检查电路故障前，应先将换向阀的手动旋钮转动几下，看换向阀在额定的气压下是否能正常换向，若能正常换向，则是电路有故障。检查时，可用仪表测量电磁线圈的电压，看是否达到了额定电压，如果电压过低，应进一步检查控制电路中的电源和相关联的行程开关电路。如果在额定电压下换向阀不能正常换向，则应检查电磁线圈的接头（插头）是否松动或接触不良。方法是，拔下插头，测量线圈的阻值，如果阻值太大或太小，说明电磁线圈已损坏，应更换。

（3）气动辅助元件故障。气动辅助元件的故障主要有油雾器故障，自动排污器故障，消声器故障等。

① 油雾器的故障有调节针的调节量太小油路堵塞，管路漏气等都会使液态油滴不能雾化。对此，应及时处理堵塞和漏气的地方，调整滴油量，使其达到 5 滴/min 左右。正常使用时，油杯内的油面要保持在上、下限范围之内。对油杯底部沉积的水分，应及时排除。

② 自动排污器内的油污和水分有时不能自动排除，特别是在冬季温度较低的情况下尤为严重。此时，应将其拆下并进行检查和清洗。

③ 当换向阀上装的消声器太脏或被堵塞时，也会影响换向阀的灵敏度和换向时间，故要经常清洗消声器。

5.4.3 机械手刀库常见故障处理

（1）如果换刀中途出现可自行恢复的报警（比如气压检测报警，当气压恢复到正常后报警自行解除）时，刀库换刀会立即暂停。此时不要即刻按复位键或急停键，只需将进给倍率开关拨至 0%后，选择单段执行操作方式，然后等报警消除后按循环启动，直至换刀动作完成，即可使换刀装置恢复正常。

（2）如果在换刀过程中出现紧急情况非得急停或复位才能避免造成更大的损失时，必须果断按复位键或急停按钮。此时，分刀具未交换和刀具已交换两类情况进行处理。

① 刀具未交换时，一般不会产生刀库乱刀故障，此时只需将机械手释放刹车后手工将刀臂回位，再手动按"刀套回刀库"电磁阀按钮，将刀套返回刀库，然后按复位键即可。

② 刀具已交换时，一般会产生刀库乱刀故障。此时，须先按（1）方式操作，使刀臂和刀套恢复原位；然后取下主轴中的当前刀具，选择 MDI 工作方式，执行 M06 指令；完成后，观察主轴上的刀具与操作页面上显示的当前刀号是否一致。若不一致，可将其在手动方式下取下，手动换上目标刀具。再重复执行 M06，将卸下的刀具装回即可。

5.4.4 机械手刀库刀具表的查验和修改

机械手刀库采用随机换刀方式。在准备阶段手动将刀具放入刀库时，刀具号与其所在的刀套号是设置成相同的。一旦执行过换刀指令，刀具号与刀套号的一致性则被破坏，且呈随机状态。为实现自动换刀控制，机床制造商在 PMC 数据区中建立了一张刀具表，用以记录每一把刀具的存放位置。因此，在每次换刀过程完毕后，通过 PMC 程序，系统会及时修改刀具表，以记录当前主轴和刀库刀套中存放刀的刀具号。

如果换刀过程被异常中断，可能出现刀具存放位置已经发生变化但刀具表未能及时修改的情况，从而造成自动换刀时出现乱刀现象，即执行完换刀指令后，主轴上的刀具并非零件加工需要的刀具。所以，在换刀过程异常中断后，为了恢复自动换刀功能，除了需要复位换刀装置硬件外，还需要检查和修正刀具表。

1. 进入刀具表的操作步骤

（1）按 MDI 面板上的功能键[SYSTEM]，选择 CNC 系统显示模式，然后在出现的页面下方按软键[PMC]，如图 5-4-1 所示。

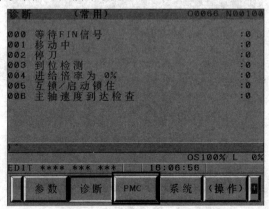

图 5-4-1 SYSTEM 系统页面

（2）显示屏显示 PMC 控制系统页面，然后选择［PMCPRM］软键，如图 5-4-2 所示。

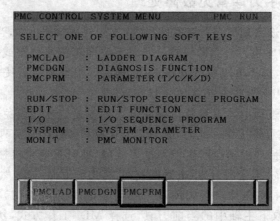

图 5-4-2　PMC 系统页面

（3）在显示的 PMC 参数页面，选择［DATA］（数据）软键，如图 5-4-3 所示，进入 PMC 数据表，如图 5-4-4 所示。

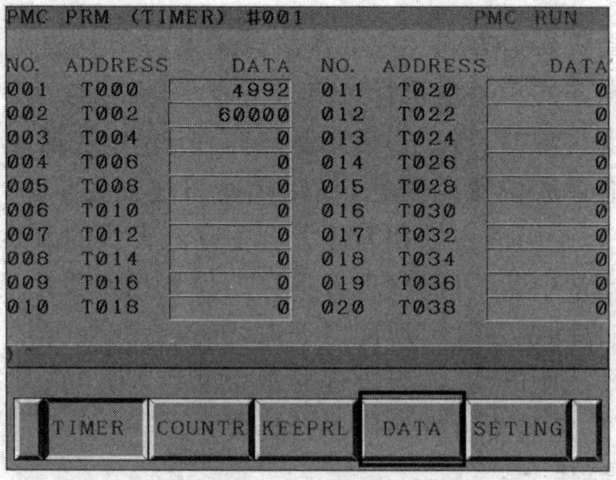

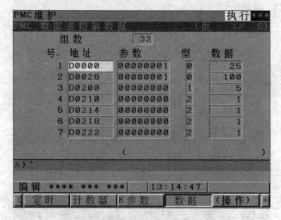

图 5-4-3　PMC 参数页面

图 5-4-4　PMC 数据表显示画面

（4）将光标定位于 D000 处，然后选择扩展键，然后按［C.DATA］软键显示数据表，即可进入刀具表显示页面，如图 5-4-5 所示。

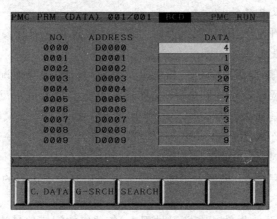

图 5-4-5 PMC 中设置的刀具表

2．刀具表内容的查验和修改

（1）刀具表画面

如图 5-4-5 所示的刀具表中共显示三列数据，分别是：NO. →序号、ADDRESS→数据表单元编号（刀具存放地址，即刀套号）、DATA→数据表单元中的数值（刀具号）。数据表单元编号代表刀套号，其值固定不变；单元内的数值即是该刀套内随机存放的刀具号，其值在每次执行完换刀指令后发生变化。以容量为 24 把刀的圆盘刀库为例，D0001～D0024 对应 1～24 个刀套，D0000 为主轴刀号的存放地址，D0000 地址单元中的数值就是从刀库中被选中装入主轴的刀具号，即主轴刀号。初始设置时主轴上无刀，相应的主轴刀号为 0。刀具表一经设定，其内容在机床断电后仍继续保存。

（2）刀具表的查验

换刀时如发现所选刀具与预期不符，即应查验刀具表，并与刀库实际装刀情况进行核对。正常情况下刀具表中各地址单元内的值应为 0～24 的不同数值，虽排列无序，但 0～24 一个都不能少，且无重复。如发现某个数值重复或某个数值缺失，即可判知换刀过程出现过异常，此时需根据刀库中实际装刀情况来修改刀具表。

5.4.5　任务实施：诊断和排除"刀柄无法松开"故障

自动换刀装置发生故障，首先应查阅机床使用说明书，了解自动换刀的动作过程，查阅相关电气图册，了解自动换刀的控制原理以及相关的检测器件。然后根据故障现象，判断自动换刀中止在哪个阶段，据此检查相关的机械结构和控制器件。诊断和排除故障前，应先按照自动换刀的控制原理，通过手动方式，逐步将换刀机构恢复至其初始状态，而后再进行相关检查和故障排除。

诊断和排除"刀柄无法松开"故障的流程一般为：检查气压→检查刀库伺服电机保护开关→检查刀库伺服电机→检查机械手→检查主轴。具体实施步骤介绍如下。

1. 检查气压

对照机床使用说明书检查压缩空气压力是否达到机床正常使用时的要求。

2. 检查刀库伺服电机保护开关

将机床断电,打开电气柜门,观察刀库伺服电动机过载保护开关,检查其是否跳闸。

3. 检查刀库伺服电机

用万用表测量刀库伺服电动机三相电阻及对地(外壳)绝缘情况,检查其是否出现短路现象;检查刀库伺服电动机控制电路,观察其是否能实现电机正反转控制;检查刀库电机的刹车线圈,查看其是否正常。

4. 检查机械手的换刀情况

"拉刀"、"松刀"时,气动增压缸动作不到位,相应的位置检测信号无法传送至 PLC 控制系统,致使换刀过程中断,机械手不能完成从主轴和刀库中拔刀的动作。产生此类故障的可能原因有以下几点。

(1)"松刀"感应开关失效。在换刀过程中,各动作的完成信号均由感应开关(或限位开关)发出,只有完成上一动作后才能进行下一动作。主轴松刀时,如果松刀到位检测开关未发信号,则系统认为"主轴松刀"动作未能完成,因而不会控制机械手进行"拔刀"。

检查"主轴松刀到位"检测开关及其连接电路,查看其能否正常发出信号;在气缸将主轴刀具放松到位时,检查挡块与"主轴松刀到位"检测开关之间的距离,观察检测开关能否被触发,若挡块无法触及检测开关,则需适当减小两者间的距离。

(2)"松刀"电磁阀失灵。主轴的"松刀",是由电磁阀接通气动增压缸来完成的。如果电磁阀失灵,则气压缸不动作,刀具就"松"不了。检查主轴的"松刀"电磁阀,观察其动作是否正常。

(3)"松刀"气动增压缸因压缩空气系统压力不够或漏油而不动作。打开主轴箱罩壳,检查"松刀"气动增压缸的动作是否正常,是否能达到主轴松刀位置。

5. 检查主轴部件

主轴部件内拉杆机构出现问题也会造成刀柄无法从主轴中松开。加工中心主轴中的刀具是靠蝶形弹簧通过拉杆和弹簧卡头将刀柄尾端的拉钉拉紧;松刀时,气动增压缸的活塞杆顶压顶杆,顶杆通过空心螺钉推动拉杆,一方面使弹簧卡头松开刀具的拉钉,另一方面又顶动拉钉,使刀具向主轴前端方向移动,使其在主轴锥孔中变"松"。

造成主轴不松刀的原因可能有以下几点。

(1)刀具尾部拉钉的长度不够,致使气动增压缸虽已运动到位,而仍未将刀具顶"松"。

(2)拉杆尾部空心螺钉位置发生变化,造成增压缸行程不能满足"松刀"的要求。

(3)顶杆已变形磨损。

(4)蝶形弹簧卡头不能张开。

(5)主轴装配调整时,刀具移动量调得太小,致使使用过程中的一些综合因素导致"松刀"条件无法满足。如果增压缸的空心螺钉伸出量调整的太大,虽"松刀"增压缸行程到位,但刀具在主轴锥孔中"压出"不够,刀具也无法取出。调整空心螺钉的伸出量可调整增压缸行程。刀具在主轴锥孔中压出量可通过杠杆表进行测量,在主轴"松刀"气动增压缸行程到位后,刀柄在主轴锥孔中的压出量一般为 0.4～0.5mm。

常见故障处理及诊断实例

1. 刀架在某个刀位不停

例 5-4-1 车床刀架转不到位。

故障现象：CK6140 换刀时不能准确到达 3 号刀位。

分析过程及处理方法：一般有两种原因，第一种是电动机相位接反，第二种是磁钢与霍尔元件高度位置不准。若调整电动机相位线后故障不能排除，拆开刀架上盖，会发现 3 号磁钢与霍尔元件高度位置相差距离较大。用尖嘴钳调整 3 号磁钢与霍尔元件高度，使其与其他刀位的基本一致。重新启动机床，故障排除。

2. 刀库转动不到位

例 5-4-2 自动换刀时刀链运转不到位。

故障现象：TH42160 龙门加工中心自动换刀时刀链运转还未到位，刀库就停止运转，出现机床报警。

分析过程及排除方法：由故障报警信息可知刀库伺服电动机过载。检查电气控制系统。若没有发现异常，则常见原因有刀库链内有异物卡住、刀库链上的刀具太重或刀链润滑不良。若经过检查，排除了上述可能，卸下伺服电动机，会发现伺服电动机不能正常运转。更换电动机，故障排除。

3. 刀库运行不稳定

例 5-4-3 刀库运行时抖动。

故障现象：青海第一机床厂制造的配 FANUC-6M 系统的 XH754 加工中心，刀库运行时出现抖动故障。

分析过程及排除方法：刀库与转台公用一套 PWM 单元，位置控制采用一块简易定位板，而且转台运行正常，机修工因此误认为上述现象是刀库机械故障引起的。反复检查刀库涡轮、蜗杆未发现异常。但在快慢速度运行刀库时，发现简易定位板刀库测速反馈部分稳压管被击穿。经分析发现，当测速电机反馈电压不稳定时，输入信号与反馈信号间的关系出现了错误，反馈峰值有变化、波形不稳定，继而造成此故障。换上 5V 稳压管后刀库运行正常。

4. 刀架不能转动

例 5-4-4 刀架不能动作。

故障现象：SAG210/2NC 数控刀架电动机不启动，刀架不能动作。

分析过程及排除方法：SAG210/2NC 及 CKD6140 及数控车床，与之配套的刀架为 LD4-I 四工位电动刀架。分析该故障产生的可能原因，可能是电动机相序接反或电源电压偏低。但调整电动机电枢线及电源电压，故障不能排除，说明故障为机械原因所致。将电动机罩卸下，旋转电动机风叶，发现阻力过大。拆卸电动机进一步检查发现，蜗杆轴承损坏，电动机轴与蜗杆离合器质量差，因而产生阻力。更换轴承，修复离合器，故障排除。

参 考 文 献

[1] 曹健.数控机床故障诊断与实训[M].北京:国防工业出版社,2008.

[2] 李业农.数控机床及编程加工技术[M].北京:高等教育出版社,2009.

[3] 龚仲华.数控机床故障诊断与维修500例[M].北京:机械工业出版社,2004.

[4] 蒋洪平.数控设备故障诊断与维修[M].北京:北京理工大学出版社,2006.

[5] 晏初宏.数控机床与机械结构[M].北京:机械工业出版社,2005.

[6] GB/T 16462—2007/2009 数控卧式车床标准系列[S].北京:中国标准出版社,2009.

[7] JB/T 8329—2008 数控铣床床身 技术条件[S].北京:中国标准出版社,2008.

[8] 包云霞.如何提高机床精度[J].数控机床市场,2005(7).

[9] 北京发那科有限公司.B-64305CM-/01 FANUC Series 0i-MODEL D/ FANUC Series 0i Mate-MODEL D 维修说明书.

[10] 北京发那科有限公司.B-64310CM-/01 FANUC Series 0i-MODEL D/ FANUC Series 0i Mate-MODEL D 参数说明书.

[11] 李佳特.FANUC 的新一代 NGC 系列数控系统[J].中国机械与金属,2005(10).

[12] 李业农.数控机床及其应用[M].北京:国防工业出版社,2006.

[13] 韩鸿鸾,吴海燕.数控机床机械维修[M].北京:中国电力出版社,2008.

[14] 龚仲华.FANUC-0i-D调试与维修[M].北京:机械工业出版社,2013.

[15] 机械工业职业技能鉴定指导中心.数控机床机械装调工[M].中国劳动社会保障出版社,2011.

[16] 机械工业职业技能鉴定指导中心.数控机床装调维修工(基础知识)[M].中国劳动社会保障出版社,2011.

[17] 唐静.基于 FANUC 数控系统的模拟主轴的参数设置与调试[J].常州信息职业技术学院学报,2014(1).